U0131689

# 共鸣

## 情绪分子的奇妙世界

［美］甘德斯·柏特 著
Candace B. Pert

可可 译

## Molecules of Emotion

The Science Behind Mind-Body
Medicine

台海出版社

北京市版权局著作合同登记号：图字 01-2019-7162

Copyright: © 1997 by CANDACE B. PERT PH. D.
This edition arranged with LITERARY AND CREATIVE ARTISTS, INC.
through Big Apple Agency, Inc., Labuan, Malaysia. Simplified Chinese edition
copyright: 2020 Beijing Wenzhangtiancheng Book Co..

**图书在版编目（CIP）数据**

共鸣：情绪分子的奇妙世界 /（美）甘德斯·柏特
著；可可译 . -- 北京：台海出版社，2020.10
书名原文：Molecules of Emotion : The Science
Behind Mind-Body Medicine
ISBN 978-7-5168-2705-5

Ⅰ.①共… Ⅱ.①甘…②可… Ⅲ.①情绪—心理学
—生物化学—研究 Ⅳ.① B842.6 ② R329.2

中国版本图书馆 CIP 数据核字（2021）第 040812 号

## 共鸣 ： 情绪分子的奇妙世界

| 著　　者：[美]甘德斯·柏特 | 译　　者：可可 |
|---|---|
| 出 版 人：蔡　旭 | 封面设计：主语设计 |
| 责任编辑：曹任云 | |

出版发行：台海出版社
地　　址：北京市东城区景山东街 20 号　邮政编码：100009
电　　话：010 — 64041652（发行，邮购）
传　　真：010 — 84045799（总编室）
网　　址：www.taimeng.org.cn/thcbs/default.htm
E － mail：thcbs@126.com

经　　销：全国各地新华书店
印　　刷：三河市金轩印务有限公司
本书如有破损、缺页、装订错误，请与本社联系调换

| 开　　本：710 毫米 × 1000 毫米 | 1/16 |
|---|---|
| 字　　数：265 千字 | 印　　张：19.5 |
| 版　　次：2020 年 10 月第 1 版 | 印　　次：2022 年 1 月第 1 次印刷 |
| 书　　号：ISBN 978-7-5168-2705-5 | |

定　　价：68.00 元

# 前 言
# 情绪分子的奇妙世界

迪巴克·乔布拉（Deepak Chopra，M. D.）

这么多年，我一直都很钦佩甘德斯和她的研究工作。我记得第一次听她演讲的时候，就欣喜地发现：啊！终于有科学家从事的研究，可以解释物质与精神、身体与灵魂是一体的！

在探索身体"智能场"这个系统如何与心智、灵魂、情绪紧密相连时，甘德斯以大无畏的精神粉碎了逾两个世纪以来西方科学家奉为教条的信念。她开创性的研究说明我们体内的化学物质、神经胜肽和它们的受体，其实是我们的意识的生物基础，展现为我们的情绪、信念和期待，深深影响着我们如何响应我们的世界。

她的研究为觉察和意识提供了生化基础的证据，确立了东方哲学家、僧侣、智者、替代治疗师早就实践了多个世纪的理论。身体不是一个没有大脑的机器；身体与心智是一体的。

我说过觉察和意识在健康和长寿中扮演的重要角色——意识可以转化物质并创造一个全新的身体。我也说过心智并不仅存于脑部。现在甘德斯为我们提供了一个生动的科学画面来呈现这些真理，她让我们了解到我们的生化信使如何在每一个当下，机灵睿智地传递信息，统合一个进行着意识和非意识活动的复杂、庞大的系统。这个通信网链接了我们所有的系统、器官，并动员了我们所有的情绪分子来传递信息。我们看到的是一个"活动的脑"，一个在我们的整个身体里流动的脑，同时出现在每一个地方，而不只是在头部。这个全身的信息网络瞬息万变、充满动力、柔韧无比。它是一个巨大的网络回路，在同时接收和发送信息，睿智地引导着我们所谓的人生。

一个改革的趋势已然形成，它正以举足轻重之姿态影响着西方医学界对健康和疾病的观点。甘德斯·柏特对这个变革的贡献是不容置疑的。而她不惜付出个人和职业前途的巨大代价，勇往直前追求科学真理的不妥协态度，更凸显出最高境界的科学都是接地气的。

# 目录 CONTENTS

**共鸣：情绪分子的奇妙世界**

第 1 章　一场受体革命 / 1

第 2 章　阿片受体的罗曼史 / 21

第 3 章　胜肽世代 / 50

第 4 章　天才与野心 / 60

第 5 章　在宫殿的日子 / 80

第 6 章　破坏规则 / 93

第 7 章　情绪的生化分子 / 115

第 8 章　转折点 / 133

第 9 章　身心网络 / 162

第 10 章　新思维的结晶 / 176

第 11 章　跨越・交会 / 200

第 12 章　心灵的重建 / 228

第 13 章　真理 / 255

词汇注释 / 289

附　录　健康快乐的生活：预防性的小秘方 / 299

后　记　胜肽 T 的后续发展 / 302

# 第 1 章
# 一场受体革命

　　大多数科学家都不喜欢成为万众瞩目的焦点。我们宁可躲在密闭的实验室里追求真理，只求在高度闭锁的朋友圈里得到同事的认同。我们所受的训练使我们在言行举止上，尽可能避免和民众双向沟通。固然我们经常在专业领域的会议上发表论文，却鲜少有人面对座无虚席的听众，谈笑自若地泄露职业机密，发挥我们的影响力。

　　纵然我是这个圈子里资深的一员，也是核心人物，然而墨守成规一向不是我的特长。我的身上仿佛流着离经叛道的血液，驱使我去从事大多数科学家所憎恶的事：传播、教育、激励各行各业的人，包括一般民众和专业人士。我试图将我和同事的最新发现公之于世、加以阐释，只要这些信息对人有实际的帮助，可以改变他们的生命。就这样，我跨入了另一个世界，将生物分子医学最先进的知识传播给所有想知道的人。

　　这项使命使得我经常出现在公众面前，每年受邀到各机构演讲的次数不下十次。当我不在乔治敦大学医学院工作时，总是穿梭在东西两岸之间，有时甚至飞越蔚蓝、浩瀚的海洋。我大部分的职业生涯都投入了主流的实验和研究，从没想过有一天会站在科学的舞台上，扮演教育大众的喉舌角色和替代保健的推动者。但这一切都是自然演变的结果，我现在对于这个新角色也觉得胜任愉快。将我科学的观点转译为通俗易懂的语言，似乎让我的科学生命和个体生命之间产生了互动，造成彼此的改变。于是乎我的发现、我的科学研究，以及我仍不断在探索的意涵，以种种意想不到的方式让我变得更宽广、更丰富。

　　写这本书是想更详尽、更恰到好处地记录我过去演讲的内容。著书的目的，正如我的演讲，有两个层面：一是解说新的身心医学所依据的科学原理；二是为大众提供足够的实用信息，让人们了解这些科学原理所代表的意涵，知道有哪些治疗师和执业者应用这些科学原理，使读者有能力为自己的健康和福祉做最好的选择。或许我的旅程，心智上和心灵上的旅程，能让其他人在他们的人生道路上得到一些帮助。现在，谈谈我的"演讲"吧！

## 演出前奏曲

我总是尽可能在听众入席之前抵达演讲厅。坐在空荡荡的房间里给我一种刺激感，一片寂静中只觉得有一股潜在的力量，好像任何事都可能发生。门被推开的声音、人群鱼贯而入的窸窸窣窣声、玻璃水杯的铿锵声、椅子刺耳的拖曳声——汇聚成一片嘈杂的音海，然而对我而言，它就像音乐一样悦耳，像演出的前奏曲。

我观察人们朝他们的座椅走去，坐定下来，跟邻座闲聊了起来，摆好舒适的坐姿，等候接收信息，期待一场寓教于乐的演讲。殊不知我的目标不止于此：我还要揭示、启发、激励，也许甚至改变生命。

有时我会隐藏身份，顽皮地问此时坐在我旁边的人："这个甘德斯·柏特是何许人物？她行吗？"有时候他们确实能提供一些数据；但不管他们的响应如何，我都觉得有趣，因为这可以让我一窥听众的想法和期待。我会意地点点头，作势把自己安顿得更舒适、更专注一些。

我常发现我的听众里有各式各样的人。虽然他们不是偏向主流的专业人士（医生、护士、科学研究者），就是偏向替代治疗的人物（推拿师、气功治疗师、按摩治疗师和其他好奇的人士），随主办单位的性质而异，但经常都有两派人士齐聚一堂，宛如当权派和新思维的大会师。这种组合与我过去二十四年来对同事科学家所做的几百场演讲，面对较为单一化的群众大不相同。对圈内人，我使用圈内的语言来阐述我的专业知识，无须转译他们都听得懂的密码。每年我出席科学性的会议，仍会面对这种单一化的群众，但现在我大胆踏入了一个陌生的领域，一个令绝大多数科学家却步或不愿涉足的领域。

深呼吸片刻，我在座椅上放松下来，阖上眼睛。为了让自己进入更敏锐的状态，我默祷了一会儿，心神随之清澈起来。运用直觉去体会听众的期待和心情，我可以感觉到横阻于我和他们之间的那一道墙在逐渐消融。就是这道假想的墙竖立在科学家和大众之间，将专家、权威和一般民众隔离开来，不过我认为这道墙早已不存在了。

## 背景不同的听众

会场坐满了人，我可以感觉到凝聚的能量。睁开双眼，环顾四周来自不同背景的听众，我通常会先注意到在场有许多女性，这与比较科学性的聚会大相径庭。如今看到这么多女性听众仍不免感到诧异，她们穿着美丽、飘逸、饶富加州风味的连身长裙。缤纷的色彩里竟然有这么多不同色调的紫色，每次都让我啧啧称奇。接着我会通过外表，试着进一步揣度我的听众来自什么不同的背景，以及他们今天来的动机。

首先我会注意到医生和其他医学专业人士，这些人总是男性居多，他们穿着剪裁合宜的深色西装和笔挺的白衬衫，笔直地坐着。而邻近的女性同事则殷切地东张西望，搜寻同事的面孔。

散坐在会场各个角落的是新鲜人，他们是严肃认真的年轻男女，背上背着包，眼中闪烁着梦想。兴致勃勃的姿态，流露出他们的真诚以及对未来的不确定感。

会场逐渐安定下来，嘈杂的声音也开始减弱，我思忖着：这些人期待我告诉他们什么呢？他们想知道什么？他们希望听到什么？

有些人来是因为在公共电视比尔·莫耶斯（Bill Moyers）的特辑《身心桃花源》（Healing and the Mind）中看到我。同时出现在这个节目里的还有迪恩·欧尼希（Dean Ornish）、钟·卡巴金（Jon Kabat-Zinn）、娜奥米·雷曼（Naomi Remen）和其他几位医生、科学家、治疗师，他们都在探索身心的关联，而它已然成为我毕生的奋斗目标。在这位博览多闻、思想开通的新闻人的访问下，我以一种医学研究者罕有的热情和幽默，畅谈心智和情绪分子。我试图让电视机前的观众能够轻松地了解生物医学这个有趣的世界、了解分子理论和精神神经免疫学（psychoneuroimmunology），将通常包裹在艰涩难懂语言下的信息揭示出来。让人们知道有必要了解这方面的知识，因为这些知识可以赋予他们改善自己健康的能力。

至于医生、护士、从事保健工作的专业人士——他们又为什么来呢？是不是碰到了目前知识无法解释的新案例？他们之中有不少人知道我曾在美国国立卫生研究院（National Institutes of Health）担任脑生化科主任达十三年之久，知道我在那段时期证实并鉴定了一些与情绪相关的生化物质，也就是我后来所称的"情绪的生理共变项"。有的人或许知道当年我研发出一种对治疗艾滋病相当有效的新药，却得不到政府的重视，故而离开美国国立卫生研究院。这些人明白科学发展日新月异，他们二十年甚至十年前在医学院所学的多半已经落伍，甚至不再适用。他们知道我从事的是一个开创性的领域，知道它正逐渐得到世界各地医学院的重视，它是现代文化的一个大事记，不亚于汤姆·沃夫（Tom Wolfe）在最近一期《福布斯》（Forbes）杂志中宣告神经科学是"学术界最热门的领域"。

此外，会场还有很多按摩治疗师、针灸师、推拿师，这些所谓的替代医疗从业者为病人提供了主流医学以外的选择。虽然数据清楚显示，美国民众每年花在这类医疗上的费用高达几十亿美元，但我知道这些替代医疗从业者被边缘化了许多年，从未受到医学院、保险公司、美国医学协会、食品药物管制局这些主导势力的重视。在演讲后的问答时段中，他们告诉我，他们相信我从事的研究将证实他们的理论和信念是正确的。他们读过我的情绪理论，知道我认为身心之间有着生化的联结，而人类这个有机体就是一个沟通网络，这个新概念重新界定了健康与疾病，并赋予每个人新的责任及更大的生命主导权。

听众当中也有哲学家、寻道者。有的非常安静，是一群喜欢听、不喜欢说话的人。演讲结束后，这些苍白、认真的年轻男女告诉我，他们一直在印度旅行或住在亚洲，认为我的研究证实了他们的精神导师和大师长久以来的教诲。他们想要更多的答案，甚至想了解宇宙万物的意义。也许他们知道我就是那个说过"神就是神经胜肽"的科学家。他们知道我在演讲中不怕使用"灵魂"这个大多数科学家视为禁忌的字眼，希望今天我能为他们灵性方面的问题提供解答。

很多人来是因为好奇。也许他们听过我的名声，知道我还是年轻研究生时，我的研究使得后人发现了脑内啡——身体本身的止痛剂和兴奋剂。他们或许也知道我就是当年在一个诺贝尔奖风向标的荣誉奖项中遭到封杀，而胆敢向老师提出抗议，争取应得肯定的那个年轻女子。他们或许记得这个争议上了头版新闻，揭发了一个性别歧视、不公正的体制，引发的变革"玷污"了一个医学王朝。

另外还有一些人来是因为他们需要希望。我看见一些生病、坐在轮椅上的人，被安置在走道或靠近门口的地方。他们知道我一直在从事突破性的研究，跨越不同的领域，在癌症、艾滋病、精神疾病的研究上寻求突破。看到他们出现在听众群里，总让我有点紧张。他们该不会希望我像布道大会的牧师，让他们奇迹似的痊愈吧？在我经常出入的圈子里，"希望"是个禁忌、罕用的词汇，至今仍让自许为科学家的我感到忐忑不安，不敢想象自己被视为一个医治者——天哪，一个信心的医治者！可是我不能无视他们脸上的绝望和痛苦。至少我能提供他们信息，他们可以据此寻求其他途径，因为对这些人而言，主流医学已经不再能提供他们答案、治疗和希望。

不论他们的职业、取向是什么，在情感或知性上有什么期盼，我相信大部分来听我演讲的民众，都希望他们所听到的不是充满术语、深奥难懂的科学，而是可以理解的诠释性的语言。他们想更多掌控自己的健康，对自己的身体有更多的了解。因为科学并没有履行承诺，为重大疾病提出有效的疗法，正因如此，他们需要知道最新的科学研究发现可以如何帮助他们达到最佳的健康状态。

或许你——我的读者——属于上述的某个族群，如果是，我希望本书呈现的某些信息能改变你的生命，这是我对你衷心的期盼，也是我向来对听众的期盼。

# 聚光灯下

会场忽然肃静下来，令我有些惊愕，转头一看，台上一个身影缓缓走向灯光凝聚的讲桌。接着通常是一段冗长的介绍，巨细无遗地列举我的成就。对主持人的赞赏，我由衷感激，但如此的美言总让我愧不敢当。

这些年来，我学会了在主持人介绍我时，借着默祷来保持一颗谦卑的心。我祈求当我面对自己的使命时，不胆怯退缩，也不得意忘形。我提醒自己，纵然我很快就会成为聚光灯的焦点，我永远都是一个科学家，一个寻求真理的人——不是摇滚音乐明星！我暗地警告自己不许有这样的念头，虽然那是很容易发生的事，过去有一段时间也确实发生过几次。

终于听到主持人叫我的名字。我站起来，开始走向遥遥在望的讲台。经过第一排座位时，所有的目光都投射在我身上，我提醒自己深呼吸。行进中，我听到有人窃窃私语："在那儿！是她吗？不像科学家嘛！"

他们期待的科学家是什么模样呢？我自忖：心里不觉好笑。虽是科学家，但我依然是女人、妻子、母亲。我难道不符合他们对科学家的印象吗？当然，他们有他们的想法，而这些想法大多是一群人对科学家的刻板印象——穿着保守、神态拘谨，通常还是男性。不久以前，我穿的也是那种严肃的小套装，一种代表身份地位的制服，符合人们期待的保守形象。可是现在，我的蜕变直接反映在我展现自己的方式中。我现在的形象比较符合自己这些日子以来所传递的信息。随着我的科学思维的演变，衣着也跟着演变。如今我就像那些身着飘逸长裙的女士，穿得比较宽松、比较多彩，甚至比较偏紫！现在的我比较不怕惊世骇俗，虽然认识我的人坚称特立独行一向是我的人格特质，尽管过去在力求生存之际，我曾多么努力不让它浮现。

在讲台上站定，我等着技术员调整好麦克风和身旁的投影机。望出去，我看见仰着脸庞的人海，他们竟是一动不动地坐在那儿！我知道他们会一直这么坐着，除非我讲个笑话，让他们知道他们可以轻松地听、尽情地笑，让整个会场活络起来，充满能量。

听众静候着，我也准备妥当，成百上千的人，等着我开口。我利用最后一分钟让内心专注于我的任务：如实阐述我和同事们发现的真理。我是真理的追求者，这是我最重要的角色。我的目的是让人们了解这些发现的意涵、它们所呈现的新思维、身与心是如何密不可分地联系在一起的，以及情绪在健康和疾病中扮演的角色。

会场的灯光暗了下来，我清了清喉咙，在银幕上打出第一张幻灯片。

## 思考健康和疾病新视野

看着巨大的演讲厅里满座的人个个捧腹大笑，总让台上的我心荡神驰。我已经不可自拔地爱上这种经验，记得第一次是一九七七年我在美国内分泌学会（National Endocrine Society）演讲，当时为了掩饰一个错误，即席说了一个笑话，结果让在场的人哄堂大笑。如今我可不浪费任何时间，开场就是一张漫画，这张漫画总能成功地让听众开怀大笑，即便有时笑声里夹杂着紧张的情绪。

我的第一张幻灯片就像这样（如下图）：

我用这则笑话来表达我们这个社会是多么不重视疾病的身心关联。把身心这个英文单词 psychosomatic 拆开来看，Psyche 指的是心智（mind）或灵魂（soul），而 soma 指的是身体（body）。虽然这两个词合并在一起已经说明了两者之间存在着某种关联，但是在我们的文化里，通常不承认这样的关联。对我们大多数人而言，特别是医学界，把心和身做太密切的联结，会威胁到所有疾病的正当性，因为它影射任何一种疾病都可能是想象的、不真实的、不科学的。

既然质疑心理对生理健康和疾病的影响，那么我们就更不可能相信心灵——psyche 的直译——会对健康和疾病有什么影响，这简直是无稽之谈，因为心灵是玄学的领域，自十七世纪以来就一直是科学家的禁地。当时哲学家暨现代医学大师笛卡儿（Rene Descartes）为了取得解剖所需的人体，被迫与教宗达成协议，笛卡儿同意如果生理的领域归他所有，就不去碰触灵魂、心智和情绪这些层面的人类经验；在当时，这些层面几乎完全在教会的管辖范围内。唉！这个协议就此为接下来的两个世纪奠定了基调和方向，将人类经验分割为两个独立不同的范畴，不容两者之间有任何交集，造成了我们今日主流科学的失衡局面。

不过这个局面正在改变。越来越多的科学家意识到我们正面临一个科学革命，一个思维上的重大变革，它影响了我们对健康和疾病的看法。自笛卡儿时代便奠定的西方哲学思想，一直以化约法（Reductionist Methodology）作为理解生命的主要依归，试图观察生命最细微的部分，然后根据这些细微的部分去推测生命的整体。如今，化约主义的笛卡儿思想正开始纳入一个全新且令人欣喜的视角——宏观的视角。

目睹并参与了这个变革，我开始相信所有的疾病，即便它基本上不是一种身心症，都一定会涉及心理的层面。近来的新科技已经可以让我们探究情绪的分子基础，并开始了解我们的情绪分子和生理有着多么密不可分的关系。我领悟到情绪是心智和身体之间的环节。这种较为宏观的思维可以弥补化约论的不足，延伸它，而不是取代它，为我们科学家，也为一般民众提供了一个新的角度去思考健康和疾病的问题。

　　我的演讲旨在说明情绪分子如何掌管我们身体的每一个系统。说明这个沟通体系实际上就像身体的智能，它有足够的智慧去寻求健康，有足够的潜能让我们无须借助当今大家所依赖的现代高科技医学，就可保持健康、免于疾病。

　　变革终究会发生！以太阳为中心的哥白尼学说可以取代以地球为宇宙中心的托勒密学说——当然不是没有遭到顽强的反抗。试想在哥白尼学说被提出一个世纪后，伽利略还因为宣扬这个学说而被带上宗教法庭！再试想杰森·罗斯（Jesse Roth）的例子，他在二十世纪八十年代不仅在脑部，还在人体以外的微小单细胞动物里发现胰岛素，带给主流医学不小的震撼，因为每个人都知道必须有胰脏才能制造胰岛素！即便当时罗斯博士拥有美国国立卫生研究院临床主任的显赫头衔，但有好长一段时间，没有一份知名期刊愿意刊登他的论文。审查者退回他的论文，附上措辞强烈的评语，如："荒诞！一定是你的试管没清洗干净。"杰森的反击之道就是使用全新的试管，重复做了好几次实验，得到相同的结果，才引起其他研究者的好奇，开始进行同样的实验，而报道了同样的结果。

　　杰森的故事说明了科学演进的一个吊诡、真正创新、突破性的论点，不管是谁提出的，最初几乎都会遭到排斥。在维护主流思维的氛围下，科学缓慢地推进，因为它怕犯错。结果真正创新、重要的观点往往受到吹毛求疵的严苛检验，要不就是完全的排斥和反感。因此要发表这样的观点真是难上加难！不过，只要这个观点是正确的，它终究会战胜一切。它可能像精神神经免疫学这个新领域一样，需要漫长的十年才能被接受，甚至更久。但这个新观点终究会变成公认的事实。过去被视为荒诞不经而遭到排斥的观点，会出现在知名的期刊上，讽刺的是，此时大力吹捧它们的，经常也是当时大力排挤它们的批判者。这就是当今一个新思维出现时所面临的困境。

　　对于整体或替代保健的推动者来说，胜利也是姗姗来迟。长久以来他们对主流医疗模式深恶痛绝，也积极尝试去推翻它。因为这些人的努力，一度受到藐视的技术，像是针灸、催眠，才得到它们今日的信誉。然而令我吃惊的是，连那些没有什么意识形态，只不过是关心健康的消费者，都告诉我他们对目前的医疗体系极度不满。显然大众正逐渐觉察到他们支付了庞大的保健费用，所换得的医疗却往往无法改善他们的健康状况，而这些健康问题其实是可以预防的。

要了解这是多么大的一个变革，你必须先具备一些生物分子医学的基本知识，所以我的演讲首先要解说的就是这个部分。我们之中有多少人可以闭上眼睛，想象或界定一个受体、蛋白质或胜肽？这些是构成我们身体和心智的基本成分，但是在一般人的日常生活经验里，它们宛如喜马拉雅山的怪兽雪人般陌生。如果要知道情绪在我们的健康中可能扮演什么角色，我们首先要了解分子细胞学。我会提供一些历史背景来帮助大家理解近代发现所造成的冲击。本文是由我的一篇演讲改写而成的，好让大家对我的研究有个广泛的概念。有了这些基础的科学知识，一切都会变得简单明了、趣味横生了。

此外，我还要说一个故事，一个比较私人而非科学的故事。这个故事的片段有时会穿插在我较不正式的公开演讲中。有关我从事的科学如何转变了我，而我的人生历练，特别是身为女性的经验，又如何激发和影响我的研究。我相信它和我的科学探索所揭露的事实同样具有启发性、同样重要。基于这个理由，我在本书里加入我个人的故事，夹在演讲的章节之间，希望能展现情绪分子背后的生命故事。随着故事的发展，我们会看到个人与科学毕竟密不可分，正如我自己的演变。它凸显出一个事实，那就是科学是一种非常人性的探索，如果它变成冰冷、没有情绪的抽象概念，就失去了它真正的价值。情绪不仅影响我们的健康，也影响我们如何从事科学。

## 优雅的分子

现在就谈科学吧！

情绪分子的第一个构件是在身体和脑部的细胞表面上发现的分子，叫"阿片受体"（opiate receptor）。它是我在二十世纪七十年代初的发现，我找到检测它的方法，证明了它的存在，也就此展开了科学家的生涯。

检测是现代科学方法的基石，有了它，才能证实物质世界的存在。如果测量不到物质，科学家是不会承认它存在的，这也是为何科学不愿碰触情绪、心智、心灵或灵魂这类"虚无"的东西。

但这个一度被视为虚无的受体究竟是什么呢？当我开始从事研究时，受体大致上只是一个概念，一个假想的位点，坐落在所有生物细胞内的某处。最需要相信有受体存在的是药理学家（研究和发明药物的人），因为那是他们能解释药物在生物体内发生作用的唯一凭借。早在二十世纪初，药理学家就相信药物必先附着在体内的某个构件上，才能在体内发生作用。而"受体"这个专有名词就是用来指称这个假设性的构件的，是它让药物附着其上，从而神奇地启动一连串的生理变化。第一位现代药理学家保罗·俄里奇（Paul Ehrlich）扼要地陈述他的信念："药物若不能固着，就不能发生任何作用。"虽然他并没有实质的证据（不过他说这话的时候，用的是拉丁语，借以凸显这个概念的深奥）。

而今，我们知道这个构件，受体，是一个单一的分子，也许是所有分子中最优雅、稀罕、复杂的一种。分子是能够保有物质化学性质的最小组成单位；而任何物质的每一个分子又是由更小的单位——原子，例如碳、氢、氦——组成的。它们以化学反应形成该物质的特定组态，这样的结构可以用化学式来表示，或以更详细的示意图来呈现。

分子之间存在着无形的力量，将它们牵引在一起，形成可以辨识的物质。物质如果接收到充分的热能，分子之间无形的吸引力就会遭到破坏，譬如热能将冰的结晶体融化为水，而水的分子接收到强大的能量时，会快速移动，而致挣脱彼此，四处飞散，此时水就蒸发为水蒸气了。但不管是哪一个状态，它的化学式是不变的。以水分子来说，就是 $H_2O$，两个氢原子加上一个氧原子，不管它是冰冻的固态、流动的液态，还是无色的气态。

受体分子和水分子不同。水分子的重量仅有十八个分子量单位，它不但小，而且没有弹性。受体分子比较大，重量可高达五万个单位。冰冻的水分子在能量的影响下融化或汽化，但较灵活的受体分子则以振动的方式响应热能和化学信息的刺激。它们颤动摇摆，甚至发出嗡嗡的声音，弯曲变形，从一个形状变成另一个形状，经常在它们最钟情的两三种形状之间变来变去。在生物体内，它们永远附着在细胞上，漂浮在细胞表面油质的外膜上，宛若漂浮在池塘水面上的荷叶。和荷叶一样，受体也有根部埋在流动的细胞膜中，来回蜿蜒，穿越细胞膜好几次，才深入到细胞的内部。

**水分子示意图**

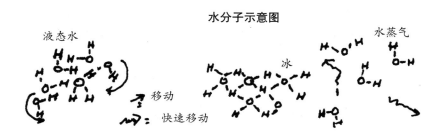

我说过受体是分子，而且是由蛋白质所组成的。由微小的氨基酸（amino acid）串联而成的蛋白质，弯弯扭扭的，看起来很像弯折扭转的串珠项链。如果你为科学家所发现的每一种受体绘上不同的颜色，那么一个普通的细胞表面就会像一幅色彩缤纷的莫奈画，至少有七十种不同的颜色——而相同颜色的受体数量，有的一万、有的五万、有的十万，甚至更多。一个典型的神经元（神经细胞）可能有几百万个受体附着其上。分子生物学家可以将这些受体分离出来，确定它们的分子量，最后破解其化学结构，也就是鉴定出它们的氨基酸成分与序列。有了今日的生物分子技术，科学家得以分离出好几十种新受体，并鉴定它们的氨基酸链，也就是说他们可以用示意图将这些受体的整个化学结构呈现出来。

基本上，受体就是感觉分子，扮演着扫描仪的角色，它就像我们的眼睛、耳朵、鼻子、舌头、手指和皮肤这些感觉器官，只不过是属于分子层次的感觉器官。它们舞动、震颤地悬浮在你的细胞膜中，等着接收其他振动的小东西所携带的信息，这些小东西也是由氨基酸构成的，它们在细胞四周的液体中巡航——以专业用语说，是"扩散"（diffuse）。我们喜欢形容这些受体为"钥匙孔"，虽然对一个不断游移、律动、震颤的东西来说，这个称呼并不十分贴切。

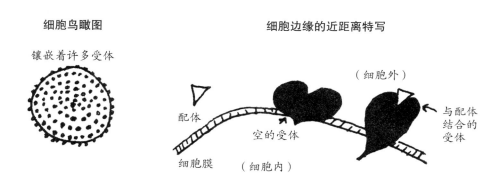

我说过所有的受体都是蛋白质，它们集结在细胞膜中，等待恰当的化学钥匙穿越细胞外的液体朝它们游过来，插入它们的钥匙孔。附着在它们上面——这个过程就是"结合"。

结合——是分子层次的性交呢！

而停靠在受体上，弄得它舞动和摇摆的化学钥匙又是什么呢？答案是"配体"（ligand）。这个与受体结合的化学钥匙，就像钥匙插入钥匙孔般进入受体，引起一阵骚动，驱使受体分子调整自己，不断改变形状，直到——咔嚓！——信息进入细胞。

## 配体世界

如果说受体是情绪分子的第一个构件，那么配体就是第二个构件。配体的英文单词 ligand 来自拉丁文的 ligare，意指"系合物"，它和"宗教"的英文单词 religion 有着相同的字源。

配体这个名词指的是任何与细胞表面上特定的受体结合的物质，不管这个物质是天然的，还是人工的。配体朝受体撞上去，然后滑落，再撞上去，再滑落下来。当配体附着在受体上时，就是我们所称的结合，在结合的过程中，配体通过它的分子特性，将信息传送给受体。

虽说钥匙插入锁是这个过程一般的比喻，不过也许更生动的比喻是两个声音——配体和受体——因共鸣而产生共振，这个共振启动了门铃，指示通往细胞的门打开，接下来便会发生一连串不可思议的事。受体接收到信息，就将信息从细胞表面传送到细胞的内部深层，使细胞的状态产生戏剧性的变化，所引发的连锁生化反应，宛如好几部小机器轰隆隆地发动，在配体信息的指引下，展开一连串行动——制造新的蛋白质、决定细胞的分裂、开启或关闭离子管道、添加或去除类似磷酸盐（phosphates）这种能量旺盛的化学基——多得不胜枚举。总之，细胞一生当中每分每秒的活动，都取决于它表面上有哪些受体，以及这些受体是否为配体所占有。发生在细胞层次的这些细微生理现象，如果属于较全面性的，就会引起行为、生理活动，甚至心情的显著变化。

试想这样的活动同时在我们身体和脑部的每个地方进行，它们之间是如何协调运作的呢？当配体在每个细胞外围的液体中漂流时，只有那些具有某种特定形状的分子的配体，才能跟某种特定的受体结合。所以，结合这个过程可是非常具有选择性、非常专一的呢！事实上，我们可以说结合与否，取决于受体的专一性（receptor specificity），也就是说受体根本不会搭理那些不搭调的配体。例如，阿片受体只能"接纳"那些属于阿片族的配体，像是脑内啡、吗啡或海洛因，而烦宁（Valium）受体只能跟烦宁（一种镇静剂）和类似烦宁的胜肽结合。正因受体的专一性，繁复的组织系统才得以运行，每样东西才能去到它该去的地方。

**四胜肽示意图（含有四个氨基酸）**

氨基酸#1

氨基酸#2

氨基酸#3

氨基酸#4

配体这种分子通常比它所附着的受体小很多，我们可根据它们的化学性质，将之归纳为二类。第一类配体是典型的神经递质（neurotransmitter），它们虽是很小的分子，却有着艰涩难懂的名字，例如乙酰胆碱（acetylcholine）、多巴胺（dopamine）、组织胺（histamine）、甘氨酸（glycine）、丙氨基丁酸（GABA，即 γ - 氨基丁酸）、血清素（serotonin）等等。这些配体是分子中最小、最简单的，通常由脑部制造，以携带神经元的信息，跨越突触（synapse），传达到下一个神经元。这些神经递质很多原本只是简单的氨基酸，即蛋白质的组合成分，后来又在氨基酸分子上头零星加上一些原子。不过也有一些神经递质就是原始的氨基酸。

第二类配体是类固醇（steroid），它包括睾酮（testosterone）、孕酮激素（progesterone）和雌激素（estrogen）等性激素。所有的类固醇原先都是胆固醇（cholesterol），经过一连串的生化步骤才转化为某种激素，譬如说性腺——男性的睾丸、女性的卵巢——所含的酶（enzyme）将胆固醇转化为性激素，而其他酶则将胆固醇转化为其他种类固醇激素，例如皮质醇（cortisol）——肾上腺皮质在压力下分泌的激素。

压轴的最精彩，它是我最喜欢，也是最大类别的配体——胜肽（peptide）。读者将会晓得，所有生命活动之所以能有条不紊地进行，这些化学物质扮演了重要的角色。它们其实就是我所称的情绪分子这个方程式的另外一半。胜肽和受体一样是氨基酸链构成的，不过有关胜肽方面的细节，稍后再谈。此刻，我想建议读者做下面的思考，以便记住我前面说过的重点：假设细胞是驱动整个生命的引擎，那么细胞上的受体就是这部引擎仪表板上的按钮，而特定的胜肽（或他类配体）就是压下特定按钮，让引擎启动的手指头。

## 化学脑

了解受体和配体之后，现在就让我们离开分子层次，谈谈现今科学家对脑的看法，以及这个看法和早期较狭隘的认知有何不同。

数十年来，大多数人都认为脑和从它延伸出去的中枢神经系统基本上是一个电流的沟通系统。一般人都知道一个神经元（或神经细胞）是由一个细胞本体（cell body）加上一个很像尾巴的轴突（axon）和一些树突（dendrite）组合成的。这些神经元形成的网络，有如一个线路错综复杂、长达亿万英里①的电话系统。

大众的脑海里之所以会有这种先入为主的意象，是因为科学家使用的工具让我们得以看到和研究这个带电的脑子。一直到不久前，我们才发展出新的工具，借助它们看到了一个不同的脑，这个脑我们或许可以称之为"化学脑"。

但这个领域在尚未定名为"神经科学"以前，一直都把神经系统的概念锁定成由"神经元—轴突—树突—神经递质"的联结所组成的电信网络，以致就算有证据存在，我们也很难想象这个由配体和受体形成的第二个神经系统，即使这个神经系统产生作用的时间更长，造成影响的距离也更远。过去，神经科学传统的主题是神经，它是科学探索脑部和中枢神经系统最早采取的路径，所以科学家在考虑接受第二个神经系统的可能时，心中不免有些不甘。更让他们难以接受的是，这个化学系统无疑是有机体的一个更为古老、基础的系统。早在有树突、轴突，甚至神经元以前——事实上早在有脑以前——细胞体内就已经有胜肽存在，脑内啡就是其中一个例子。

在二十世纪七十年代的发现让脑胜肽受到瞩目以前，我们的注意力大都专注于神经递质，以及它们从一个神经元到另一个神经元的那一跃，跨过一个叫作"突触间隙"（synaptic cleft）的小壕沟。神经递质所携带的信息似乎很简单，不是"开"，就是"关"，指示接收的细胞放电或不放电。胜肽则不同，虽然有时候它们也扮演类似神经递质的角色，泅泳穿过突触间隙，但它们更可能在细胞外围的空间穿梭，随着血液和脑脊髓液流动，游走很长的距离，并在这个过程中锁住细胞上的受体，造成那些细胞的内部产生复杂、根本的变化。

这就是我们在一九七二年对受体和它的配体的了解。当时，研究者尚未发现任何药物的受体，离一九八四年免疫系统研究的突破性发现还早得很；后者

①1英里约为1.61千米。

利用受体理论来界定遍及全身的信息网络，也为情绪提供了生化的基础。这些二十世纪八十年代的发现，让人们意识到这些受体和它们的配体等同于"信息分子"（information molecules），也就是细胞语言的最小单位，负责在整个有机体的内分泌、肠胃，甚至免疫等系统之间传递信息。当遍布于生物体各部位的受体和它们的诸多配体结合时，就造成了生物体结构和功能的整合，使得生物体得以顺畅、明智地运作。不过我有点操之过急了，我们暂且撇开科学不谈，先来看看其中一些观念的历史发展过程。

## 受体简史

当二十世纪初药理学家首先提出受体机制的概念时，许多大学的生理系也接受了这个观点，因为这个概念也可以解释他们在神经系统里新发现的化学物质——神经递质。这些在突触，也就是神经元之间的间隙，所分泌的化学沟通物质，运作的方式也可以用受体—配体模式来解释，虽然生物化学还没有发展出方法来检测它。

第一个被发现的神经递质——乙酰胆碱——是生物学家欧托·洛维（Otto Loewi）在他早期的神经递质实验中发现的，而那些实验的灵感竟来自他晚上做的一个梦，不过直到数十年以后，这个神经递质的化学结构才被揭晓。洛维最早期的一些实验是在一九二一年进行的，目的是探究某个神经递质对青蛙心脏的作用。他从青蛙体内取出仍在跳动的心脏，放在大烧杯里，然后加入从迷走神经提炼出来的液体，结果心脏的跳动显著地缓慢下来。这个神秘的"迷走神经物质"，后来发现就是乙酰胆碱这个神经递质。由神经制造的乙酰胆碱，是我们用餐过后造成心跳速度减缓、消化肌规律收缩，而让我们感到放松的原因。科学家因此推断生物体内存有乙酰胆碱的"受体位点"，它们有的在心肌，有的在消化道肌，也有的在骨骼随意肌。不过当时的科学家还无法证实它们的存在。

直到一九七二年，约翰 – 皮耶·尚儒（Jean-Pierre Changeux）在英国的一个药理学研讨会上发表论文时，这个二十世纪初的理论才成为事实。在演讲中，这位生化学家戏剧性地从他胸前的口袋里抽出一个小小的玻璃试管，当中有一条细细的蓝色带状物，它就是从电鳗体内取出，与所有鳗鱼的其他分子分离开来，染着蓝色的纯乙酰胆碱受体。这是首次有受体在实验室里提取出来。

尚儒解说自己是借由眼镜蛇和电鳗的不伦结合，利用眼镜蛇所提供的毒液，将电鳗的受体分离出来的。当眼镜蛇的毒液进入高等动物的体内时，会扩散到乙酰胆碱的受体，包括调节呼吸的横膈肌上的受体中，因而阻断了天然的乙酰胆碱与受体的结合。由于乙酰胆碱是负责肌肉收缩的神经递质，蛇毒导致的横膈肌麻痹，会使受害者因窒息而死亡。

正巧电鳗体内的发电器官含有的乙酰胆碱受体，密度比其他动物都高。科学家那时候就已经知道蛇毒当中含有一种大型的多胜肽（polypeptide），叫作 $\alpha$-银环蛇毒素（$\alpha$-bungarotoxin）。这种毒素会与电鳗发电器官里的乙酰胆碱受体产生专一且不可逆的结合，就好比如胶似漆地粘在一起，无法分开。尚儒于是在这个毒素中加入具有放射性的原子，以便追踪它跟发电器官里的乙酰胆碱受体结合，从而把这些受体分离出来。他就是这样取得了试管里染上蓝色的物质。在配体上加入放射性原子，使它变"热"，也就是使它具有放射性，这是一个绝妙的创举，但却是个相当不易掌控的步骤，至今仍是如此，因为放射性物质也可能破坏配体的结合能力，而适得其反。

对于这个我们戏称为"受体学"的新兴领域，另外还有一门学问曾有重要的贡献，那就是研究无管腺（ductless gland，或称内分泌腺）及其分泌作用的内分泌学。内分泌学家与前面的药理学家和生理学家一样，需要知道那些称为荷尔蒙（hormone，或称激素）的化学物质何以能从它们释放出的地点，隔着相当的距离，对它们的标的器官发生作用。但是在那个年代——我们说的可是二十世纪五六十年代——内分泌学家可是不大和药理学家交谈的。每一个领域都占着自己小小的地盘，与其他领域划清界线，不相往来。研究某个领域的人通常都不知道其他领域的科学家在做什么，即便知道，也不感兴趣。所以不同的领域经常有类似的发现，却浑然不知这些发现之间的共通性。

二十世纪六十年代，内分泌学家罗伯特·杰森（Robert Jensen）在显微镜下看见他注射到雌性动物体内的放射性雌激素所附着的雌激素受体。如他所预测的，放射性的雌激素来到乳房、子宫和卵巢组织，也就是这个雌激素所有已知的标的器官，与那里的受体结合。后来，雌激素受体，还有睾酮和孕酮激素的受体，却意外地在另一个器官被发现——脑部。这里的性激素受体对性别认同有惊人的作用。不过这个部分要留待后面再说了。

二十世纪七十年代，在美国国立卫生研究院不同的研究小组工作的内分泌学家杰森·罗斯和佩德罗·考彻卡萨斯（Pedro Cuatrecasas）依循尚儒的方法，在他们的配体胰岛素中加入放射性原子，成功地检测到胰岛素受体。其实在此之前，考彻卡萨斯已经证实胰岛素受体就在细胞外层表面上。但利用放射性原子来标示物质的新技术，是他实际检测到受体的关键之一。这项新技术为这个领域带来了意义非凡的重大突破。

## 有趣的挑战

我个人在"受体学"方面的研究，是 1970 年在约翰斯·霍普金斯大学的药理学系展开的。我在该系两位世界级胰岛素受体和脑生化专家的指导下，取得了博士学位。那时已经有人研发出新的技术，以捕捉比较滑溜的配体。不同于蛇毒和乙酰胆碱受体的结合，这种较滑溜的配体不会一直固着在它的受体上。当时这个技术只用于胰岛素受体的研究，还没有人尝试将之应用在其他药剂上，虽然研究其他受体，以捕捉其他类型的配体显然也是当时所需的。

例如在我自己的领域里，有一个普遍的信条，也就是之前提过的：药物若不能固着，就不可能发生作用。这个信条为我后来特别感兴趣的神经药理学，带来一项很有趣的挑战。因为理论上，它意味着一个药剂如果有效，就一定有受体，而我们的任务就是去找到它。当时我们在神经药理学研究的药物都是些可以明显改变行为的药——我差点说成改变"意识"，但那个时候，除了嬉笑以外，没有人用这个字眼。但每个人都知道这些药，包括海洛因、大麻、利眠宁（Librium）和天使尘（PCP, angel dust）在内，会让情绪在瞬间产生很大的变化，亦即改变使用者的意识状态。这是为什么当我在二十世纪七十年代初展开职业研究时，这类药是我们研究脑部化学作用的主要工具。

问题是我们的药全来自植物。我们知道这些从植物提炼出来的配体进入体内会立刻和受体结合，然后就很快随着尿液排出体外，因此想要捕捉和检测到附着在受体上的配体，就算可能，也是非常困难的。

而我个人面对的挑战，就是以新方法在试管中捕捉到这个小小的吗啡分子附着于它的受体上——一个很多人根本不相信存在的受体。但证明它的确存在所衍生的影响，却是我做梦也想不到的。这个阿片受体的发现以完全意想不到的方式延伸到每一个医学领域，结合了内分泌学、神经生理学和免疫学，催化了行为、心理和生物学的整合。它引爆了一个革命，一个已经不声不响地酝酿了一段时间的革命。有关这个部分我会在之后的章节中谈到。现在，我得开始说我自己的故事了。

\* \* \*

在我获得约翰斯·霍普金斯大学研究所的入学许可后不久，一个夏日的午后，我正在打包，准备搬到马里兰州的边林镇（Edgewood），那儿将是我和我先生艾格·柏特（Agu Pert）、小儿子伊凡的新家。把家居生活用品——碗盘、衣服和熨斗——逐一装进箱子，我开始觉察到心中涌现的恐慌。等艾格回到家的时候，我已经无法动弹地倒坐在椅子上，强忍着泪水。

"你怎么了？"他问，并没太在意我焦虑不安的状态。永远是我们当中比较冷静沉稳的他，一派轻松地说："看来你完成了不少。"

"那还用说，"我回道，试图打起精神，"但是研究所……研究所……离家要一小时的车程，我怎么……"我说不下去，因为想到眼前要克服的困难就让我六神无主。在攻读博士学位的沉重压力下，我哪还能兼顾妻子和母亲的角色？每天开车往返巴尔的摩，还得全天在实验室工作！我无助地指了指地上的箱子。

"别担心！"艾格肯定地说，"全包在我身上！我来烧饭、清洗、打扫，我来送伊凡到托儿所去。你只管专心上学，研究精神药理学就行了。"

后来我真的就这么做了。

# 第 2 章

# 阿片受体的罗曼史

回望二十五年前，命运似乎在我的生命里扮演了重要的角色，它带领我一步步发现了难以捕捉的阿片受体。虽然在最后阶段鞭策我的是自己强烈的信念和意志，但是驱使我走上这条路，去证明脑部确实存在着一个让药物得以发挥作用的化学结构的，则是好奇心和一连串奇妙的缘分。

我与阿片受体的第一次邂逅是在一九七〇年的夏天，那时我刚从布林莫尔学院（Bryn Mawr College）生物系毕业，秋季就要进入约翰斯·霍普金斯大学的医学院研究所就读。那次的邂逅纯粹是个人的，和学术没有关系。六月我随先生和儿子到得州的圣安东尼奥市（San Antonio），预备在那儿住上两个月，等艾格完成陆军的医疗部队基础训练。艾格已经在布林莫尔学院取得心理学博士学位，现在得服完延缓的兵役。我四年的大学生涯，因为结婚生子而过得十分艰辛，正期待这个夏天可以好好休息，甚至度个假。我也计划在秋季进入博士班之前打好基础，所以随身带了一本艾夫兰·葛斯坦（Avram Goldstein）所写的《药物作用原理》（*Principles of Drug Action*）。既然约翰斯·霍普金斯大学博士班的课程主要是神经药理学，研究药物在脑部的作用，所以我想在这方面做些准备，而葛斯坦的书应该是最好的入门选择。

但现实生活中发生的事件阻挠了这个读书计划，虽然未能从书本上认识阿片受体，我却亲身体验了它的作用。一次骑马意外让我住进了医院，终日平躺在病床上。护士为我注射从吗啡提炼出来的"镇痛新"，来舒缓腰椎因受到压迫所感到的痛苦。我就这样神志不清地在医院里度过大部分的暑假。我的身体因受伤而动弹不得，心神则因麻醉药而恍恍惚惚，我无法专心读书，只好整天飘飘欲仙地躺着，等待背部痊愈。

后来当我停用麻醉药，能够坐起来时，我读了一部分葛斯坦的书，其中包括作者对阿片受体这个概念的详细解说。原来每当护士在我的肌肉内注射一剂量吗啡后，我所体验到的那种美好感觉竟然要归功于细胞上那些小小的分子！我记得这个发现让我惊叹不已。毫无疑问，这个药在我体内产生了显著的兴奋作用，不仅解除了所有的痛楚，还让我陶醉在近似狂喜的幸福感中。更奇妙的是，生病卧床，无法与先生、小孩在一起所带来的焦虑和不安，也似乎一扫而空。在这个药剂的影响下，我感到无限满足，仿佛在世上别无所求。老实说，我因为太喜欢这个药，出院时还曾闪过偷带一些回家的念头呢！我终于了解为什么有人会对毒品上瘾。

药剂对身体和情绪的作用，竟如此紧密地重叠在一起，令我惊讶不已，也让我对脑与行为、心与身之间的关联重新燃起了兴趣。我第一次注意到这个关联是在大一的时候，生平头一回离家的我，吃了整整一个学期的蜜桃派，不但胖得像个大气球，也患了严重的抑郁症。这个经验给我上了身心关联的第一课，让我清楚地体认识到身体的现象会影响情绪。而今，踏入研究所后，我将以科学的方法探索这个关联，并展开倾注一生的工作，而这一切都缘起于这些奇怪的小东西——阿片受体。

## 不折不扣的冒牌货

那年秋季，二十四岁的我正式进入约翰斯·霍普金斯大学医学院，在药理系修读博士学位，也非正式地展开了我在神经科学方面的学习，说非正式是因为那时候神经科学并不存在，它是近一年后才成立的领域。当时的我并不知道自己正走进一个蓄势待发的革命核心，这个革命将打破生化学、药理学、神经解剖学和心理学这些分立领域之间的藩篱，迎接一个跨领域的新科学——神经科学。

我记得第一天到学校的那个早上，我把车停在历史悠久的医学实验大楼后面。下了车，我忍不住颤抖起来，心虚地想到自己除了高中科学展览会的一两个研究，和大四一个勉强过关的科学研究以外，从来没有做过一次真正的实验。大学读生物系的时候，我始终无法狠下心来斩杀和解剖动物。不过，我的不足纯粹是个人的问题，倒不是我的教育出了问题，学校给我的教育其实是无懈可击的。

在布林莫尔学院，我在欧潘海默老师的班上接受了早期的科学训练。她是个好老师。虽然曾经因为我执意不肯解剖青蛙而差点儿把我赶出生物系，即使我的坚持并非没有原则。我对动物有种特殊的感情，让我不忍杀它们。一想到肢解一只我刚才亲手杀死的动物，就让我反胃，不管它的构造多么神奇或分泌液多么特殊。

"别那么胆小！"欧潘海默老师叫着，"如果你连这点都不能克服，将来怎么研究脑呢？你必须抛开这个荒谬的想法，以后才可能成大事。"

欧潘海默老师一直都是我学习的典范、我的女英雄，为了讨她欢心，我几乎什么事都愿意做——因为当我告诉她对跨生理学和心理学方面的研究感兴趣时，她很当一回事。不过要我杀青蛙实在办不到！直到很久以后我意识到科学界复杂的性别政治，才了解她为什么对于我不肯杀动物这件事反应这么强烈。欧潘海默老师受的是另一个时代的训练，在那个时代，一般人都认为女人当不了好的科学家。要想在科学界存活下来，她们必须让自己在外表上变得很强悍、冷酷，扮演我后来称之为"科学尼姑"的角色。我常在会议的场合看到这些女人，她们严峻，多半聪明过人，一身黑衣，头发紧紧地系在脑后。她们几乎都是单身，没有孩子，仿佛女性的本质都已荡然无存，只因需要证明她们和男人一样坚强、一样精准、一样无情。

对于刚踏入科学领域的我，二十岁就结婚、当了母亲是两大不利因素。何况，一看到喷出的血就显露出女性的胆怯，几乎让我的老师无法忍受。我知道自己让欧潘海默老师很头痛，虽然她看得出我的努力和创造力，但她的直觉告诉她我在科学界是不会有前途的。不过她还是让我过了关。我很感激她的通融，知道一旦进入真枪实弹的科学世界，就不能再运用这种以女性身份博取同情的伎俩了——特别是如果我想得到男性的尊重的话，而我的确这么想。

站在约翰斯·霍普金斯大学医学大楼的门口，脑子里闪过这些念头，我颤抖得无法移动脚步，觉得自己像个不折不扣的冒牌货，虽然同时也感到无限欣喜。不错，一个冒牌货，却是一个诚恳、热忱的冒牌货，愿意全力以赴，学习一切该学的！我不知道那天早上是什么力量阻止我逃回停车的地方，驱车离开。我唯一确定的是，纵然自己的经验几乎是零，但我之所以到这里来是因为我要来。当然，还有命运的安排——所有发生的一切一步步奇妙地把我带到了此刻我伫立的地方。

地理位置限制了我可以选择的研究所，只有约翰斯·霍普金斯大学和特拉华大学（University of Delaware）。这两所学校距离艾格即将派驻的马里兰州边林镇的边林弹药局都不算太远，可以通勤往返。艾格将在那里的实验心理学实验室完成他军中必要的训练课程，在猴子的脑袋里插入小小的管子，搜寻快乐和痛苦的中心。我们将住在基地，开车到我首选的约翰斯·霍普金斯大学所在地——巴尔的摩市区，需要很长的时间，但还不致超出我的能力所及。虽然那时我有一个年幼的孩子，但是从没考虑过中断我的教育，等艾格服完兵役我再念研究所。艾格和我是一个科学组合，有他在行为科学上的知识，和我在生物学正在培养的专长，我们期待未来能携手共创伟大的科学。

那个冬天，我到约翰斯·霍普金斯大学参加入学口试。与我面谈的男士显然很诧异一个已经为人妻、为人母的女人竟然真的想要进入美国首屈一指的研究所，研究生物医学，尤其这位太太的先生还是军人，随时有可能被征召到越南丛林。所以一个月后当我收到医学院生物系的拒绝通知时，我并不十分惊讶。特拉华大学的生物系接受了我的申请，所以事情就这么决定了——如果命运之神没有干预的话。但就在我该缴纳特拉华大学入学的第一笔费用时，发生了一件事，自此改变了我的人生旅程，让我步入一个直指神经科学革命核心的轨道。

命运精心策划的第一步安排发生在接下来的那个春天。我到新泽西州的大西洋城参加生平第一个科学会议，那是一年一度的美国实验生物学学会联合会（the Federation of American Societies for Experimental Biology），大约有两万名来自世界各地的生物学家出席。在演讲的休息时间，我发现身边有一群人围绕着一个科学出版商，听他谈着一位刚到约翰斯·霍普金斯大学的研究者，一个叫作索尔·斯奈德的神经药理学家和精神科医生。这个奇特的组合引起了我的注意，居然有一号叫斯奈德医生的人物，在脑化学作用的研究中，应用了他在人类行为方面的知识和见解。我心里想着："那正是我要做的！"可惜，接受我入学的是特拉华大学，不是约翰斯·霍普金斯大学。

研讨会结束，我回到布林莫尔的家，和艾格去听了一场由布林莫尔学院心理系主办的演讲，演讲者是乔·布来迪（Joe Brady）博士，他是约翰斯·霍普金斯大学医学院的心理学家，曾经以猴子进行身心关联的研究，这些开创性的研究证明了无法掌控的情境所造成的压力和严重的胃溃疡有直接关联。演讲之后，我们参加了系派对，布来迪在舞池上展现了他金·凯瑞般的翩翩舞姿。舞会进行中，他突然吆喝："有没有人会跳皮博蒂（Peabody）舞？"

偏巧我学过这个二十世纪三十年代的快舞。和艾格订婚以后，我参加了许多布鲁克林地下室的舞会，就在那些舞会中从我先生的爱沙尼亚家人那儿学会了皮博蒂。所以我接受了布来迪的挑战。我们痛快地跳了一个小时的皮博蒂，然后汗流浃背地一块儿瘫在地上，倒下来的时候还撞翻了一盏灯。后来我们喝着酒，开始闲聊起来，他问我大学毕业后有什么目标。

"我想研究脑，"我告诉他，"因为我想从生物学的角度去了解行为。"乔·布来迪专注地听着，点了点头，然后说："那么你应该找索尔·斯奈德。他是约翰斯·霍普金斯大学医学院的新人，一个狂人，研究的正是这个。把你的资料寄给我，我会转交给索尔。"

不顾已经被约翰斯·霍普金斯大学拒绝的事实，我写了一封长信告诉乔自己最大的梦想和渴望，并附上我的成绩单。不久，我就接到这个狂人亲自打来的电话。

"你被录取了，"斯奈德医生和气、干脆地说，"赶快申请吧！"

一切就这么开始了，一连串事件像是照着预先写好的剧本，依序上演，引领我到索尔那儿，到坐落在巴尔的摩市区贫民窟里的约翰斯·霍普金斯大学医学大楼西侧的一个小小的实验室。

## 医学金童的魅力

约翰斯·霍普金斯大学让我进了药理学系的博士班，课程是研究导向，而不是学究导向。虽然少不了上课、指定阅读及作业，但重点是实验。每个学生都要接受四位科学家的训练，每两个月就从一位科学家的实验室轮换到下一位的实验室。学生都很清楚，实验室的表现关系着能否顺利毕业。

我的本职工作是斯奈德博士的实验室，在那儿我开始了实验技术的训练，也进行我的第一个实验。这个实验室只有一个房间，三张长工作台就把它塞得满满的，似乎预示着它黯淡的未来。可是在我眼里，它就像天堂一样美好。离心机嗡嗡作响，放射能计数器咔嗒咔嗒地跳动，还有英俊潇洒的博士后研究员穿梭其中，说着有格调的笑话，并在他们的工作台进行着高度技术性的操作。这个实验室正在探索精神病的生物基础，开拓脑部研究的新领域，能躬逢其盛真让我乐不可支。

不久我就发现所罗门·斯奈德（Solomon H. Snyder，索尔的全名）比传闻中还要奇特。当年三十四岁的他已经达到事业的巅峰，是一个公认的天才，聪明过人、野心勃勃是同事们对他一致的评语。他是精神科医生，曾经在美国国立卫生研究院接受神经药理学的训练，研究药物对脑部的影响，就此培养出他对实验的兴趣和技能。正因为如此，约翰斯·霍普金斯大学答应了他的请求，给他一个独立看诊的办公室和实验室。年方三十一岁，索尔就成为约翰斯·霍普金斯大学有史以来最年轻的正教授。有药理学和精神科的双重聘任，他得以稳稳地站在精神卫生前沿的两边，拥有一个难得的平衡及全面的视角。他使用最新的精神药剂来治疗病人，然后追踪它们的效应，同时在几步路之隔的实验室，指导研究生的实验。为研发精神卫生下一代的药剂。

起初我很纳闷为什么斯奈德医生很少到实验室来，后来才知道他喜欢从"御室"指挥他的科学团队。"御室"是他的学生给他的办公室取的绰号，那是一个非常宽敞、一尘不染的房间，一端有一张超大的书桌，另一端则是一张皮沙发。其中一面墙由一幅康定斯基（Kandinsky）的真迹画作给占满，另一面墙则挂着他琳琅满目的奖项：马里兰州科学院（Maryland Academy of Sciences）颁赠的杰出青年科学家奖、约翰·雅各布·阿贝尔奖（John Jacob Abel Award），以及其他诸多奖项。索尔的书桌永远有条不紊，丝毫看不出他要处理的文件需要三个专职秘书才忙得过来。他们坐在外面的办公室，忙着完成一大堆的研究计划书，还要接听响个不停的电话。

我刚到的时候，这个实验室研究的焦点是鉴定新的化学神经递质——那些在脑中分泌、携带信息、引导生物体运作的"汁液"。神经递质跃过细胞之间的突触和其他脑细胞（或称神经元）上的受体结合，造成的电荷变化，决定了接下来的神经路径。神经递质的作用会改变生物体的生理活动，包括行为，甚至"心情"（mood）——它是纯科学的字典里最贴近"情绪"（emotion）的词。

索尔发展出某个鉴别神经递质的方法，也就是检测"回收"（re-uptake）机制。神经递质和受体结合以后，多出来的分泌物会被神经元吸收回去，然后破坏。如果我们研究的物质可在脑中发现，而且又能检测到它的回收，那么就可以断定它是一种神经递质。在索尔发展出这个方法之前，只有两种神经递质——乙酰胆碱和去甲肾上腺素——受到详细的研究和了解。但当我加入这个实验室时，索尔和其他神经科学家正在进行将另外五种神经递质加入行列的工作，它们是：多巴胺、组织胺、甘氨酸、丙氨基丁酸和血清素。

索尔晓得，他的实验室所进行的研究正处于某个革命的核心，同时把这一点传达给他的学生，也是他的魅力所在。他自有一套办法，让我们了解到自己正位于一个先锋地位，身处一场光荣的豪赌之中，如果赢了，每个人都可因此一举成名。不过我们同时也知道，自己所在之处其实再安全不过，是任何研究生梦寐以求的地方。

我发觉索尔是医学界的金童——拥有丰富的人脉和充裕的经费。当我们在科学的壕沟里搜集数据时，他则远在前线，往来全国和世界各地，探索最远的疆土。从苏黎世或棕榈泉飞回来的第二天，他会召集我们，告诉我们全球各地的实验室有什么最新和最热门的消息，谁在研究什么，下一个突破性的发现会是什么、在哪里发现。我们爱极了这些信息，也记住他说的每一句话。

科学家大都不敢冒太大的风险，他们一小步、一小步缓慢地行进。但索尔不同，他胸怀大志、勇往直前，对科学琐碎的一面藐视到了近乎狂妄的地步。只有简单并针对重大问题的实验，才能引起他的兴趣。他完全漠视领域的分野，任意逾越其他研究者奋力捍卫的领域，以满足他浩瀚无边的求知欲。他善于判断什么样的研究能够在很短的时间内得到突破性的发现，这些研究可能有十分之九已经被人确认，所缺的仅仅是一个大胆的假设、一个冒险的改变。

"我们不妨利用这个情势。"他经常兴奋地说，"呼！开始行动吧，击败他们，夺得锦标！"

索尔把科学当作一场竞赛，而且他会利用他所有的优势去赢得比赛。他非常懂得如何激励我们，懂得如何运用他的资源和人脉。他的圆融、他的魅力、他的聪明才智对我产生了极大的鼓舞作用，以致任何事我都乐意去做，包括工作到深夜，或是在清晨一大早到实验室记录实验过程。我活着是为了取悦他，带给他满意的实验成果。

我们崇拜索尔，索尔则崇拜他的恩师朱利叶斯·阿克塞尔罗德博士（Julius Axelrod）。阿克塞尔罗德博士是神经药理学领域的开山鼻祖之一，他是幕后无所不在的一股影响力。索尔在美国国立卫生研究院受训时，就是在朱利叶斯的实验室工作而崭露头角的。他是"朱利叶斯的弟子"之一，这群科学家承袭了恩师的研究风格，奠定了现代神经药理学的基础。数年前朱利叶斯实验室的墙上写着"朱利叶斯弟子横扫千军"，来形容他们极为有效的研究方式。朱利叶斯的弟子形成一个科学王朝，彼此分享信息，并利用他们的影响力协助彼此取得研究经费，也常常将他们最喜欢的学生和博士后研究员轮派到彼此的实验室，如同在进行一场盛大的棋赛。朱利叶斯在神经系统的两个主要神经递质之一的去甲肾上腺素方面的研究，让他获得了诺贝尔医学奖。那个时候我才到约翰斯·霍普金斯大学不久，这个好消息令我们的实验室欣喜若狂。身为朱利叶斯的传人，大家都期待今后能在他的庇荫下平步青云。

我们得到的福荫远超过取得信息和经费。这个聪明、激进的朱利叶斯家族有一套中心思想，根据我后来的了解，它可以归纳为下列准则：不要固守约定俗成的观念。不要因为科学文献说不可行就认定不可能。信任你的直觉，给自己一个宽阔的视野，不要依赖文献——它可能对，也可能完全不对；把你的预感一个一个摆在前面，然后选择你认为最有可能成为事实的，以及你可以很容易马上证明的，不要以为只有高度复杂的研究才有价值，因为从最简单的实验得到的结果往往最明确；放手去做！若是你的实验能在一天内完成，那最好不过。

这就是我们承袭的资产，从朱利叶斯·阿克塞尔罗德传给他的弟子，其中包括索尔，再从索尔传给我。将来我会把它传给我的学生，他们再传给他们的学生。我相信即使我们都不在了，这套一脉相承的方法论和理念仍将继续影响科学。

# 入门

索尔来到实验室，大手一挥，让我知道这就是我工作的地方。他指定了一个实验台给我，一张高及胸部的大理石板，下面有抽屉，上面有书架。"现在去找肯·泰勒（Ken Taylor），"索尔用他最慈祥的口吻命令我，"他会告诉你如何检测组织胺。"

检测是实验的基础步骤，科学家借此可以测量出一系列组织或血液采样中某种化学物质（例如神经递质）的含量。测量是一切的关键！要提出任何重要的问题之前，你必须先取得你每个采样的化学物质数值，好知道你所研究的物质的浓度高低。

肯曾经是个帅得不得了的新西兰人，负责筹划每个星期五下午在啤酒屋举办的系派对，是个非常认真的研究者，也是相当严格的老师。每次他出现在我的工作台，我总禁不住脸红心跳，也因此加倍用心，想把他交代的每一件事做得尽善尽美。不过，我把感觉藏在心里，谨守分寸。经过布林莫尔学院欧潘海默老师的调教，我对科学怀着近乎宗教的虔诚。虽然过去我并不认同她的风格，但是可不想冒任何风险，让自己在约翰斯·霍普金斯大学被人贬为不够认真的学生。事实上，我的态度就像一个科学神殿的见习修女，正在接受英气勃勃的年轻神父给她上的第一堂教理课。后来当我有了自己的实验室，发现融合阴阳的能量对从事伟大的科学是一大助力。

接下来数周，我都在接受肯的基础训练。组织胺通常是免疫系统的细胞所分泌的化学物质，它会引发过敏反应。例如打喷嚏和发痒（这是为什么我们服用抗组织胺的药来舒缓过敏的症状）。但与传统观念不同的是，肯和索尔最近也在脑部发现了组织胺。这个发现让他们猜测组织胺可能也是神经递质，亦即传递脑中信息的化学物质，这使得他们正在鉴定的神经递质又多了一种。虽是初来乍到，但我知道神经递质的研究正是当时最热门的项目，能够参与这份工作令我欢欣无比。

很快地，我的工作就上了轨道。每天早上第一件事就是把五十支试管标上号码，放在试管架上。做完了这个，就从肯那儿取得当天的脑组织采样，将它们均分到每一个试管里，接下来就是好玩的部分了。我使用一支手工打造的细长、精致的玻璃管，叫作吸量管，小心翼翼地把几种不同的物质加入试管，而这只是大约十个步骤的第一步。每天我要完成所有的步骤，才能在回家以前，将每个试管转化为一个数字的结果。

我后来才知道我做的组织胺检测源自索尔自己早期的研究。他跟朱利叶斯·阿克塞尔罗德做研究时，设计了这个方法，而今成为鉴定组织胺是否为神经递质的一个环节。

和大多数生物医学研究一样，我们做组织胺分析是推演过程的一部分。首先是研发出一项技术，去解答过去无法解答的问题，然后将这项技术无限延伸地应用到其他所有可能或值得进一步研究的问题上，直到探究完所有的可能——或直到另一项新技术出现，取代原有的技术。

我喜欢整天坐在工作台前，手上戴着实验手套，身上穿着白色实验外衣，用吸量管将化学物质注入试管。（只有在好莱坞电影里才看得到穿着白色外衣的科学家。在真实生活里，穿白色外衣的是学生，真正的科学家是不穿这种衣服的。）因为乐此不疲，所以我常常在实验室一待就是十几个小时。实验室的氛围充满了能量，而且是很强的能量，让人感到一种奇特的生命力，而那些从不间歇的谈话，从科学到艺术到政治，也像滋补我的养分，让我生气蓬勃。

不用多久，我就觉察实验室里存在着一个大家心照不宣的阶级制度。年薪似乎决定了一个人的地位，在那儿待得最久的人通常握有最大的权力，除非你是女性，（这种概率微乎其微，因为一般像索尔这么重要的实验室，女性本来就少，即便资深，别人也不会把你当成一位睿智的长者，在他们眼中你只是一只旧鞋——舒适、不具威胁性、可靠。）当地位比较高的人离去，开创他们自己的事业，训练有素的见习生才能递补他们的空缺，获得晋级。不过也有例外。从事"热门科学"自有它的回馈，任何重大的发现都可以让一个底层的小人物一步登天——这是我在不久的将来亲身体验到的。

操作了数个月的组织胺分析，我得到的结果清晰明确，技术也纯熟了。这时候，一个由博士班资深科学家组成的委员会把我叫到他们面前，毫不留情地拷问我有关组织胺的大小问题，以决定我是否够格晋级到课程的下一个阶段。虽然我事先做了万全的准备，但在他们冷酷无情的检视下，我紧张得什么都记不得了。

总之，那些口试委员把我仅有的知识驳斥得体无完肤，而且看到我备受煎熬的样子，似乎还乐在其中。后来我才知道，他们把它当成一种仪式，就好像"兄弟会"捉弄新成员，目的是要让年轻的科学家知道自己的身份，明白自己还差得远呢。

经历了这个整人的小把戏，我等了一段时间才如释重负地获知通过了测试，可以迈入下一个阶段，也就是选一个原创的研究作为博士论文的主题。我很清楚如果没有拿到博士学位，就永远不可能成为真正的科学家。那些停滞在硕士学位的人，将永远守着工作台，替别人做实验。即使贡献再大，也不会有任何科学论文提及他们的名字。一开始我就打算直攻博士学位，一旦得到学位，便可立足科学界。要获准进入这个圈子，我必须完成一个原创的研究，一个好得可以刊登在知名科学期刊上的研究。

与索尔讨论之后，他决定我的博士论文应该研究胆碱（choline）的回收机制。索尔的一个博士后研究员山村汉克（Hank Yamamura）已经使用过索尔的方法，测量胆碱在大脑的回收。现在索尔要我进一步检测胆碱在天竺鼠回肠中的回收。（这个研究和当时苏格兰某个实验室进行的研究有关，他们正在探究数种神经化学物质的角色，这些物质会跟天竺鼠回肠细胞表面上不知名的受体结合，导致肌肉收缩。）

回肠是小肠末端的部分，它含有释放神经递质乙酰胆碱的胆碱性神经。这又是一个参与神经递质研究的机会，初来乍到的我会很高兴有这样的机会，现在却丝毫提不起兴致，觉得既枯燥又了无新意。这种承袭他人，几乎可以预知结果的研究，根本无法激发我的想象力。

我抛开心中的反感，投入了工作。这是我第一次从零开始准备一个科学实验，能够依据的只有几篇研究报告。经过几次尝试，我终于将实验准备就绪。记得在研拟实验步骤的时候，还联想到弗兰肯斯坦医生①呢！首先我得切下天竺鼠的一段肠子，注入缓冲剂以达到灌肠的作用，然后把它剖开，取得布满神经的肌肉，将它切成小块，再把这些一块块含有神经元的肌肉放进烧杯里，加入经过放射处理的胆碱。这个"热"胆碱会发出容易侦测的信号，让我们得以循线追踪，知道它很快地被这些肌肉里的神经元吸收，转化为神经递质乙酰胆碱。

胆碱的检测是种万无一失的研究，笃定可以让人轻松取得博士学位，任何明智的博士候选人拿到这样的题目都会感到庆幸。几星期来，我埋首工作，但始终对它无动于衷。

＊　＊　＊

就在我为这个讨厌的胆碱研究做准备的时候，我无意间看到系布告栏上有一张传单，发布约翰斯·霍普金斯大学药理系新聘的一位教授——内分泌学家佩德罗·考彻卡萨斯博士——即将演讲的消息。这是系上举办的系列演讲之一，目的是让师生们认识这位来自美国国立卫生研究院的知名科学家和他的研究。

"如果这里有人会得到诺贝尔奖，"索尔告诉我，"那个人一定是佩德罗。"

我在日历上标上了日期，并开始为这场即将来临的演讲搜集一些资料。

---

① 玛丽·雪莱的小说《科学怪人》里的人物。——译者注

　　我得知考彻卡萨斯博士是率先在细胞表面上分离出并测量到受体——胰岛素受体的美国国立卫生研究院研究小组的成员。我说过，能够实际测量到一个受体，就等于为现代医学解开了一个大谜团。他的研究方法最核心的部分就是使用多歧管机（Multiple Manifold Machine），这部机器是数年前马歇尔·尼伦伯格（Marshall Nirenberg）在美国国立卫生研究院试图破解 DNA 氨基酸密码时，因实验所需而找人制造的。这个我后来称为三 M 机（Triple M）的设备彻底改变了过滤的程序，它可以让结合和未结合的配体快速分开，以便研究者检测它们与受体专一性的结合。我们预测考彻卡萨斯博士会在这场演讲中说明他和他的研究小组是如何使用这套设备发现了胰岛素受体的。

　　演讲当天我提早抵达了会场，跟群众站在演讲厅外的大厅等候。索尔不用参加，但他极力怂恿我来，还要我回去向他做完整的报告。空气中弥漫着几乎可以触摸得到的兴奋感，跟一般系演讲开始前的气氛大不相同。我记得当时心里预期它会是一场不同凡响的演讲，它谈的可是新突破、最先进的科学啊！门打开了，我步入会场，迅速在第一排找到座位。

　　演讲厅里闹哄哄的，讲台上站着演讲者，看起来并不特别威严，但很吸引人、很认真。他深色的眼睛闪闪发光，说话时展现出他对自己研究领域的热爱，在透露出他的拉丁血统。所有的目光紧紧追随着他，看着他在台上来回走动，展示一张张的图表、一个个曲线图，不容置疑地证明他的确发现了一个方法，侦测到胰岛素和脂肪细胞及肝脏细胞上特定的受体结合，调节糖进入和储存在这些细胞里。当他说完最后一句话时，目光直视着我，停了半晌，就在我们四目相对时，他露出灿烂的微笑。难道他知道我是索尔的学生，知道索尔派我来探底？我无从确定，然而就在那一刹那，我决定要跟他一起工作。回到索尔的实验室，我马上提出申请，要求能轮换到考彻卡萨斯的实验室见习，作为我必修课程的一部分。

　　几天后，索尔和他太太邀请我和艾格参加他们在家里举办的小型晚宴，佩德罗·考彻卡萨斯夫妇亦在受邀之列。索尔居然会邀请我——一个低下的研究生——参加这么一个私人的聚会，真令我受宠若惊！

那个晚上，我头一次感受到从事伟大的科学有这么强大和浪漫的吸引力。聆听他们的谈话，我心想还有什么事能比得上在这个氛围里的学习和工作呢，流言蜚语、政治、突破，甚至与其他实验室的较劲，都令我惊叹不已。我爱所有这一切，虽然初出茅庐的我几乎什么都不懂。

也就在那个晚上，命运之神又推了我一把，让我在通往人生职业的道路上又迈进一步。事情发生在谈话当中，索尔礼貌地问起艾格和我在军中的生活。艾格因为念大学和研究所时就已经是后备军人，所以一到军中就当了上尉，也因为他的资历比同事高，所以当时在边林弹药局的心理实验室担任主管。话说到我们在得州新兵训练营的经验，我叙述自己在那儿的基地医院躺了三个星期，因为注射鸦片提炼的吗啡，感觉不到任何痛楚，并提及自己身边带了一本艾夫兰·葛斯坦的《药物作用原理》，住院时一直找机会阅读，却只读到阿片受体那个章节。

幸好我同时提到葛斯坦的书和我被注射吗啡的经验，因为它让索尔想到他自己对阿片受体的兴趣。事实上，我躺在医院的那个夏天，索尔正巧参加了哥登研讨会（Gordon Conference），一个不对外开放、享有盛名的科学会议，而艾夫兰·葛斯坦正是其中一位。会中他提出计划大纲，说明他将如何发掘脑部的阿片受体。索尔对葛斯坦的计划中使用的技术保持怀疑，认为它太粗糙，恐怕无法在含有成千种化学物质的一滴神经液中测到可靠的信号。不过他对这个研究本身倒是很感兴趣。会后索尔还查阅了一些葛斯坦的研究报告，将它们带回办公室，打算进一步研读。

第二天在索尔的办公室，他交给我一篇葛斯坦有关阿片受体的报告。"阿片受体？"我问。

"对，就跟胰岛素受体一样，只不过它是吗啡的受体。"索尔回答。

我们开始兴致勃勃地讨论起来，我才知道在脑部找寻受体要比在身体其他部位找受体难上好几倍。那个时候，只有一种已知的神经化学物质的受体被发现，也就是法国人约翰－皮耶·尚儒最近在电鳗的发电器官里分离出来并测量到的受体，这个实验我在前面的演讲中提过。不过这是一个特殊案例，因为这种鳗鱼的发电器官有百分之二十的部分含有乙酰胆碱的受体，而根据估测，脑部含有阿片受体的部分只有一亿分之一，相对之下，在电鳗体内找到受体的概率要高得多。索尔说虽然在身体的部位有发现受体，但它们接受的都是源自体内的化学物质，例如胰岛素和乙酰胆碱。还没有人找到任何与源自体外的药剂产生契合的受体，例如吗啡、海洛因等鸦片类物质或大麻等，这使得阿片受体的搜寻更加困难。

听着听着，我想起自己在陆军医院的煎熬，以及每次注射了止痛的吗啡后飘飘欲仙的意识状态。阿片受体，这才是我期待追求的目标，一个集我的梦想、抱负、热望于一身的研究。揭开其神秘的面纱，知道它们如何制造神奇、超脱现实的效果——还有什么比这更刺激的呢？找到吗啡的受体！这个曾经引起战争的毒品，这个洋溢在柯勒律治（Coleridge）和德·昆西（De Quincey）的作品中，成为十九世纪伟大的浪漫诗人拜伦、雪莱、济慈、华兹华斯感性革命一环的神秘物质！吗啡是以希腊神话中的梦神墨菲斯（Morpheus）命名的，它是我亲身体验过的药，一个在身心两方面产生的效应都令我着迷的药。那个晚上，我决定向索尔要求让我改变研究主题，不去测定胆碱的重新吸收，而开始寻找阿片受体。我知道他认为发现阿片受体几乎是不可能的事，而且我想他也不会把这样的研究交给一个博士候选人。但我不管这些，他的怀疑反而让这个研究更有吸引力、更迷人，何况它还是一个有创意的研究——不是承袭别人做过的研究，索尔知道我对这种研究感到索然无味。我记得当时心中为之一振，幼稚地想着如果成功了，我就可一举成名，大家会说一个研究生为了博士论文，竟然做了这么有趣又富创意的研究！

当我向索尔提出请求时，他显然很犹豫。

"太冒险了，"他提醒我，"胆碱测定是稳扎稳打的研究，很容易成功。"索尔坚持地说，"有了一个稳操胜算的研究，你确定还想冒这个险？"

"百分之百确定。"我回答。

"嗯，那你好好看看葛斯坦的那篇论文，想想要怎么做那个研究。"他告诉我。

读完葛斯坦的论文，回想着它的内容，我的脑子里浮现出一个想法，如果葛斯坦有佩德罗的三 M 机，他会怎么做？

## 门槛

那是一九七二年，尼克松政府刚开始对毒品全面宣战。锁定的目标是海洛因和海洛因的吸食者。美国政府宣布将拨款六百多万美元作为毒瘾研究的经费。媒体于是开始热烈讨论研发海洛因毒瘾的解药"神奇子弹"的可能性。然而在实验室的我们知道这一切都只是空谈，因为我们对鸦片和海洛因在脑部的运作一无所知。索尔已经选定苯丙胺为研究重点，也向新成立的美国国家药物滥用研究院（National Institute en Drug Abuse）提出计划案。索尔向来都能争取到研究经费，这次自然也不成问题。

处于神经科学突破的临界点，我们这些研究者知道所有关于研发新药以对抗毒瘾的讨论根本毫无意义。我们对海洛因及吗啡之类的鸦片物质在人体内的运作如此无知，怎么可能研制出药剂来治愈毒瘾呢？在对抗毒瘾的战役上，要有真正的突破，合理的第一步应该是找到阿片受体。于是乎聪明的索尔——拥有大胆的想象力，又受过保守科学熏陶的索尔——就在他苯丙胺的研究计划里加了一个非常简短的附注，要求经费补助阿片受体的研究。

就在索尔等候政府层层关卡的批准时，我调换到佩德罗的实验室，接受为期两个月的训练。我的任务是去实地了解三 M 机的操作，以及佩德罗如何使用它来探测胰岛素受体。

佩德罗的实验室按时钟规律地运转，我喜欢它从容却高昂的节奏，如果说索尔实验室的步调是摇滚，那佩德罗的实验室就是桑巴。但在内心深处，我从没忘却来此的目的是磨炼技能，为我既将展开的阿片受体研究做好准备。

佩德罗保持规律的作息，以便能每天跟家人共进晚餐，不过他的学生和博士后研究生却整晚留在实验室，经常埋首工作到曙光乍现才离开。佩德罗在实验室的出现就像演员绚丽登场一般。他跟索尔不同，索尔通常在别的地方忙着同等重要的事情，佩德罗则喜欢在实验最关键的步骤即将展开之际，出现在实验室，来个临门一脚，并借此示范他的技术给我们看。

实验室大部分工作的重心都在延续佩德罗之前胰岛素方面的研究。由于当年发现胰岛素受体的团队已经解散，一场竞赛就此热烈展开，追逐科学界所谓的"后续发现"。既然佩德罗是原来团队的一分子，他得以在这场重要的比赛中，握有充裕的经费和人力来对抗竞逐者。正如大多数的科学成就一样，胰岛素受体的发现也引发了一些争议——这项发现该归功于谁？谁会赢得继之而来的荣誉？约翰斯·霍普金斯大学盛传佩德罗是这项研究大部分工作的负责人，而且也多亏他能制出纯净、活跃、放射性的胰岛素，他的团队最后才得以证明胰岛素受体的存在。

还没有操作三 M 机以前，佩德罗要我将他过去未完成的一个研究做个了结，那是他即将离开美国国立卫生研究院，到约翰斯·霍普金斯大学来的时候展开的一项实验。他跟诺贝尔奖得主克里斯·安芬森（Chris Anfinson）共同发明了"亲和柱"（affinity column），一项纯化分子的先进技术，利用分子之间自然的凝聚力，将酶从溶液中纯化出来。佩德罗要我用这项技术去分离出一个重要的酶。生物使用数百种酶（催化性蛋白质），数秒之内就可产生化学反应，展现高度的效率。但在试管里，这些化学反应可要等上数周，甚至根本不会发生。

接下来的几个星期，我在佩德罗的实验室努力不懈地工作，将细胞液注入玻璃柱管，顺利地纯化出越来越多的酶。然而这个过程只进行到一半，佩德罗便得知另一个实验室已经彻底击败了我们，他们已经完成了纯化，而我们却还在埋头苦干。一天早上，他到了实验室，把一份资料摔在我的实验台上，神情激动，但不发一语。读了那份资料，我天真地想：太好了！已经有人证实了我们的研究。可是佩德罗唯一在意的是，我们已经被对手一拳击倒在地，实验结束，我们输了。既然佩德罗对后续研究没有兴趣，我的工作也被立刻喊停。回想起来，我发现那是我第一次清楚地看到，在科学的竞赛游戏中，赢就是一切。

我开始学习如何使用三 M 机去检测胰岛素受体，心情逐渐平复下来。每天我把带放射性胰岛素和肝细胞膜所调成的细胞混合液倒入过滤器。放射性胰岛素就像一个配体，跟它的受体结合。然后滑落，再结合，然后再脱离。只要受体一直保持湿润的状态，这个活动就会持续不断。我们正在想办法让这个有机物质快速干化，以捕捉到结合状态中的配体，并冲刷掉未结合的物质。

佩德罗的三 M 机提供了最先进的快速过滤法。使用三 M 机，我们可以将好几个试管逐一倒入过滤器，它会吸干细胞液，并在过程中发出呼——嘘——嘎嘎嘎的奇怪声响，最后只剩下固着在受体上的物质。三 M 机圆满地分离出胰岛素受体，但是它可以帮助我们找到阿片受体吗？

基于索尔的人脉，还有他极佳的声誉，经费委员会给了我们阿片受体研究的资金，但对我们成功的概率比较怀疑，核准的函件里附了委员会的一封信，特别做了这样的声明，以备当我们的研究一败涂地时，他们可以推卸责任。显然他们一点也不看好我们这个研究计划。从他们的观点来看，我们成功的希望渺茫，甚至是零。的确，如果提这个案子的不是索尔，而是哪个不知天高地厚的家伙，这个案子一定会遭到否决，永远不见天日。

## 制胜先机

一个实验有两个部分：首先是设计，然后是执行。不过，事实上实验很少能顺利地按照这个程序进行。

我在设计这个实验的时候，参考的是佩德罗的胰岛素受体研究，特别是借用我从他的三 M 机学到的快速过滤技术。同时我也想到艾夫兰·葛斯坦的研究。在索尔给我的那篇论文里，葛斯坦描述了他试图将阿片受体分离出来的方法。就是把老鼠的脑子在溶液中绞成碎末，加入放射性的鸦片剂。然后将这团糊状的混合物放进急速旋转的离心机，使细胞核和神经末梢在不同的速度下分离出来。

基于几个理由，索尔和我都明白葛斯坦的方法不可能成功。索尔在葛斯坦的论文上洋洋洒洒的批注，表示他相信葛斯坦的问题之一是结合物上的放射性标识热度不够。索尔之所以做如此的推论是因为虽然葛斯坦确实侦测到信号，但这个信号并不十分清晰明确。因此我们决定在实验中仅锁定一种鸦片剂——吗啡，并力图让它的热度达到目前技术能允许的最高极限，这是相当大的挑战。今天你可以从产品目录上订购已经纯化的放射性鸦片剂，要多少有多少，但那个时候，我们必须将"冷"吗啡运送到特别的实验室，为它加上放射性同位素的标识。取回它的时候，我们还得做纯化处理，把所有可能的杂质隔离出来，这是至关重要的步骤，因为要是我们的热吗啡受到污染，它就发不出清晰到足以让计数器接收的信号。

虽然葛斯坦的实验并未成功，他倒是有一个聪明的点子可以应用在我们的实验上。因为溶液里的吗啡可以毫无选择性地跟任何物质结合，他必须想办法证明跟它结合的是阿片受体，而不是什么人工产物，亦即来自试管这个人造环境中的物质。于是他使用了实验室特别设计出来的一种合成鸦片剂——具有镜像形态的两个立体异构体。这两个形态有着相同的化学结构，但称为左啡诺（levorphanol）的左手版本是极为活跃的鸦片，而称为右啡烷（dextrophan）的右手版本则几乎毫无活性。

葛斯坦给这两种形态的鸦片剂加入放射性的追踪标识，将它们分别倒入含有他所调制的细胞溶液的试管中。他预测只有具活性的左啡诺鸦片剂会跟受体结合，因为只有它的形状会与受体相符，至于另外的右啡烷鸦片剂，因为形状不对，就无法和受体结合，好像左手套不合右手戴一样。结果，含有放射性左啡诺鸦片剂的试管在计数器上显示出较高的数字，表示它的结合大于带放射性的右啡烷鸦片剂，证实了葛斯坦的预测。但是两者的差距太小——不到两个百分点，以致没有人相信这个结果，后来也没有人能重复这样的结果。然而，葛斯坦的这一招的确很高明，所以我和索尔打算加以利用，只不过当时我并不知道索尔看到的不止于此：他看到一个制胜的先机，一个跑到葛斯坦前面夺走锦标的机会。

回顾起来，我可以理解自己何以甘之如饴地拥抱这种雄性的作风——紧张的对立、争逐名利、不顾一切地取得领先、无视于过程中谁会受到伤害。因为欠缺女性的典范，我以为要在科学上成就重大的突破，就必须好勇善斗。我所看到的女性，大都停滞在权力结构的下层，很少超越她们被指派的岗位，总在实验过程中处理累人琐碎的部分，但表扬功勋时，却没有人会提到她们的名字。

我发誓绝不让自己沦落到这样的下场。索尔和佩德罗实验室里的氛围弥漫着旺盛的企图心，它感染了我，我开始幻想自己有一天能掌握足够的资金和资源，拥有自己的实验室。根据我的观察，要实现这个梦想，唯一的办法就是完成一项重大的发现。我也想过，阿片受体可能就是我跃登巅峰的跳板，不过当时它只是闪过脑际的一个念头而已。

每天早上我到实验室调制溶液，里面不是含有均质化的老鼠大脑，就是绞碎的天竺鼠小肠，加入新的、更热的放射性吗啡。为了调制这个溶液，我必须克服一个障碍，那就是杀死老鼠取得我所需的新鲜脑子所带给我的惊恐。我还不曾杀过老鼠，打从布林莫尔的欧潘海默老师让我勉强过关以后，我就一直在逃避这个问题。而今我得自己操刀，对我而言，这并不是件容易的事。

我知道我必须先麻痹自己的感觉，于是在实验前的一个礼拜，我开始渐进地调整我的神经系统，每天强迫自己一点一点地靠近杀戮室的那扇门。几天之后，我已经能站在门口，看着动物被斩首。执行这个步骤的是一个灵巧的小型断头台，它可以让脑子很快被挖出，浸泡在冰冷的缓冲液里，以冻结它内部的化学作用，并让神经元继续存活及得到滋养。不多久我就可以站在实验台旁观看。然后我就亲手杀了一只，我的双手颤抖，心跳剧烈，但仍强迫自己下手。那真是一个可怕的经验，做完之后，我不得不坐下来平复自己的情绪。这个严酷的考验终于不再那么困难了，不过我始终不能完全无感、冷酷地执行这项工作。每次我都把它当作一个祭典，告诉自己牺牲这个生命是为了救其他的生命。夺走这些动物的生命，以便科学家研发有效的药剂去解救人类的生命，似乎是公平的交易，特别是在这么做的同时怀着敬意，并尽可能减除它们的痛苦。

有人会辩驳人类的生命并不比动物的生命可贵。我很能理解这样的观点，但重点是我做了自己相信是对的抉择，这些白老鼠是为了实验而繁殖的，科学家使用它们的方式也算恰当。在我的职业生涯里，我还不曾看过实验者虐待它们，或以不人道的方式处决它们。即使过去或许一直有这样的事情发生，就如争取动物权利的积极分子所宣称的，但现在可不同了。今天有严格的规定保护实验用的动物，研究者也必须提出他们的实验方法，送交委员会核准才行。

再回头谈我的实验吧！当我把动物的器官用热吗啡培养了一段时间之后，再把溶液注入佩德罗借给我的三M快速过滤机，冲洗掉未结合的物质，留下干化固着在受体上的配体。但是，我怎么知道这个受体真的就是阿片受体，而不是配体所附着的其他东西呢？葛斯坦的实验给了我很好的指引，我在含有放射性吗啡的溶液里加入立体异构鸦片的右啡烷，而在另一个试管里加入左啡诺。既然右啡烷跟受体不符，我知道它不会跟吗啡抢占受体，因此我预料可以看到较高数量的热吗啡跟受体结合；但左啡诺会跟吗啡争夺受体，它会把热吗啡从受体上撞下来，因而减少结合的数量。我推测：右啡烷混合剂的高读数与左啡诺混合剂的低读数之间的差异，即是阿片受体存在的明证。

每当有一项新技术发展出来，就像我们所使用的技术，我们的经验守则就是先将它运用在最不复杂的条件和成分组合的情况下，希望它能成功。如果不成功，你的实验就前功尽弃了。你可以回头检视是哪个变项出了问题——时间、温度、浓度、冲洗的次数等等。每个实验就像一长串的链子，这条链子的强度等于它最弱的环节。我知道要让我的实验成功，就必须找到那脆弱的环节，要找到它，我就得全力以赴，专心调配每天的鸡尾酒成分，并同时注意其他变项。

我把全部精力都放在搜寻阿片受体上，实验室成了我全部的世界。每天变化配方，希望调制出最完美的浸泡溶液，可以显示我的吗啡只跟阿片受体结合。我往往工作好几个小时，一直到晚上七八点才把最后一个试管里的溶液调配好。接下来我得把所有的试管放在计数器里，这个仪器有点像盖革计数器（Geiger Counter），可以侦测每个试管的放射能。当它显示放射能的数字时，就会发出类似赌场投币机的声音，随后这些数字就会被打印出来。

我很喜欢这个计数室，虽然许多同学对它都没什么好感。在这里，真相是不容编造的，你不是成功，就是失败，因为在计数室里没有中间地带。在这四面墙里，你经常可以听到痛哭、抱怨的声音，偶尔也会听见欢呼声。

我记得自己每个晚上是如何把一个个样本放到计数器里，然后像孵蛋的母鸡一样，守着它，竖起耳朵等候第一串的咔嗒声，并念念有词地祈祷实验的结果成功，然后才回家，满心盼着第二天早上回来时，会看到一些让我感到欣慰的数字结果。

我也爱上了这个机器送出来的数字，打印在细细长长、就像计算器用的那种纸条上。早上我会小心翼翼地搜集这些纸条上的数据，把它们登录在我的实验笔记本里。对我而言，它几乎就像一个庄严的仪式，因为它，我早上总是迫不及待地赶过来，查看前一个晚上出来的结果。

我对这些数据的投注是这段浪漫故事的一部分。搜集了数据，接着就是解读、审视这些数据，寻找我们所期待的某种模式，然后加以修整，以凸显这个模式。我爱所有这一切。

遗憾的是，我得到的数据并没有什么值得修整或解读的。每天只有含糊不清的信号，毫无意义。连葛斯坦侦测到的微弱信号，我都无法复制。几个礼拜过去了，依然没有任何好消息可以让我骄傲地放在索尔的桌上，我开始不时地陷入沮丧。我的实验就像我的小孩，是我的想象力孕育的结晶，如今我担心它就要流产了。有几个早上，当我把一些无意义的数字填写在笔记本上时，我难过得想哭，还常常恨不得把笔记本丢进垃圾桶。

他们告诉我这一切都是必要的磨炼，如此我才能了解实验的成功往往在于找出问题的症结。每天我从边林陆军基地的住所，开四十五分钟的车到实验室，一遍又一遍地审查我的实验哪里出了差错，怎么做才能让我得到一些有意义的数字。不过尽管我尝试了所有的可能去操弄那些条件和物质，得到的依旧是乱七八糟的数字。

我的直觉告诉我阿片受体确实存在。深入文献，我注意到有几位"专家"宣称他们找不到阿片受体，因此认定它不可能存在。他们忽略了化学家多年来一直在研制新的合成鸦片剂，而他们所依据的完全是阿片受体的理论与假设。即使我的专业才刚起步，我决定采纳恩师的信念，拒绝相信这些"专家"。"质疑权威"一向是我的座右铭，我知道自己必须坚守这个原则，尤其是现在，因为那些"专家"似乎占了上风。

还是失败，还是得不到任何信号。索尔说的当然没错，我们需要更热的追踪信号，但显然这还不够。这条链子还有一个环节需要强化，才可能在计数器上显示明确的信号。我又重新调配我的溶剂，继续无休止地调整其他变项，希望能搞出一些名堂来。

这段时间里支持我做下去的理由有二。一是鸦片的传奇以及它在十九世纪浪漫主义运动中扮演的关键角色所带给我的遐思。我着了迷地想要了解这种药物究竟是如何运作的，居然能启发一整个世代的艺术家和文人学士，引爆一场席卷整个欧洲思想和感性的革命。想到导致这整起事件的是人类大脑里的一个机件，而我有可能是发掘的人，我就兴奋得无法自持。

当我不在实验室的时候，我花很多时间找寻相关数据，搜寻图书馆的书库，仔细翻阅十九、二十世纪交替时期的文献，第一种合成鸦片剂——恶名昭彰的海洛因——就是在那个时候问世的。后来以阿司匹林闻名的贝尔公司曾把它当作不会上瘾的咳嗽药大肆推销，但终究还是被发现会使人上瘾，而后沦为遭禁用的毒品。

另一个让我锲而不舍的纯粹是科学的理由。我在医学的文献里找到一篇评论，提到汉斯·科斯特利兹（Hans Kosterlitz）博士最近的研究。汉斯原本是德国的药理学家，在希特勒统治德国时逃到不列颠群岛，现在在苏格兰的阿伯丁大学（University of Aberdeen）做研究。他证明了可以用可待因、吗啡、海洛因、德美罗（Demerol）这些鸦片剂去操控天竺鼠的回肠，让它在试管中产生便秘的现象。他同时强调人类止痛用的也同样是这些。我心想，这怎么可能呢？除非人的脑子里和天竺鼠的肠子里有着同样的阿片受体。

我知道有阿片受体的存在，如果找不到，那只意味着我的实验有问题。我继续苦心孤诣地调整变项，试图找到方法以侦测到热吗啡的信号，然后测量它与立体异构鸦片对抗的结果。如果我能做到这点，就可以证实阿片受体的确存在。

## 找到了！

在这段饱受煎熬的日子里，索尔派我和另一名研究生杨安（Anne Young）到田纳西州的纳什维尔参加一个密集的训练。这是由美国神经精神药理学学会赞助的课程，有五十个美国杰出的研究生获选参加，目的是灌输我们主流生物医学的理念，并让我们有机会接触到药理学界的超级明星。

课程的最后一天，这些大人物匆匆抵达，出席一场为他们举办的盛大餐宴，然后又匆匆离开。他们个个英俊潇洒、闪亮耀眼，全是男性，看得我出了神。其中有几位是我跟索尔谈话时听他提到过的人，包括朱利叶斯·阿克塞尔罗德博士，他没有提出报告，以维持其诺贝尔奖新科得主的身份。

该年稍早，在朱利叶斯获得诺贝尔奖后几个月，我就见过他，当时我们在芝加哥参加索尔为朱利叶斯举办的"纪念文集"庆祝会。晚宴中，索尔把既兴奋又紧张的我拖到朱利叶斯的桌位，介绍我，骄傲地以"我的小女孩"来称呼我。那是他在实验室对我的昵称，我一点都不介意他这么称呼我，虽然承认这一点让我汗颜。

餐宴上的演讲人是出身美国国立卫生研究院的弗洛伊德·布鲁姆（Floyd Bloom），有着天才的美名。那时他正在索尔克研究所（Salk Institute）展露不凡的才智。掌声过后，弗洛伊德走下讲台，直接走到我们这一桌，选了我旁边的位子坐下，在他面前，我感到无比亢奋，因为他的魅力实在难以抗拒。聆听他们的谈话，我的心狂野地跳着，对于这位科学界超级明星中的明星，敬畏得说不出话来。餐后，我们一群人跟随朱利叶斯开车到附近的一家蓝草乡村音乐俱乐部去，我简直兴奋、喜悦得不能自已。为了舒缓我们的紧张，朱利叶斯开玩笑地问："蓝草是哪门子毒品？"和一位意气风发的诺贝尔奖得主同乘一部车让我心醉神迷，所以没有听懂他的意思，还以为他在问一个严肃，却让我丈二和尚——摸不着头脑的问题。

面对着失败的实验，度假往往是个不错的选择，可以转移注意力，让你的潜意识去理出一个头绪来。在纳什维尔热得让人发昏的八个礼拜里，我一直尝试着这么做。但阿片受体的检测始终没有远离我的知觉意识。八月下旬，我精神抖擞地回到约翰斯·霍普金斯大学。在研讨会上和世界级科学家接触的经验，使我益发渴望能成为他们的一分子，而我需要的就是一个不同凡响的发现。不过首先，我得想办法解决实验上的问题。

我开始认为用热吗啡追踪并不是一个很好的选择，这是我在纳什维尔时读了英国科学家佩顿（W. D. M. Paton）所写的一篇相当复杂的文章后产生的洞见。文中他解释何以两种几乎完全相同的药物可以和同样的受体结合，其中一个是兴奋剂（agonist），它可以进入受体，造成细胞内的改变，但另一个拮抗剂（antagonist）则会占据受体，将它封锁，对细胞的活动没有任何显著的影响。佩顿称之为乒乓理论（Ping-Pong Theory）。根据这个理论，药物的作用和它撞击受体的次数成正比，而撞击的次数又会影响药物在受体上停留的时间。因为拮抗剂不会一次又一次地撞击，它可以在受体上停驻较长的时间，因此使得兴奋剂无法进入。

如果佩顿所言属实，那么放射性的拮抗剂就是我需要的追踪剂了，只有热拮抗剂可以在受体上停留足够的时间，让快速过滤器把结合跟未结合的药剂分隔开来。等我从纳什维尔回到家时，我已经深信不疑热拮抗剂就是我解开谜题的关键。有了它，我深深渴望的大发现将唾手可得。

正当我还在反思着最近这个洞见时，索尔把我叫到他的办公室，告诉我他打算终结阿片受体的测定，我整个人崩溃了。他说有太多其他的事情要做，不该把宝贵的金钱、时间和资源浪费在一个似乎希望越来越渺茫的实验上。此外，他解释他有责任确保我能取得博士学位，但是如果我无法成功地完成一个实验，我是拿不到学位的。他向我保证大部分获颁博士学位的研究，都是乏善可陈、无足轻重，经过无数次变项探究再也拧不出什么东西的研究。

"但是，索尔，请务必让我继续，我知道我已经快成功了。我们需要的只是另一种热追踪剂！"我请求着。

但索尔充耳不闻，只蹙着眉头，不悦之情溢于言表。我开始朝门口走去，知道我寻觅阿片受体的时日所剩无几，如果我要尝试新的东西，最好马上开始。但此时索尔下达了最后的宣判，让我停住了脚步。"不行！你不能再浪费钱，漫无目标寻找另一种热追踪剂！"我移开视线，咬着嘴唇，走出了办公室。

当天下午的实验室周会中，我沉着脸，让在场的每个人都知道我的不悦，但索尔并没有改变主意。他认为，我已经白白浪费了庞大的时间和资源。原本以为它会是一个速战速决的突击，可以趁机偷走葛斯坦即将到手的锦标，没想到它竟变成一个没完没了的大战役。毫无疑问，索尔觉得他已经够宽宏大量了。他给了我一个宽敞的工作空间及充分的资源去发现阿片受体，而我却失败了。一开始他就认为这个研究成功的概率不大，现在他决定该放弃了，准备就此收手。

第二天，我再度央求他给我一次机会，但他不为所动，也不肯听我的任何想法。他明白地告诉我鸦片研究结束了，我现在应该有风度地回到我原来的胆碱研究。

但我不打算这么做。我推测纳洛酮（naloxone）应该是最好的拮抗剂选择。我知道只要给一个吸食海洛因上瘾的人注射几毫克这种强效剂，就可以完全解除服用过量所产生的效应，即使这个人已经陷入昏迷状态。一般认为这是因为纳洛酮能够把海洛因从它的受体上撞下来，取代它，进而霸占受体。换句话说，它的作用就像一个拮抗剂。它具有合适的形状可以跟阿片受体结合，不过因为它是拮抗剂，所以不会在细胞内启动任何活动，也就不会产生鸦片剂的兴奋或止痛效果。

私底下，我决定弄到一些纳洛酮，当四处无人的时候用它重新做一次实验，只是我不知从哪儿弄到它。后来我想起艾格在边林的实验室有些冷的，即不具放射性的纳洛酮，平常艾格用它来恢复实验猴子的痛觉。我只需借用一些，寄到波士顿的一个实验室，为它加上放射性同位素的标识。虽然整个过程需要几个礼拜，我也只能屏息以待，希望不会有人从波士顿打电话给索尔确认这个订单。不过我认为值得冒险一试。当波士顿的账单到的时候，生米已经煮成熟饭，届时我不是英雄，就是狗熊了。不过我尽量不去想象后者的可能性。

我寄出纳洛酮，数周后接到电话，通知我包裹到了，在放射控制室等我去领。我立刻把它提领出来，然后偷偷摸摸地进行热（具放射性的）纳洛酮的纯化处理，在这种情况下，我也只能希望这个步骤做得还算彻底。做完了，我回到索尔的实验室，把需要填写的单据报表塞进我工作台的抽屉里。

我决定就在当天那个星期五的下午，等大家走了以后，正式展开我的结合实验。那天每个人都会提早离开，不是去参加每周五的 TGIF① 啤酒屋聚会，就是回家提早度周末。因为我经常工作到晚上，所以看到我跟大家挥手道别，继

---

① "Thank God, It's Friday" 的缩写，意即"感谢老天，星期五到了"。

续留在实验室工作，没有人会感到奇怪。没想到大约四点钟时，艾格打电话来告诉我孩子的保姆生病，没办法到幼儿园接五岁大的伊凡。我心急如焚，不知如何是好。

一个小时之后，我已经在公路上飞驰，去接此刻正在托儿中心等候的伊凡。不过我没有把他送回家，而是把他带到实验室。这么做其实很冒险，因为实验室有严格的规定，不准儿童进入，尤其不能接近放射能。可是我至少还需要一个小时才能把一切设定好。实际的数据要星期一才能出来，但我必须先到那儿去转移脑膜滤纸并把试管放进计数器里。我设法通过警卫，把孩子偷带了进来，不一会儿就安全无虞地到了四下无人的实验室。

"妈妈，那是什么？"伊凡指着三 M 机问。

"那是一个大行李箱。"我这么告诉他，因为事实上，这个神奇的机器确实就像一个巨大的金属行李箱。"听好，什么东西都不可以碰。"我小声地加了一句。我知道当我在转移脑膜滤纸时，也得让他有事情做。很快浏览了一下实验室，我抓起三十六个空的、全新的小瓶罐，待会儿我就要在这些瓶罐里转移脑膜滤纸。

"宝贝，你可不可以帮妈妈把这些瓶罐的盖子打开？"伊凡听了很开心。我把他抱起来放在高脚椅上坐下，把那些小瓶罐摊在洁净的大工作台上，一会儿他就浑然忘我地置身其中。我就这样边留意着伊凡，边处理我的脑膜滤纸，完成了工作。

把三十六支试管都放在计数器上以后，我打开电源。我一共纳入三个变项，每一个变项有十二支试管。第一组试管含有具放射性的纳洛酮，第二组含有左啡诺和纳洛酮的混合剂，第三组则含有右啡烷和纳洛酮的混合剂。通常我会守着计数器，很快地算一下显示出来的数字，只要半个钟头就可以得到一个大概的结果，满足我的好奇心。可是有伊凡在实验室，我不能这么做。而且我告诉自己，要是出来的结果不好，先知道的话，恐怕会破坏我的整个周末。我将计数器设定好在周末里跑完，便牵着伊凡离开了实验室。

星朗一早上我很早就到了，直接走到计数室，匆促地从计数器上把印有数字的纸带撕下来，回到我的工作台。打开笔记本，翻到原始数据那一页，开始慢慢地把数字一个一个抄录下来。我期盼的结果是含有左啡诺和具放射性的纳洛酮混合剂的试管会显示偏低的数字，因为非常活跃的左啡诺鸦片会阻断纳洛酮与阿片受体的结合。较低的数字显示两者抢着和受体结合——像精子争相进入卵子一样——而纳洛酮输了。反之，我期待含有右啡烷，亦即不活跃鸦片剂的试管会显示偏高的数字，因为右啡烷不能跟阿片受体结合，所以不是纳洛酮的对手。当然，仅仅含有具放射性的纳洛酮的试管，因为没有来自左啡诺或右啡烷同分异构体的竞争，会呈现最高的指数。

我的试管是穿插地排列的：左啡诺、右啡烷、纯纳洛酮、左啡诺、右啡烷、纯纳洛酮，以此类推。这些都井然有序地记录在原始数据里。我故意盖住笔记本扉页左侧写着每个试管含剂的部分，小心翼翼地把每个数字填入恰当的行内。低、高、高、低、高、高，看到记下的前六个数字正符合我的预测，我可以感觉到胃里蠕动的兴奋感。

我克制自己不往下浏览计数器纸带上其余的数字，继续谨慎地抄录下去。低、高、高、低、高、高，这会儿我的心猛烈地跳动起来。抄完最后几个数字，我把这些数据重新排列成两栏，出来的结果规则得令人难以置信，而且跟预测完全相符。之前收不到任何信号，现在的信号却大声得刺耳。而这个差别全来自一个变项，是具放射性的纳洛酮，不是吗啡！这是我梦寐以求的惊人实验。而且我成功了，我找到阿片受体了！

当我在笔记本上抄录着最后几个数字时，杨安正在我旁边的工作台工作。抄完，我阖上笔记本，转向她。

"安，"我说，因为喉咙干涩，声音有些嘶哑，"我觉得我们应该到酒吧去喝一杯。"

一向喜欢及时行乐的安，此时却从工作中抬起头来，带着关切的神情问："怎么？结果太糟。所以需要喝个烂醉？"

我拉高嗓门说："不是。"接着大喊，"不，正好相反！结果太棒了，咱们去弄点香槟来庆祝一番！"

那天是一九七二年十月二十五日。

第二天早上，索尔从一个研讨会回来。通常他旅行回来的第一天，都会有些焦躁。所以当我冲进他的办公室时，他脸上显出的不悦并没有让我感到诧异。

"索尔，你绝对想不到。"我大嚷着，把摊开的笔记本放在他桌上。"成功了！成功了！我们找到阿片受体了！"

他专注、静静地研读我笔记本里的数字，盯着它们足足看了一分钟的时间，我站在他身边屏息以待。

"操！"他低声说，继续审视着那些数字。我开始担忧起来，是不是因为我违逆他的命令，继续搞这个实验，他不高兴了？

"操！操！操！"他连声地叫了起来，然后抬起头来，笑逐颜开地看着我，倏地从座椅上站起来，开始在办公室里来回踱步。

"现在大局已定，"他突然转身向我宣布，"你需要什么只管说。我可以派埃达·斯诺曼（Adele Snowman）当你的技术员，叫她重复这个实验，如果成功的话，她就是你的了！"

我松了一口气，欣喜万分，心中涌起第二波的喜悦，和前一天初次看到数据时的喜悦一样强烈——我让索尔开心了！如今为了奖赏我，他做了一件不可思议的事，把我从卑微的研究生的地位提拔起来，置入遥不可及的阶层里，因为拥有自己的技术员，是重量级的资深科学家才享有的特权。

不过兴奋之余，我不由得注意到闪烁在索尔眼中的那抹奇特的神情，那是我从未见过的眼神。他看起来欣喜若狂，却若有所思，有点诡异，好像在他绝顶聪明的脑子里正在推演着什么伟大的计划。只是我没想到索尔刚刚看到的是他在大联盟科学的世界里拔得头筹的机会。很快他就会派我上阵，为我的团队得分、赢得胜利，让我处于行动的核心，成为崛起的明星。

第 3 章
# 胜肽世代

我抬起头来，朝漆黑的演讲厅望过去，依稀可见的听众正等着我往下说。很快地瞄了一眼，确定他们还在状态中，我信心十足地打出下一张幻灯片。虽然一谈起这个故事的个人部分，总让我欲罢不能，但我提醒自己我来的主要目的是科学，是解释情绪分子，并提供听众一些背景信息，以便他们了解我的同事和我的发现可能对他们的生命有着深远的意义。银幕上出现了我最喜爱的幻灯片之一：三只老鼠，四脚朝天地躺着，松软的四肢、阖上的双眼。显示它们完全失去了意识。"各位先生、女士，这些是沉醉在极乐世界的老鼠。"我通常会这么说，然后稍作停顿，等候笑声停止，"你可以从它们的肢体语言看出它们非常满足，没有任何忧虑。这是我们给这些毛茸茸的朋友注射了一种叫脑内啡的物质后产生的效果。脑内啡是身体拥有的天然吗啡，是你我的身体都会制造的吗啡。"

## 寻获钥匙

阿片受体的发现揭示了一个让人又惊又喜的事实，那就是不管你是实验室老鼠、第一夫人，还是吸毒者——你的脑部都有这个制造至乐和幻觉的机制。

阿片受体的发现在科学界引爆了一场疯狂竞赛，研究者争先恐后地寻找体内使用这个受体的自然物质，即适合这把锁的钥匙。我们知道这个脑部的受体不是为了和吗啡、鸦片这种外来的植物萃取物结合而存在的，不可能。脑部之所以有阿片受体，只有一个合理的解释，那就是身体本身会制造一种物质，一种符合这个小小的钥匙孔的有机化学物质——天然的鸦片剂。

发现阿片受体还不到三年，就真的找到了天然鸦片。它是由苏格兰阿伯丁大学的约翰·休斯（John Hughes）和汉斯·科斯特利兹所指导的研究团队发现的（汉斯就是研究鸦片药剂在天竺鼠体内的作用，而让我确信有阿片受体存在的那位）。这个团队证实了他们从猪脑分离出来的物质是脑中自己制造出来的吗啡，是与阿片受体契合的内源性配体，产生的作用和外源性的鸦片剂一样。他们称这种物质为脑啡肽（enkephalin，希腊文，意指"来自脑部"）。后来，在一场激烈竞逐中，美国研究者把他们发现的这种物质命名为"脑内啡"，意指内源性吗啡（科学家宁愿用彼此的牙刷，也不愿用彼此的术语）。结果是美国版的"脑内啡"成为通俗的用语。

## 什么是胜肽？

我想先让大家了解什么是胜肽，以及化学家如何研究它们。胜肽是小号的蛋白质（protein，源自希腊文 proteios，意指"首要的"），而蛋白质是长久以来被公认的最早的生命物质。虽然化学家花了一个多世纪才确定蛋白质的化学结构，并写出分子式，清楚地呈现它的组成和结构，我们现在已经知道胜肽是由一串氨基酸所组成的，这些氨基酸宛如项链的珠子串在一起，这点我在前面提过。氨基酸是由碳和氮形成的，它非常结实，必须在强酸中煮沸好几个小时，有时甚至数日，才会断裂。如果胜肽的氨基酸数量在一百左右，我们就称之为多胜肽；如果超过两百以上，就是蛋白质了。

要鉴定一个新的胜肽，化学家首先需要提取出这个物质，然后将它和所有其他生化杂质分离开来。接下来的挑战就是描述它的特性，也就是指出它所含的每一个氨基酸的名称——目前知道的氨基酸，主要的有二十种——然后把这些名称按照它们确实的排列顺序写出来，得到的就是这个胜肽的化学结构。

现在，你们当中可能已经有人开始打瞌睡了，不过，你们得先学会字母才能学会阅读。氨基酸是字母，而胜肽，包括多胜肽和蛋白质，是这些字母组成的单词；组成及操控你体内每一个细胞、器官和系统的，就是由这些字母和单词所构成的语言。

　　氨基酸是从生物体提取出来的物质中，第一种被有机化学家解构的物质。这项工作始于一八〇六年，到了一九三六年，体内的二十种氨基酸已经相继被区别和鉴定出来。从L-天门冬酰胺（L-asparagine）开始，它最早是从芦笋的萃取液蒸发后分离出来的（也许你曾注意到在你吃了很多芦笋的几个小时后，你的尿液中会有强烈的气味——那就是L-天门冬酰胺！）最后被发现的氨基酸是苏氨酸（threonine），它在我未来的研究中占有相当重要的地位。苏氨酸是从人的血凝块中分离出来的，血凝块含有血纤蛋白（fibrin），必须在酸里面煮沸数日才能破坏它的化学键。这二十个常见的氨基酸，依照它们被发现的顺序，从第一个到最后一个排列下来，分别是L-天门冬酰胺、胱氨酸（cystine）、L-亮氨酸（L-leucine）、甘氨酸（glycine）、DL-酪氨酸（DL-tyrosine）、L-天门冬氨酸（L-aspartic acid）、DL-丙氨酸（DL-alanine）、L-缬氨酸（L-valine）、L-丝氨酸（L-serine）、L-谷氨酸（L-glutamic acid）、L-苯丙氨酸（L-phenylalanine）、L-精氨酸（L-arginine）、L-赖氨酸（L-lysine）、L-组氨酸（L-histidine）、L-脯氨酸（L-proline）、L-色氨酸（L-tryptophan）、L-羟脯氨酸（L-hydroxyproline）、L-异亮氨酸（L-isoleucine）、甲硫氨酸（methionine）、苏氨酸。

　　揭开所有这些氨基酸的化学结构，花了一个多世纪的研究工作才完成。化学家将蛋白质的来源，例如丝、胰腺、奶酪蛋白等这些神秘的有机物，加以提炼，一次又一次，直到仅剩下白色晶体，才能确定他们已经取得了纯净的物质。

# 为新生儿命名

　　不过，我想回到我们原先的主题——由氨基酸所组成的胜肽。任何一种物质，不论它是胜肽还是其他物质，要决定它的化学结构，并以它的原子成分来命名，首先必须做的就是将它从含有它的有机物来源纯化出来，不管这个来源是猪脑、天竺鼠的回肠，还是人脑。一旦某个样本经由萃取，去除所有杂质，只剩下我们感兴趣的分子，就可借助一些技术去测量它含有多少氢原子、碳原子等等。最后再使用物理方法去确定这些原子在空间上的排列，终至写出某个分子式来呈现这个胜肽的整个结构，这个分子式也就是它的化学名称。

不过这些方法是经过数十年别具匠心的化学研究发现才发展出来的。学习如何分解胜肽，将它的氨基酸，然后它的原子一一提炼出来，是极为复杂的事，以至于有许多物质的化学结构，是在它们具有生物效应的成分被鉴定和测量之后好几年，才被破解的，因为生物学的探索所依据的学理遥遥领先胜肽化学所需的精密分析。

早期当胜肽还只是科学界少数几个异端分子感兴趣的事物时，生物学的探索的确显得相当粗糙，简直可以说原始。在十多个实验室阴暗的地下室里，某些男人（可惜只有男人）忙着在大锅里炖煮着好几磅的猪脑垂体、猪肠、蛙皮、羊的下丘脑之类的东西，还可以从锅里闻到飘出来的腐臭味。他们在锅里令人反胃的汤里加了溶剂，例如酸化的丙酮，以提炼或纯化出引发某种生物效应的来源物质。最后将熬出来的黄色液体与那些原本跟它混淆在一起、而后来沉淀在锅底的杂质分离开来，再加热让溶剂蒸发掉，直到仅剩下脏兮兮的粉末。接着把这些粉末小心地拨到一个个含有不同的动物组织的玻璃盘中，然后开始观察它的作用，看这个粉末能否让肠子或子宫的肌肉收缩？让血管放松？有些化学家将粉末的溶液注射到整只动物的体内，然后观察它的耳朵是不是变红了、血压是不是升高了，或它的性激素是不是激增了。如果这些生物检验显示明确的活性迹象，那么这些粉末就会被进一步处理，直到它仅剩下纯白色的晶体。这个被纯化的物质——科学家相信这时它已经被简化为单一的胜肽分子——将再度经过生物测定。如果它仍然能够刺激动物组织的受体，那么科学家就可以认定这个胜肽已经被分离出来了。到那个时候，他们才能开始尝试对它进行化学分析，继之写出结构分子式。

到了一九七五年，科学家仅仅解出约三十种胜肽的化学式。一个胜肽的化学式是一串的缩写，每一个缩写含有三个字母，代表一种特定的氨基酸。同年十二月下旬，苏格兰的研究小组得意扬扬地在《自然》（*Nature*）这份极负盛名的科学期刊上发表了他们对脑中本身的吗啡所做的化学分析：它是由一对胜肽所组成的，每一个胜肽都含有五个氨基酸。他们的发现为缓慢扩增的胜肽家族又添了两个胜肽。不过这两个是非常特别的胜肽，有关这个部分我待会儿再解释。

脑啡肽的化学结构可以总结为以下的公式：Tyr-Gly-Gly-Phe-Met 和 Tyr-Gly-Gly-Leu。有了这串简短的代号，化学家就有了所有他需要的数据，可以让他在数日内使用氨基酸原料制造出一批脑啡肽。

## 胜肽的历史

每一个胜肽都有一个故事，就目前所知，在这个叫作身体的赤裸裸的城市里就有八十八个故事。我之所以说"就目前所知"，是因为我们仍然不能断言已经发现所有的胜肽，或它们的故事都被报道过。每年都有研究揭露新的胜肽，等我们完成这项搜寻工作时，胜肽的总数可能会超过三百。

第一个胜肽大约是十九、二十世纪之交在肠子里发现的，它被归类为激素，因为实验证明它能刺激狗的小肠分泌胰液。这个发现震惊了生理学家，因为过去他们一直以为所有的生理功能都是受神经的电脉冲支配的。他们称这个物质为胰泌素（secretin），不过又历经了六十年，它才被纯化分离出来，化学结构终被确定。几年之后，又有另一个胃肠激素"胃泌素"（gastrin）被发现，它是一个比较长的胜肽"胆囊收缩素"（cholecystokinin，CCK）的一小段，可将胰脏发出的信息传送到胆囊。

还有一个带有密码般名称的胜肽——"P 物质"（Substance P），最早是由乌尔夫·冯·奥伊勒（Ulf von Euler）于一九三一年从马的脑子和肠子里分离出来的。这个发现为他赢得一座诺贝尔奖，虽然之后长达四十年之久，P 物质一直都还是化学结构未得到鉴定的"粉末"，直到一九七一年才由苏珊·李曼（Susan Leeman）确定了它的十一个氨基酸的结构。到我写这本书时，苏珊·李曼仍未获颁诺贝尔奖。事实上，她在哈佛的终身职位还遭到否决，而她在哈佛的成就除了确定 P 物质的结构以外，还包括她后来发现该胜肽的作用并不仅止于我们所知的那些——降低血压、收缩平滑肌——它还能通过某种神经纤维传导疼痛。

第一个在体外被复制的胜肽是催产素（oxytocin）。它是女人分娩时由脑垂体释放的物质，可以跟子宫里的受体结合，促使子宫收缩，最后导致婴儿排出体外。早在一九〇二年，人们就知道家畜脑垂体的粗萃取物中含有某种东西，产科医生可以用来帮助难产的女性。

现代药理学家、神经生物学家和生理学家，像苏·卡特（Sue Carter）、汤姆·英瑟（Tom Insel）、雅克·潘克塞普（Jaak Panksepp）等人，都证实催产素不仅促使分娩时子宫收缩，还能促使女性性高潮时的子宫收缩。并且它能在脑部产生作用，激发母性行为，并帮助某些雄性啮齿动物维持一夫一妻的长久关系。胜肽这种整合性的功能——协调生理、行为、情绪，以贯彻一个似乎颇有意义的目标——是人类和动物很典型的特质，以后我会就这一点做进一步的说明。

以人工合成催产素需要数月的时间，但一九五三年文森特·杜维尼奥（Vincent du Vigneaud）终于在他纽约的实验室完成了这项壮举。为了全心投入这个高难度的工作，杜维尼奥整夜守着他的实验，没有回到他位于长岛的家，他睡在办公室的行军床上，以便能适时地在他复杂的合成物里加入关键的成分。他的辛劳终于让他在一九五五年获颁诺贝尔奖。虽然所有的努力换来的仅是微量的合成催产素，但这个合成物所展现的化学特质和生物效应，向世界证明了他的确复制出脑垂体里这个活性的成分——一个简单、含有九个氨基酸的胜肽。今天，当医生决定婴儿该出生时，不管母体或胎儿同不同意，他通常都会使用一种叫作 Pitocin 的合成催产素类化合物来引发和加速分娩。

催产素是胜肽革命的宠儿，它在胜肽历史上的重要性不容低估。因为化学家一旦以合成的催产素证明了他们可以制造出与身体自制完全相同的物质，他们便知道自己也可以试图去改善自然物质。于是科学家开始制造一系列的类化合物，即结构非常相似的物质，用不同的氨基酸取代原始序列中的氨基酸，然后测试这些不同类化合物的作用，由此所制造出来的治疗用类化合物，也就是药剂，效果可以比身体自产的自愈物质还要有效、持久，且不易衰退。

为了制造合成催产素，杜维尼奥每晚都需留守实验室，可是数年之后，洛克菲勒大学的布鲁斯·梅里菲尔德（Bruce Merrifield）发明了固态胜肽合成法，因而加速了合成胜肽的制造过程。他将正在加长中的胜肽的一端固着在一个小小的塑料珠子上，然后在巧妙控制的反复化学反应中，逐步将氨基酸一个一个加上去。如今胜肽可以很容易地按照一定的程序大量制造，这项壮举造就了今天在我们四周爆发的胜肽革命。梅里菲尔德发明的方法也让他在一九八四年得到了诺贝尔化学奖。

今天，梅里菲尔德的固态管柱采用计算机科技操控，也可以很方便地购买到。任何一种胜肽序列都可以在计算机中设定，在晚上经过一连串的自动化步骤复制出来，第二天早上再加以纯化处理即可。现代的化学家如今可以晚上待在家里，睡在他们配偶的身边，可真要感谢梅里菲尔德博士呢！

然而，即便梅里菲尔德博士的成就令人称奇，却还比不上我们的身体神奇。自一九五三年开始制造合成的胜肽以来，所有化学家在他们高科技的实验室所制造出来的胜肽，还不及我们的身体在一夜之间能够制造的胜肽数目来得多，而且还是完全纯化的形式。它是怎么办到的呢？我们体内的每一个细胞都有一些很小很小的工厂，叫作核糖体（ribosome）。它们负责将氨基酸串在一起，形成胜肽或蛋白质。细胞核里的遗传物质，叫作"脱氧核糖核酸"（DNA），记录着身体所需的胜肽或蛋白质的密码；其中的一段双螺旋键会解开来，制造一个互补的工作复本"核糖核酸"（RNA），而RNA信息，即DNA密码的复本，会游到核糖体中。每一个氨基酸都由三个核苷酸（nucleotide）所构成的"三联密码"（triplet code）代表，这个密码可以促使特定的氨基酸转移并加入正在核糖体上加长的胜肽或蛋白质。美国国立卫生研究院的马歇尔·尼伦伯格正因为在一九六〇年破解了这个三联密码，获得了诺贝尔奖。也因为他所发现的解码检索表，今天的科学家才得以绘制人类基因组的图谱。

## 胜肽与脑部的关联

当休斯和科斯特利兹宣布他们在脑部发现脑啡肽时，胜肽化学的领域已经同步发展到一个成熟的阶段，一些科学家开始广泛地搜寻支配身体各项活动的胜肽，有的在肠子里寻找管控消化和吸收的胜肽因子，或在循环系统里寻找负责血压升降的因子；也有的试图鉴定脑垂体——位于脑的底部、下丘脑下方，有如杏仁般大小的主腺——所制造的胜肽因子。意大利药理学家维托里奥·阿斯帕莫（Vittorio Ersparmer）和他的同事从类似巫婆汤的蛙皮中萃取了三十多种胜肽，并加以彻底纯化。这些化学家都不辞辛劳地工作，纯化并复制他们锁定的胜肽。他们狭隘地相信每种胜肽都有特定的来源，且支配生物体的某项特定活动，不管这个生物体是人、是动物，还是微生物。

当时的胜肽科学方兴未艾，所以每一个发现都令人雀跃，可是没有一个可以跟休斯和科斯特利兹的发现所造成的冲击相提并论。使得整个科学界沸腾起来的不单是因为他们发现了符合阿片受体的内源物质，造成轰动的是他们所发现的物质是一个胜肽，而这个胜肽不仅来自脑部，而且配合它运作的受体也在脑部。换言之，在身体每个地方产生的局部止痛效果，事实上都经过脑部的协调。这个发现揭露了一个可能性——或许其他看起来产于当地、发挥局部作用的胜肽，也是在脑部制造，又或者与脑部的受体结合的。所有二十世纪被鉴定的胜肽，如今又成了大家研究的对象，不过这回是在脑部搜寻它们的受体。最初大家使用的是我们在约翰斯·霍普金斯大学发展出来的技术，即阿片受体测定和早期的受体显影术，后来使用的则是更为精密的方法，例如彩色和计算机化的离体放射自显影技术（autoradio graphic technique）。现在我们的技术已经可以探究脑部胜肽之间如何互动以造成生物体内部的多项活动。

经过很长的一段时间，我们才发现每一个胜肽，其实来自生物体的许多部位，同时经常都包括脑部。脑垂体胜肽结果也是胃肠胜肽；蛙皮胜肽其实是下丘脑的释放激素；与肾脏的受体结合，导致血压变化的胜肽，同样也可以与肺部和脑部的受体作用。而且，许多原本被鉴定为非胜肽的物质，结果也是胜肽。除了睪酮和雌激素这些类固醇性激素外，激素也可能是胜肽，胰岛素是胜肽，指示女人乳房分泌乳汁的催乳素（prolactin）是胜肽，导引消化和排泄的每个步骤的肠细胞物质也都是胜肽。

虽然胜肽的结构看似简单，它们引发的反应却可能复杂得让人抓狂。也正因为它们的复杂性，科学家将它们归纳为许多不同的类别，包括激素、神经递质、神经调质（neuromodulator）、生长因子（growth factors）、胃肠胜肽、白细胞介素（interieukin）、细胞因子（cytokine）、趋化因子（chemokine）、生长抑制因子（growth-inhibiting factors）。我比较喜欢麻省理工学院已故的弗朗西斯·施密特（Francis Schmitt）所创的一个泛称——"信息物质"（informational substance），因为它点出胜肽的共同功能——它们都是携带信息的分子，负责在整个有机体内传递信息。

休斯和科斯特利兹两人的发现所代表的意涵，科学界还没来得及探索，胜肽就骤然成为趣味无穷的化学物质，每一个人都想探知他所研究的胜肽是否也跟脑部有关。当我离开约翰斯·霍普金斯大学索尔的实验室，到美国国立卫生研究院工作的时候，我也开始在自己的实验室针对已发现的胜肽，例如铃蟾肽（bombesin）、血管活性肠肽（vasoactive intestinal peptide，即VIP）、胰岛素和几种胜肽生长因子，寻找它们在脑部的受体；之前从来没有人相信，这些胜肽也可能存在于脑部。在那段时期，几乎每个月都有一连串的神经胜肽被发现：来自脑垂体的催产素、胰脏的胰岛素、肾脏的血管紧张肽（angiotensin）、蛙皮的铃蟾肽、小肠的血管活性肠肽，还有来自下丘脑有着不可思议名称的促性腺激素释放激素（gonadotrophin-releasing hormone）（它的另外三个名字你还是不知道的好！）——这些以及还有更多的胜肽都出现在脑部不同的部位，也都有受体在脑部。

我在美国国立卫生研究院的实验室，根据我们所发展出来的脑部显影的先进技术，做了一个假设，也就是任何地方、任何时候发现的胜肽都可能是个神经胜肽，也都可能有受体在脑部。我们采用阿片受体的新技术，开始在脑部寻找胜肽受体，试图指出实际含有胜肽的神经元和它们的受体所在的位置。我们的搜寻工作几乎从来不曾让我们失望过，研究的结果清楚地显示我们寻找的对象大多都在脑部拥有受体，而且本身也出现在脑部。更令我们兴奋和惊讶的是，我们发现脑中每个部位都有胜肽，而之前的内分泌学家都预测只有下丘脑有胜肽。胜肽也出现在皮质，即脑部控管高等功能的部位。它也出现在边缘系统，即所谓的情绪脑。

探索神经胜肽受体的分布情形，知道它们所在的位置，以及密度最高的位置，其实是这个胜肽研究热潮最大的收获。这些化学物质在整个神经系统里的分布情形，提供了我们初步的线索，让我们做出胜肽就是情绪分子的推论。不过，我的故事说得太急了些……

我必须将这个胜肽革命的故事往前推移，回到我在这场革命刚开始时所扮演的角色；在休斯和科斯特利兹发表他们的发现之前数年，我于一九七二年发现的受体正等待着全世界的实验室去发现它的配体——脑啡肽。不过这段等待一点都不消极。事实上，就在我发现阿片受体后不久，索尔实验室的我们就跟科斯特利兹的实验室展开了疯狂的竞逐，看谁能第一个找到配体。虽然我们使用了卑鄙的手段，但他们还是赢了。而那样的竞争是现代科学经常上演的戏码。

\* \* \*

我发现阿片受体后没多久，有一天，索尔把我叫进他的办公室，那时我们第一篇报道这项发现的论文还未刊出。

"马歇尔·尼伦伯格想多了解一些有关阿片受体的研究。"他开门见山地说，"你能不能下个星期开车到美国国立卫生研究院，带几张幻灯片给他看？"

"马歇尔·尼伦伯格？美国国立卫生研究院？"我惊恐得倒吸了一口气。

"别担心，他不会把你吃了。马歇尔其实蛮害羞的。"索尔笑了，然后忍住呵欠，开始整理他桌上的文件，显然已经决定了要我去，且急着要继续处理他手边更重要的事情。

"可是，下礼拜？"我紧张得喘着气、结结巴巴地说，"我来不及准备。"

"你不会有问题的。"他给我打气，抬头看了我最后一眼说，"你需要练习。反正不久你就要开始一大堆有关阿片受体的演讲，所以你最好让自己习惯。"

# 第4章
# 天才与野心

赢是现代科学机器运转的燃料。每个人努力的目标就是成为第一个发现事实的人，说得更精确一点，是第一位在顶尖科学期刊上发表研究成果的人，这才是最大的回馈。即使一个重大的实验是你率先进行的，但如果对手比你早一步发表，那么在同事的眼中，你就是输家。在科学史中，这样的事比比皆是。

大胆和自信是赢家必备的特质；而迟疑不前，或不断重复同样的实验是二流科学家的标志。当论文遭到退稿时（对真正有创意的作品而言是常事），作者若能用电话或传真，理性但义正词严地向期刊编辑提出抗辩，当然还得维持应有的礼貌，再带一点超级明星的自负是会有帮助的。

## 扬名立万

阿片受体的测定成功后不到两个月，索尔把我叫到办公室。当时埃达正在重复这个实验，每天都得到满意的结果。我手上已经有不少的图和表，正在仔细检查这些资料是否一致，并细心修改好让它们更加明确清晰。我以为我有充裕的时间做这件事，所以当索尔要我现在写一篇论文，用来发表我们的结果时，我简直慌了。

索尔一点也不了解什么叫作"作家的瓶颈"。对遇到这种问题的人也毫无耐性。他的做法是把执行大部分工作的人叫到面前，然后很快地口述一个完整的初稿，不管这个初稿有多么简略。接下来就是第一顺位的作者、通常也就是实验执行者的事了。修定草稿、把常有的大洞填补起来、解释研究的方法、仔细检查每一个数字和引用的事实，最后再把稿子交给索尔审阅。

这次我是第一作者。索尔要我做的第一件事就是把我们的数据摘要成两个表，这是索尔锁定的高知名度期刊《科学》（Science）的规定。然后他要我把数据摊在桌上，开始认真地研读起来。他一会儿拉扯头发，一会儿抚摸脸颊，还不自觉地发出一些哼哼的鼻息声，这些是他聚精会神时的习惯动作。突然，他抓起掌上型录音机，身体向后靠着椅背，开始口述："药理学上有充分的证据显示阿片受体的存在……"

拟定大略的初稿以后，索尔开始进一步教我科学论文的写作艺术。他向我解释，基本上报告要简单明了。他警告我，过度繁复、纳入太多想法的报告，知名的期刊是不会接受的。他强调一篇理想的报告要简洁清晰得让任何人——即使是最笨的技术员——都能如法炮制，并得到相同的结果。

索尔和我合力将几个月来辛苦工作的成果，精炼成只有十五个段落的佳作。标题是简简单单的：《阿片受体：在神经组织中存在的证据》（Opiate receptor: demonstration in nervous tissue），接下来是我们的名字：甘德斯·柏特和所罗门·斯奈德。这个排序是依照科学论文写作的传统，位于作品前面的是实际执行大部分工作的人，位于最后的是筹措经费、让研究得以实现的"资深作者"，如果还有其他有功人士，他们的名字则列在中间。索尔一向都遵照这个传统。

写完论文，我有新手上阵的强烈不安感，于是又找了佩德罗·考彻卡萨斯和系主任保罗·特拉雷（Paul Talalay）检查，才把它交出去。我很高兴他们抓到一些粗心的错误，不过除了我以外，对于我们没有引用过去二十多年来显示阿片受体存在的任何文献这一点，似乎没有人觉得有何不妥。没有那些，我又怎么解释我的研究缘起呢？我大胆地据理力争，简要地提出我们至少应该在引文中提到葛斯坦的想法，但没有获得采纳，理由是葛斯坦使用的方法别人根本无法重复。最后反而在总结的部分，用一整段来说明我们的结果是使用新方法得到的结果，与葛斯坦的发现完全不同。

一九七二年十二月初，距我完成第一个成功的实验只有六个礼拜，我们就把报告送交《科学》期刊。报告很快被接受，定于一九七三年三月的第一个星期刊出。

出刊的前一两天，索尔把我叫进办公室，这回不是为了讨论研究数据。

"你看看这个，简直是一文不值、索然无味！"说着，气愤地把一份三页，上方印着约翰斯·霍普金斯大学标志的文件朝我推过来。

我猜他说的："这个"是约翰斯·霍普金斯大学媒体办公室准备宣布发现阿片受体的新闻稿。虽然我觉得还不错，索尔显然认为它难以接受。他倏地转身，走到角落沾满灰尘的打字机前，把纸卷进去，然后开始全神贯注地敲打键盘，不到几分钟，就把稿子从打字机抽出来，志得意满地交给我。

"这才像新闻稿，"他说，"请你马上把它送到媒体办公室。"

从他看手表的样子，我知道此事刻不容缓。手里紧紧抓着新闻稿，我健步如飞地穿过走廊，一步当两步地奔下楼梯，到一楼的办公室。

索尔志在必得的新闻稿引起不少人的注意。第二天学校就安排了记者会，而我也即将初次体验到科学原来可以成为新闻事件。那个晚上，我试着给头发上卷，及准备记者会的谈话，但每隔几分钟就被电话打断，一会儿是合众国际社的记者。一会儿又是《奈特里德报》（Knight Ridder）的记者。第二天，我与索尔和一位精神科研究医师威廉·比夫·邦尼（William Biff Bunney）会了面，另外还有一群政府部门的官员，他们来此是想炫示这个发现是解决毒瘾问题的一大进展。当我们抵达约翰斯·霍普金斯大学记者会专用室时，几十个记者和摄影师已经等在那里。闪个不停的镁光灯照亮了整个会场。记得当时我好紧张，并觉得整件事有点渲染过度了。幸好有索尔和其他人应付场面，我不需多说话。只是那时我没有想到邦尼即将成为美国药物滥用研究院的首任院长，索尔即将跻身全世界经费最多的科学家之列，白宫即将得知他们资助的一个研究被标榜为向毒品宣战的一大步，而我也即将在二十六岁的年纪扬名立万。

记者原以为我们发现了治愈海洛因毒瘾的方法，后来知道不是那么一回事，发了一些牢骚。不过，他们毕竟还是做了正面的报道，消息立即传播到全球各地，以昭告天下：人体内有一块小东西被发现了——一个长久以来科学家认为应该存在，但从来没有证实的构件。它是在脑中新发现的分子感应器，小得看不到的感应器，就好像很小很小的眼睛、耳朵或味蕾一样。而它感应的是鸦片类的药剂吗啡、鸦片、海洛因导致生物体产生兴奋感，引起这些药物的使用者经常体验到的亢奋状态。有了这项发现，绝望的海洛因瘾君子有朝一日得救的希望，终于不再那么遥不可及了。

几家知名的新闻媒体都大幅报道了这个事件：《新闻周刊》《美国新闻与世界报道》《华盛顿邮报》《纽约时报》都以它为主题，大肆报道。当家乡长岛的《新闻日报》在报道中对我做了一番特写后，接连好几个礼拜我不断收到从我八岁之后就没有再见过的人寄来的剪报。《巴尔的摩太阳报》的一篇深入追踪报道，还加进了一张我和索尔穿着实验外衣的大幅照片，柏特与斯奈德，这对强大的科学搭档、成功的组合，成了各地报纸争相报道的头版新闻。

不久我就习惯了媒体的镁光灯，不得不承认我也很快地喜欢上它。但是更令我兴奋的是，那一年我得到许多出席科学研讨会的机会，向我的同行说明我的实验。索尔通常不喜欢这类较一般的开放式研讨会。对他而言，他例行参加的那些专业性的精神科和药理学会议比较重要，所以他会派我替他出席。或许出现在"鸦片学会"成员的面前令他感到不自在，这些研究鸦片多年的人并不是他熟悉的人。在这个领域里索尔是新人，而且会被怀疑是半路杀出的程咬金，企图从这些"专家"的手中夺走锦标。所以，四处奔走演说的角色就由我来担纲演出。随着演讲次数的增加，我也越来越以自己是这项发现的主人感到骄傲。

我发觉每个人都对这个新发现有着浓厚的兴趣，都想多了解一些。我们在《科学》期刊上的论文刊出后几个月，北卡罗来纳州教堂山（Chapel Hill）的国际麻醉药研究学会（International Narcotic Research Club）举办了一场重要的发表会。当我获知有哪些人要来听我的演讲时，我吓得魂飞魄散——有斯坦福大学的艾夫兰·葛斯坦，阿伯丁大学的汉斯·科斯特利兹，以及慕尼黑的马克斯·普朗克研究所（Max Planck Institule）的阿尔伯特·赫兹（Albert Herz）这些"鸦片学会"的中坚分子，还有多年来经常以非正式的集会方式聚在一起的许多欧洲人士。在花了很长一段时间准备后，我带着四十多张新制作的幻灯片，站上了讲台。听众席里有我拜读过的研究论文的作者，有给我灵感的科学家，现在我却站在他们面前，即将揭示他们多年来努力寻找却找不到的东西。我感到口干舌燥，心扑通扑通地跳个不停。灯光暗了下来，我慌乱地抓起按钮，只希望开口时，演练了好几个小时的句子能出得来。

我花了许多心血准备的幻灯片里，有一张来自葛斯坦的经典之作《药物作用原理》。所以当我演讲完毕，而他突然站起身来指称这张比较左啡诺和右啡烷立体化学结构的幻灯片不正确时，我着实吃了一惊。原来我拷贝的这两个图像原本就不小心给弄反了。

"其实我们早就发现这个排版上的错误，"这位赫赫有名的老前辈平淡地说，"但我们故意把它保留在第二版里，好诱使那些和你一样不用大脑的研究生犯错。"他似笑非笑地说。

这番毫不留情的抨击，引起听众一片嘘声。葛斯坦似乎仍然为《科学》期刊的那篇文章耿耿于怀，正在找机会给斯奈德和柏特这两位新贵一点颜色瞧瞧。但我知道我赢得了大多数群众的支持。演讲结束，听众席中好几个人上前跟我握手，并自我介绍。这一刻，感受到我深深仰慕的同行给我的立即肯定，令我狂喜万分。虽然他们看到的是一个非常稚嫩、紧张的二十六岁女研究生，但这个发现太令他们兴奋了，以致他们愿意忽略这些缺憾。

群众逐渐散去，我的快乐开始被剧烈的偏头痛冲散。很可能是演讲前连续数周的准备所累积的压力在此时突然松弛所致。但四周洋溢着欢欣的气氛，而且我也不想错过汉斯·科斯特利兹带我逛市镇的机会，还有他召集的庆功餐会，即便我很想回房躺下来。汉斯俨然成了我的护花使者，他个头矮小，七十岁了，却依然精力旺盛。身后跟着六个制药公司的化学家，我们就这样浩浩荡荡地在风格奇特的大学城行走，并不时在附近的酒吧举杯庆祝这个值得纪念的日子。汉斯酒量好，威士忌一杯杯轻松下肚，我几乎无法跟上。不过欢愉中，我的头痛倒消失了。最后我们来到一家牛排馆，点了肋骨牛排，大快朵颐，付钱的自然是那些制药公司的男士。他们垂涎的可不是盘中超大块的牛排，而是我们的研究，心里盘算的是如何从中牟利。

就在酒酣耳热之际，汉斯向我透露他在苏格兰的研究小组正试图从猪脑里提取出一种天然物质，把这个物质加在某种平滑肌标本上时，作用就像吗啡。

尽管我一再好奇地盘问，他就是不肯松口。为了不让制药公司的人听到，他挨近我小声地说："我的实验室来了一个新人，名字叫约翰·休斯，他很聪明，绝顶聪明。我们会找到它，我们有方法！"他兴奋地夸口说。不过一回神，觉察到自己不该告诉我这些，他才一次又一次要我发誓保密。

回到巴尔的摩，我将所有的承诺都抛诸脑后，告诉了索尔我与汉斯的邂逅。"我想他在找阿片受体的内源配体。"我说。

几个月前索尔和我也曾找过这个配体，但后来草草地放弃了。我曾交给他一些数据，显示配体很可能存在。不过和他在办公室花了很长时间仔细研究过这些数据之后，索尔终于做了决定。

"别做了，"他说，"太多不确定因素，况且那些阿片受体的后续研究就够你忙的了。"

但现在我看得出来他很有兴趣，虽然他没说什么，我猜他正计划着去打听科斯特利兹究竟在做什么。

我继续在世界各地的研讨会上代表约翰斯·霍普金斯大学研究小组发表我们的研究成果。虽然我学会了在演讲台上表现得虚怀若谷，一如发表重大发现的人应有的姿态，但在科学界崭露头角的我，随着得到的肯定，骨子里却是志得意满。我后来知道索尔之所以要我在这么短的时间里出席这么多会议，为的是确保大家知道我们是阿片受体的发现者，因为后来还有其他人宣称发现了阿片受体。其中之一是埃里克·西蒙（Eric Simon），他是纽约大学医学院的教授和研究者，搜寻阿片受体好几年都徒劳无功，不过他最近的实验使用了一种放射性的羟戊甲吗啡（etorphine），那是一种很强的吗啡类化合物，通常用在制伏狂奔的犀牛和其他大型猎物的麻醉剂中。这个实验得到不错的结果，他计划在盛大的美国实验生物学学会联合会（*Federation of American Societies of Experimental Biology*）上发表这个结果，时间是四月，也就是我们的论文发表后的一个月。

索尔不愿错过任何机会，他设法请大会安排他在西蒙的下一个场次发表。会上他令人屏息地打出一张又一张我为他准备的幻灯片，展示的数据有的来自

《科学》期刊的那篇论文，有的来自我和埃达不辞辛苦及时完成的后续研究。西蒙边看边做笔记，似乎很高兴会议进行得很顺利。

从西蒙的观点来看，他理应是阿片受体的共同发现人。但索尔在后续发表的头几篇论文中并没有提到他，让他心里很不是滋味。倒是西蒙在他的第一篇论文中，不仅引述了我们的研究，还指出他使用了我苦心发展出来的检测系统，不同的是他们使用带放射性的羟戊甲吗啡，而不是纳洛酮。之前他曾到约翰斯·霍普金斯大学的实验室来拜访我，我还向他示范如何使用三 M 机的快速过滤器。

我从索尔那儿学到的一些东西（好坏且不论），不只是如何有效地将对手三振出局，还包括策略性地引用或不引用某些论文，好让全世界知道是你赢了这场比赛——这是他非常熟谙的战略。无论如何，是我们领先发表的，那才是决定胜负的关键。

## 乘胜追击

初时的喧腾冷却下来之后，我们随即埋首研究。晚上我设计实验，埃达则在第二天早上将实验安排妥当。这些实验全在试图解答发现阿片受体所延伸出来的问题。阿片受体到底位于脑部的什么位置？它们占据细胞的哪个部分？拥有阿片受体的生物体可以有多简单、多原始？现在的我已经成了索尔办公室里一个受欢迎的常客，我经常到那儿向他报告我源源不断的新数据，也经常跟他一块儿工作长达好几个小时，草拟研究论文。后来我发觉有几个博士后研究员，因为心生妒意，到处散布谣言说我跟索尔有暧昧关系，令我愤恨不齿。这是典型的污蔑手段。在往后的数年，每当一个女性同事，尤其是有一点姿色的女性同事，有杰出的表现、地位提升时，我就会听到这样的流言。

索尔和我根本没有同事所想象的暗通款曲。在索尔关着门的办公室里，他其实在面授机宜，教我如何乘胜追击。在科学天地里，有了一个重大的突破，或发展出一个新的技术之后，你没有时间停下脚步，嗅嗅路边的玫瑰，因为马上会有人赶上，赢得下一个胜利。后续研究的空间会在群起加入赛局，迅速抢占一席之地的情况下，很快就关闭它的入口。索尔和我目前正在这个跑道上居领先地位，而且我们还打算继续领先一段时间。

当我在试图解开有关阿片受体的一些谜团时，索尔要实验室其他一些人试用我们的新技术，看它能不能帮我们找到新的神经递质受体。杨安（目前是马萨诸塞州综合医院的神经科主任，那时还是医学院学生）是第一个幸运儿。她用老鼠的毒药士的宁（strychnine）当作带放射性的拮抗剂，去找神经递质甘氨酸的受体。士的宁会导致痉挛性的肌肉收缩，而甘氨酸会导致肌肉放松。结果一试就中，索尔于是指示所有博士后研究员都改用我们的方法，去搜寻所有已知的脑化学物质的受体。看到我露出不悦之色，不愿意把我好不容易研发出来的方法与他人分享，索尔便命令埃达教大家怎么做——如何制造我所称的"神奇膜"、什么时候用力振荡搅和试管、如何过滤。所有埃达和我为了确保每天能得到满意的结果而逐步研发出来的独门功夫。

索尔订购了一打新的三 M 机，以及价值数千美元的带放射性配体。不同神经递质的结合测定陆续报出好消息，好像上苍特别眷顾这个位于巴尔的摩市中心的实验室。之前我花了好几个月时间才从零发展出这套程序，而现在新受体的测定可以易如反掌地在第一、二次尝试就得到好结果。去甲肾上腺素的受体，丙氨基丁酸的受体，多巴胺的受体！我们全找到了。

我们逐渐发现每一种受体对它现形的环境，也就是它的溶液，都很挑剔。某个受体可能在含有很多钠的溶液里才会出现结合状态，而另一个可能偏好多氯的溶液。虽然那些博士后研究员可能要拨弄好几个小时才能调制出恰当的溶液，但跟我第一次成功所费的九牛二虎之力相较，简直是小巫见大巫。更何况那时候我身边没有一个人相信我会成功！

我们最先想回答的有关阿片受体的问题之一，是为何有些药剂，像吗啡和海洛因，与这个受体配合良好，并导致行为上的巨大变化，而它们的拮抗剂，如纳洛酮，虽然有着几乎完全相同的化学结构，也与这个受体相配，却不会造成任何改变，而且实际上还会阻止或"对抗"任何进一步的活动。另外，如果让一个拮抗剂，例如纳洛酮，和吗啡一较高下，它会进入把吗啡从阿片受体上撞下来。这也是为什么它是海洛因吸食过量的一个有效的解毒剂。但这究竟是怎么一回事呢？解开这个谜团的一个线索，来自我原先的阿片受体测定——我观察到纳洛酮需要钠才能执行它的防堵动作。

我第一个重要的后续发现，是经历了一场领土保卫战才得来的，在这场战役中我腹背受敌，为了不让阿片受体落入他人之手，我采取了强硬的手段。埃里克·西蒙终于发表了他的论文，就在我们的论文发表后不久。文中他指出他的实验所使用的大猎物麻醉剂羟戊甲吗啡，作用会因溶液里加入钠而减弱。他的结果跟我们的结果唯一不同的是，他的羟戊甲吗啡的结合因钠的出现降低，而我们的纳洛酮的结合却因钠的出现升高。我心想这个钠的差异会不会是一个线索，可以引导我们解开药理学当中最令人费解的疑团之一：到底是什么因素让某个药物（如羟戊甲吗啡）成为兴奋剂，而另一个（如纳洛酮）成为拮抗剂？为什么羟戊甲吗啡引发的反应，从快感到肌肉放松，跟吗啡相同，而纳洛酮却会阻断所有这些鸦片药剂的作用？一般相信兴奋剂和拮抗剂跟同样的阿片受体结合，但不知为何它们的"内在活动"，也就是它们对细胞的作用，却大相径庭。

索尔给了我一篇西蒙即将发表的论文，我知道事不宜迟，立刻安排了一个实验，试图证明钠就是关键因素，它可以用来区别拮抗剂和兴奋剂——不仅是区别羟戊甲吗啡和纳洛酮，而是我们目前所有的鸦片类化合物里的兴奋剂和拮抗剂。我精心制作了一个灵巧的系统，去检测这种"钠变化"对所有这些鸦片剂的影响。有了它我可以稳稳领先埃里克·西蒙。然而就在此时我遇到了另一个挑战，它来自加夫里尔·帕斯捷尔纳克（Gavril Pasternak），是医学院的学生，来索尔的实验室见习一段时间，竟然背地里不断占用埃达。

索尔要加夫里尔做的实验，涉及阿片受体的纯化，当时苦无先进的技术，所以无法破解。毫无头绪的加夫里尔便开始探索为何某些现有的化学物质会影响鸦片与受体之间的关系，因此他有理由要求埃达在不那么忙着进行我交代的实验之余，协助他的实验。

我认为这是对我势力范围的一种侵犯，但一开始我并不想理会，一心一意地在试管中测试我鉴别兴奋剂和拮抗剂的方法是否有效。结果相当令我满意，我又再一次让索尔欢欣雀跃。这套检测系统应用的范围很广，它代表任何新发掘、未经检测的化学物质，只需微量就可在一天之内测出它可以当兴奋剂还是拮抗剂，而过去这样的检测需要数周，甚至数月。有了这套系统，我可以既快又准地指出任何一种鸦片制剂在兴奋剂和拮抗剂两端之间的位点。

制药公司很快听到了风声，个个喜出望外，因为那时候他们正在寻找一种"综合致效和抗效"的药，也就是在一种测试中作用像兴奋剂，而在另一种测试中作用像拮抗剂的药。他们相信这样的药极有可能成为不会上瘾的鸦片止痛剂。对一个制药公司而言，这无疑是美梦成真！制药公司交给我们一些物质的样本，要我们用我的新技术加以测试。测试完毕，我把这些物质的潜在活性和效力制成幻灯片，交给索尔。看索尔开心得手舞足蹈，我也很开心。

然而与此同时，有些事却让我心烦意乱。加夫里尔成天拿着试管在实验室里跑来跑去，不知他拿我的阿片受体在搞什么名堂。我知道一定有事，这令我神经紧绷、坐立难安。他要埃达做的事情越来越多，我向索尔抱怨。但他只是耸耸肩，不做响应。我努力说服自己这没什么，反正埃达做事很有效率，而且阿片受体的测定也很简单，即便跟加夫里尔共享埃达，也不至于让她忙得不可开交。不，事情绝对没有这么单纯，我的怀疑与日俱增。

隔了没多久我就听到消息。现在跟索尔关在办公室里好几个小时的不是我，而是加夫里尔，想必两人在誊写报告准备发表加夫里尔的研究结果。当他们出来的时候，索尔把稿子交给我，要我尽快审阅一遍，因为他们计划第二天就送交《科学》期刊。我一看便知加夫里尔旨在宣称他检测溶液的一个成分"乙二胺四乙酸"（EDTA），和钠的作用一模一样，在鉴别鸦片兴奋剂和拮抗剂的能力上旗鼓相当。

我把稿子带回家，彻夜详读，觉得有问题，但又无法指出问题在哪儿。第二天早上，在前往巴尔的摩的四十五分钟车程中，我仍然绞尽脑汁地苦思。就在下车时，灵光乍现——乙二胺四乙酸是负电荷，需要一个正电荷离子去平衡它的晶体，而这个平衡的离子一定是钠，我等不及到实验室去检查试剂的瓶子来确认我的猜测。没错——标签上写着乙二胺四乙酸"钠"。加夫里尔误把乙二胺四乙酸当成是作用的动因，而事实上引起作用的是溶液里的钠。他的粗心大意竟然证实了我的论点！

如果我不是那么好强的话，或许我会好心地建议："嗨，老兄！你们最好再确定一下，我怀疑真正鉴别结合作用的是钠，不是乙二胺四乙酸……"但怀着幸灾乐祸的心理，我把埃达找来，要她赶紧帮我做一个实验，比较氯化钠、乙二胺四乙酸钠，以及一种非钠的乙二胺四乙酸的鉴别力。结果乙二胺四乙酸本身毫无鉴别力，而含钠的溶液显然赢了。我走进索尔的办公室，趾高气扬地把我的数据啪的一声放在他桌上，仿佛它是一张王牌。

"真是的！你最好对加夫里尔那家伙多留点神。"我一本正经地说。索尔抬起头看着我，显然不懂我在说什么。"那篇报告差点让你们丢人现眼。"

从此以后，阿片受体就归我所有了。我打赢了这场战役，但是索尔对我的态度再也不一样了。我曾不惜任何手段跟这些男孩争强斗狠，最后我赢了，成为一个不容忽视的新势力。从那一刻起，在我恩师的眼中，我再也不是当年那个单纯的"好女孩"。

解开阿片受体之谜继续占据我的心神。虽然受体给人的主要印象很像一把锁，当契合的钥匙插进来的时候就打开，但我开始了解到这个比喻并不恰当。锁跟钥匙的意象过于静态，完全不足以形容阿片受体的行动力。那或许符合较传统、较机械观的牛顿思维模式，但它跟我们实际观察到的阿片受体有很大的差距。我开始发现受体的形状会变化，它会在好些主要的形状之间变来变去，在此同时，还会随着某种未知的旋律，有节奏地振动摇摆个不停。

除了研究阿片受体的活动，我在实验室工作的另一个重心是针对阿片受体在脑部的分布情形搜集数据。它们在哪个部位密度最高？哪个部位密度最低？此外我也很想知道阿片受体的历史演化，所以试图去测量脊椎动物脑部的阿片受体，从最低等的脊椎动物——奇丑无比的黏盲鳗——随着演化链一点一点往上推移，包括蛇、鸟、老鼠，最后到猴子。它们全都有阿片受体，这表示这个分子已经历经万古的演化被保存了下来，所以它对生物体的生存想必非常重要。

　　我知道有一天我得在人的脑子里寻找阿片受体，但当那一天真的来临时，我却完全没有心理准备。一九七三年春，一天早上索尔把我叫进办公室。要我立刻跟巴尔的摩市立殡仪馆联系。他听说一个竞争对手正打算发表人脑阿片受体研究得到的结果，而我们最近才准备好要在《自然》发表的一篇论文却只有猴脑的研究结果。索尔要我取得一些人脑，用我的方法加以检测，然后很快地搜集一些数据，加进我们的论文里，再寄给期刊。于是我每天清晨打电话给殡仪馆，直到一个礼拜后才获悉有三个仍然温热的脑子已经准备好等我们去领取。

　　当我抵达殡仪馆时，病理科的职员指示我进入一个房间，我看到三具裸尸躺在三张桌子上，而他们的脑都还没有切除下来。其中一具听说是那天早上打网球突然暴毙的，另外两具是酒铺老板和试图抢劫他的年轻男子，两人在随后发生的枪战中都丧了命，不过却提供了索尔要我做的检测所需的材料。病理学家开始工作时，我的心跳得好厉害，终于，他把脑子分别放进我带来的三个冰桶里。我气定神闲地谢了他，好像我每天都目睹从裸尸上取出脑子来似的。

　　领回了脑，我们便开始按部就班地展开工作。曾经是索尔的研究生，而现在是约翰斯·霍普金斯大学神经解剖学的助理教授迈克·库哈（Mike Kuhar）在冷房里进行切割，我看着他从每一个主要区域——前皮质、下丘脑、视皮质、小脑、扁桃状体等等——切出一块块的脑子。接下来就是我的工作，将每一块脑子过磅之后，我把它放进一个试管里，加入足够的溶液，让埃达用机器把试管里的混合物打成泡沫奶昔状，这部负责打碎的机器是贵得离谱、声音震耳欲聋的均质机［商品名是宝创（Polytron）］。等脑组织液化后，就立刻加入带放射性的纳洛酮，让它培养一个小时，然后进行过滤。最后把布满脑的滤纸放在计数器里，以确定实际结合的放射性纳洛酮有多少。

　　我记得那晚我坐在计数室里听着机器的嘎吱和叮铃声，一直到深夜。等我出来时，实验室里静悄悄的，每个人都回家了，而且今天轮到我做清理的工作。

　　在实验室，我有多次接近神秘的经验，但从来没有一次像那天晚上这么令我震撼。当我回到冷房的时候，我看见那三个脑子残留下来的部分——生前，它们是三磅重的宇宙，死后它们却像吃了一半的火鸡残骸——等着被扫进垃圾堆里。生命的脆弱、科学的残酷，它的荒谬与神奇全部一拥而上，强烈地撼动我的心弦，当时的心情我至今仍记忆犹新。

清理完，我关上实验室的门，回家了。第二天早上当我在工作台把计数器显示的数字登录在笔记本上时，迈克大摇大摆地走进来，把一份《巴尔的摩太阳报》啪的一声放在我面前，手指着头条新闻。报道中详述了前一天酒铺的抢案经过，描述了店铺的老板，还引述了伤心的家人说的话，附加一张他生前开心的照片。我无法跟大部分的同事一样，将我人性的部分抽离出来。望着这个人的照片，再看看笔记本上的数字，我心想如果他知道自己的脑袋被我们打成奶昔状，不知会做何反应。想到他怎么对付那个企图抢他店铺的家伙，我猜他的反应大概不会太友善。即便如此，我希望他会为自己在对抗毒瘾的战斗中贡献了一分力量而感到欣慰。

一搜集到数据，索尔就打电话给麻省理工学院的瓦勒·娜乌塔（Walle Nauta），把我们的数字读给他听。这位美国神经解剖学界的泰斗能够分析这些数据，并在研究这些数字几分钟之后，告诉我们最强的信号出现在脑构造的哪个部位。

"瓦勒说是边缘结构。"索尔告诉我。原来阿片受体出现密度最高的地方是边缘系统，也就是传统认为在脑部含有情绪线路的那一部分。

回溯到那一刻，我发现那应该是引导我后来发展出情绪生化论的第一个线索。但当时，因为瓦勒·娜乌塔将数字直接转译为脑图的能力太令人折服了，以致我完全忽略了边缘结构所代表的意义。这么复杂的数据，居然一点都难不了他，还有什么更令人惊叹。我的注意力太过于专注在了解脑部的细胞和分子层次，而没有看到更大的图像，我没有意识到受体可能是某个网络的一部分，管理生物体一个至关重要的层面——情绪——因此对生物体的运作必然有着至深的影响。科学家经常视为虚无，甚至根本不愿提及的情绪，一定有它的重要性，但究竟多重要，我却从来没想过。

有一点是我们确知但还无法证明的，那就是阿片受体和生物体从快乐到痛苦的这个连续体有很大的关系，我们也相信这个连续体攸关着生物体的生存。早在二十世纪五十年代，行为心理学家就图示出痛楚从皮肤到脑部的神经路径，而脑部有痛觉中心来处理这些信息。他们发现用电去刺激老鼠的这些痛觉中心，痛苦的行为就会出现。他们也发现脑部还有处理快感的中心，如果给老鼠接上电线，让它可以自我刺激，它会连续好几个小时这么做，直到筋疲力尽，无法动弹。现在我们想知道的是阿片受体在这个快乐到痛苦的连续体中扮演什么角色，直觉告诉我们如果我们循着受体的踪迹去探寻，就会对脑部掌控快乐和痛苦的网络有一个清楚的了解。

一天早上，我正要动身到实验室去，艾格从屋里朝着我大喊："今天解剖那些猴子的时候，别忘了检查导水管周边灰质（periaqueductal gray）有没有阿片受体。"

艾格在一份期刊上读到中国科学家已经借由吗啡循线追踪到脑部一个叫导水管周边灰质的作用区，它坐落在中脑里连接第三和第四脑室的导水管周围，行话叫 PAG，是很多神经汇合、处理信息的一个结点。虽然一般并不认为它是边缘系统的一部分，但它显然有神经路径连接到边缘系统。艾格在他边林弹药局的实验室所进行的脑部行为区的实验已经证实中国研究者的观察，而且我们也知道加州大学洛杉矶分校的约翰·列贝斯金德（John Liebeskind）和胡达·阿基尔（Huda Akil）发表过数据，显示对 PAG 施以某种电刺激，可能导致类似吗啡的因子释放。

果真，我们的实验室证实 PAG 是阿片受体密度很高的一个区域。而艾格也证明了 PAG 是决定疼痛感知的区域，也就是我们所谓的设定疼痛门槛的区域。

艾格的实验引起许多人的注意，其中之一是英国的约翰·休斯。那时他在阿伯丁大学汉斯·科斯特利兹的实验室工作。科斯特利兹就是那位在教堂山招待我的东道主，正在寻找阿片受体的内源配体，不想让别人知道却说漏了嘴的那位。据科斯特利兹告诉我，休斯非常聪明，他是科斯特利兹实验室的新人，成天都在尝试从猪脑中分离出一种物质，这个物质加在某些组织上的作用就像吗啡。于是他开始想：说不定我们已经找到它了？它会不会就是身体本身拥有的天然吗啡呢？

## 疯狂竞赛

寻找脑部天然吗啡的疯狂争夺战，就如同你在一群饿狗面前挥动一块里脊牛肉所看到的景象一样。在竞争达到重大发现的高潮之前，研究团队感受到的刺激与紧张，比参加 Indy 500（印第安纳波利斯 500 英里大奖赛）的赛车手有过之而无不及。大西洋两岸的实验室都铆足了力，分秒必争地向终线奔驰。

然而休斯所做的工作却既费时又耗力——跟索尔过去在约翰斯·霍普金斯大学传授我的研究风格南辕北辙。每天他到当地的一家屠宰场取得装满数个手推车的猪脑，带回实验室，把它们简化到只剩下蛋白质和盐。首先他将这堆臭气冲天的猪脑碾碎，加入丙酮以溶解其中的脂肪，让它蒸发，然后将剩余的物质放入不同的溶液再度溶解，直到提炼出一种蜡状的黄色物质为止。

休斯胜利的一刻终于降临，他证明这个萃取物在生物体内的作用跟吗啡一样，而且它的作用会被纳洛酮阻断。休斯显示老鼠体内输精管（vas deferens）的平滑肌会因他提炼出来的神秘物质出现而收缩，而且它所产生的痉挛，可以用纳洛酮来解除。休斯现在不仅有方法可以纯化这个萃取物，还有一套检测系统可以验证它的作用。但是在他还没有破解它的分子序列、写出它的结构之前，比赛就还没有结束。

我稍早叙述过。一九七三年夏当我从教堂山的鸦片学会研讨会回来时，我把苏格兰实验室正在进行的研究透露给索尔。我们于是决定邀请科斯特利兹和休斯出席我们主办的一个小型神经科学会议，时间是一九七四年五月，地点是波士顿的一幢高雅华宅。这个小小的会议只邀请了一些精英分子参加，它是一系列研讨会中的一个，这个系列的研讨会旨在聚合最具影响力的研究者，就不同的主题共同切磋，会议结束后，一个摘要会议过程的手册很快就会刊载于《神经科学通报》（Neuroscience Bulletin）上。虽然这个通报不是定期发行的刊物，但它确是具有公信力的论坛，足以奠定一个发现者的地位，如果休斯在会中揭露他的研究，并愿意将它刊登出来的话。在会前的联系中，我向休斯保证如果他决定在会中公开所有他对那个类似吗啡的物质的研究发现，他大可不必担心有人捷足先登，因为这个手册将确立他是第一个发现者。

休斯有充分的理由踌躇。将这个新物质命名为脑啡肽的他，虽然已经鉴定出部分的化学结构，但他尚未破解它的整个化学式。这时候就在我们的研讨会上发表他最新却还不完整的发现，后果可能不堪设想，因为索尔的野心是出了名的，而且一直在寻找身体的内源吗啡的艾夫兰·葛斯坦也打算出席会议。

基于对我的信任，休斯决定在波士顿的会议中发表他的研究结果。讲演中他透露虽然他还不能确定这个物质的整个结构，但是有足够的证据显示脑啡肽是一个很小的胜肽。

他一走下讲台，大家就冲出会场，抢着打电话回他们的实验室通风报信。脑啡肽是一个胜肽！这个披露让大家使出各种最后冲刺的奇招，其中之一是艾夫兰·葛斯坦，他急欲从另一个来源去提炼这个神秘物质。他知道脑垂体是多种胜肽的一个丰富的来源，因此开始从肉品包装业者那取得他需要的脑下腺萃取物。

看着这一切，我的心情糟透了，觉得自己出卖了休斯。但我知道这就是游戏规则。有何不可呢？谁说休斯有权利从从容容地完成一个或许可以造福好几百万人的重大发现呢？事实上，葛斯坦采取的途径最后也让他发现了几种全新且重要的天然鸦片胜肽。

回到约翰斯·霍普金斯大学的第二天，索尔把我们召集起来，编排作战队形，朝尚未破解的脑啡肽分子结构进攻。我坐在那里，听着索尔的战略布局，内心的冲突逐渐升高，我无法说服自己这么做是对的，虽然我相当可以理解索尔想赢得这场比赛的心情，但他似乎对休斯扎实的研究欠缺起码的尊重，这点令我觉得恶心。因为太懊恼，所以什么也没说，只把这些感觉埋在心里。

我之所以觉得恶心，有一部分是因为我怀了第二个孩子凡妮莎。倒不是妊娠的关系，而是怀孕期的荷尔蒙似乎让我失去了阳刚的好胜心。我好想休假，脱离快节奏的生活步调，做点不一样的事，直到孩子出世。所以第二天，我告诉索尔我决定不参加这个计划，虽然我知道会因此失去埃达。我的阿片受体研究已经让我取得博士学位，接下来就要开始博士后的训练了。我很感兴趣的一个研究案就是跟迈克·库哈一起研发出一套方法，以便观测到阿片受体在脑部的分布情形。把瓦勒·娜乌塔在数字里看到的阿片受体在脑部的确实位置以视觉的图像呈现出来，对我有莫大的吸引力。索尔也同意我追求这个目标。

然而享受索尔宠爱的日子不再。现在实验室最热门的研究目标就是快速发现脑部天然鸦片的化学结构，而我已经退出这个研究案。休斯在波士顿会议宣布他的发现后不过几个礼拜，索尔就和他的学生加夫里尔运用胜肽检测程序提取出一种脑部的物质，他们管它叫 MLF，意指类似吗啡的因子，虽然他们还不能写出它的化学式。波士顿会议数周后索尔的实验室才展开的研究，如今跟休斯的研究报告出现在同一期的《神经科学通报》上，仿佛是这两个实验室同步进行的研究。我再度为力劝休斯宣布他的发现感到羞愧，也不敢相信索尔竟然不惜运用这种手段，来营造自己跟休斯并驾齐驱的假象。不过，索尔和他的学生最后也只能做到这个地步。那一整年，一直延续到次年，他们苦心地钻研MLF，但始终未能破解它的分子结构。

## 兔子变乌龟，退出比赛

没有寻找阿片受体内源配体的任务，我的工作单调多了。但怀着准妈妈的喜悦，我知足地埋首苦干。要取得一个清晰的脑部阿片受体的放射线影像，牵涉到许多技术上的小问题，解决这些问题是我做过最琐碎、最吹毛求疵的工作，但对一个大腹便便，什么事都不能做，却有着充分耐心的孕妇而言，这个工作再适合不过了。

这套名为放射自显影的技术从二十世纪五十年代就有了，基本上，它是在动物体内注射一种有放射性标识的物质，例如纳洛酮，然后杀死动物，将所需的组织检体切除下来。底片因曝光而呈现亮点的地方就是放射性物质的所在。我们所面临的挑战就是得想办法让足够的纳洛酮和受体结合，以便得到精确的影像。五个月下来，我细心处理所有技术上的细节，和我一起工作的迈克·库哈在神经科学方面的知识，对我们的工作有莫大的帮助。

当我们将这套技术做得尽善尽美时，立刻开始建构阿片受体在整个脑部的图谱。此时和我工作的是系上另一位助理教授乔·科伊尔（Joe Coyle）（他目前是哈佛大学精神病学系主任），根据九天、十五天、二十天大的老鼠脑块，慢慢地建构阿片受体在脑部的发展历程。我们发现它们集中的位置也就是一般认为与情绪、感知相关的区域。这一点证实了我之前在不同的脊椎动物，从黏盲鳗到猴子体内寻找阿片受体的研究。它再度显示我们所观测到的是一个历经万古演变而存留下来的系统，可见是物种生存的一个非常基本且关键的因素。

一如典型的科学流程，我们先发展出一套技术，然后将它应用到所有可能的问题上，慢慢累积了一个数据库，但并不会太去留意这些数据最后可能代表的意涵。我越来越体会到实验室的生活是一种非常偏向左脑的训练，我们总是不断地尝试各种不同的方法，使实验得以顺利完成，一心只希望能从一大片噪音中收到一个信号。一旦收到信号，又要开始探究所有从这个新发现可能引申出来的问题。整个过程可能长达数年，这种情况屡见不鲜，使得我们这些做科学的在实验的世界里永远不得清闲。

凡妮莎在一九七五年的春天诞生，我在家里待了短短几个月，每天做着哺乳、挤奶的例行工作。夏天就回到索尔的实验室完成我的博士后研究。那年六月我随索尔和加夫里尔出席鸦片学会为期两天的年会。如今它已经正式命名为国际麻醉品研究研讨会（International Narcotics Research Conference）（而不再是一个学会）。会议地点是华盛顿近郊的埃尔利屋。我将在这个会议里首次发表我的阿片受体放射自显影技术，所以带着准备好的幻灯片前往，另外还带了一些空塑料袋，好把挤出的奶水装在里面，带回去给我的婴儿喝。

将凡妮莎交给保姆照顾是个困难的决定。我知道这将是一场气氛紧绷的会议，因为休斯即将宣布脑啡肽的分子结构，而一群竞争对手也随时准备跳出宣告自己的领先地位。我想像会议上必然会出现许多雄性的狂暴场面，我不希望让我的小婴儿置身于这样一个严酷的环境中。而另一个矛盾的理由是，我希望必要时能投入战局，与男性一较高下。如果我要摆出一副强势的姿态，怀里抱着吮奶的新生儿是绝对行不通的，我无法想象那会是一个什么样的场景。

会议中，我冷眼旁观这些精英之间蓄势待发的冲突。每个参赛的研究者都发表了他们的内源阿片配体，疯狂地争夺领先的地位。如果用焦躁不安来形容这群冲向终线的男性，那就太含蓄了。

加夫里尔首先发表演讲，公开他和索尔的发现，却只字未提休斯和科斯特利兹的先驱研究，立刻遭到愤怒的科斯特利兹申斥，他倏然起身，要求加夫里尔道歉，并对事实的陈述加以更正。加夫里尔涨红着脸解释因为演讲的时间有限，所以没有提到苏格兰的研究群，但在送交大会纳入会议手册的报告里确实引述了他们的研究。看到宿敌受到羞辱，我觉得很过瘾。没想到自己对这场争夺战的戏剧性发展竟是这么投入、对于输赢竟是如此在意。但我也知道自己在剽窃科斯特利兹研究的计谋中曾轧了一角。

会议在休斯的演讲时达到了高潮，他戏剧性地打开一封刚收到的电报（那个时代还没有传真），胜利地宣布他的脑啡肽萃取物最新的氨基酸内容分析。不过他仍然没有大家所觊觎的分子序列，自然也无法写出它的化学式，而那个化学式，一直到六个月以后才被破解。

## 新视野

完成博士后研究，就该是离开约翰斯·霍普金斯大学，找一份真正的工作的时候了。不同于许多实验室的主管，索尔一向很愿意帮他的学生找到最好的工作，并以此自豪，对我的工作更是不遗余力。他运用影响力帮我在美国国立卫生研究院找到一份工作，令我十分感激，但我很快就发现我的阿片研究已经让我成了抢手的明星。有一打的大学愿意提供我教职。但是最后我还是决定选择美国国立卫生研究院的职位，部分是因为艾格也在那里觅得一份工作，但主要还是因为我热爱纯粹的研究工作，在美国国立卫生研究院我无须授课、无须申请研究经费或指导学生。

该是离开窝巢的时候了，这对孩子或大人而言都不是一个容易的转变。我觉得自己像一个聪明伶俐但不知天高地厚的青少年，太早就被迫离开我科学的家，却又对眼前的新世界满怀憧憬。我经历了一个典型的老师与弟子、父亲与孩子角色转换的尴尬期，离开的日子越来越近，我和索尔之间的紧张关系也越来越明显，过去我们的共同点并非来自血源，而是科学的联结，这一点似乎加重了我们之间的紧张。然而，造成紧张关系的原因还不止于此。

最后一天当我到索尔的办公室跟他道别时，我还记得我们是多么局促不安，交换了一些陈腔滥调的客套话，双方都没有说出心里真正的感受。不过突然间，他用一种十分坚决的口吻对我说："甘德斯，我要你保证不在你新的工作岗位上研究阿片受体。"

我的心往下沉，无法相信自己的耳朵，虽然我还没有真正想过要做什么，但这个要求似乎不太公平，甚至可以说有点残酷。我含糊不清、语无伦次地说了一些话，他似乎很满意，然后我就仓皇地走出他的办公室，免得他要我签字担保。

我后来心想，为什么索尔不要我继续研究阿片受体？难道是我出席了太多的会议，抢尽所有的风头，而让他光芒尽失？突然，我想到几个月前发生的一件事，而当时我完全不了解其中的内涵。那一天我坐在计数室的离心机上和索尔聊着天，他沉思时习惯把身体蜷曲起来，将手肘抵着膝盖，手托着腮，他就这样停顿了半晌，然后目不转睛地凝视着我足足有一分钟之久，仿佛他刚才看到了一个不同、令他困惑的我。他说："你听说过马基雅维利（Machiavelli）的《君主论》（*The Prince*）吗？"

虽然政治科学一向不是我的专长，但我依稀知道《君主论》是一部十六世纪的经典之作，意在教导那个时代的王子如何不择手段取得权力和操纵群众。但当时我不明白索尔为什么提及那本书。

"你真的应该读读杀死国王的那一章。"他直起身子，一本正经地说。然后他直视着我的眼睛："如果一个人想杀掉国王，他就绝对不能只伤到他，而该一劳永逸地把他解决掉。"

我茫然地盯着他，不懂他在说什么。后来当我思忖这件事时，我想到自己曾要求他在一篇即将刊载于《科学美国人》（*Scientific American*）的文章上把我列为共同作者，这篇文章摘述了我们合作的研究。我这么做是不是太强势了？我开始不安地想：是不是我蓬勃的野心对索尔构成了威胁？

第 5 章
# 在宫殿的日子

一九七五年九月，我来到贝塞斯达市（Bethesda），开始在美国国立精神卫生研究所（National lnstiute of Mental Health，NIMH）生物精神病学部门的生化和药理组担任研究员。美国国立精神卫生研究所隶属于美国国立卫生研究院（National Institute of Health，NIH），我在那儿工作直到一九八七年才离开。在这段时间，我总共发表过两百多篇科学论文，一度曾是美国国立精神卫生研究所里论文最常被引用的科学家。虽然我的成功大部分要归功于我所发明的方法和技术，但有一部分是得天时与地利之便。二十世纪七十年代的后期正逢受体科学的巅峰，几乎每个月都有新的神经化学物质（其中大多是胜肽）和它们的受体被发现。

美国国立卫生研究院坐落在华盛顿近郊，占地数百英亩，绿草如茵。它是美国政府首要的生物医学研究机构，运用纳税人的钱来资助研究，探索所有与健康和疾病相关的重大问题。虽然美国国立卫生研究院将大部分的预算都拨给散布在全国的大学和研究机构，但这里是总部。它一共有六十五栋砖造大楼，里面设有实验室和办公室。员工总数约一万三千人，分配在十八个隶属的部门，美国国立精神卫生研究所是其中之一。我在美国国立精神卫生研究所担任研究科学家的十三年期间，总喜欢以"宫殿"来称呼这整个聚合式的建筑物，部分是出于我对它的喜爱，因为它宛如一个梦幻王国，一个名副其实的凡尔赛宫，有着充裕的经费，也有完全不受限制的研究自由，这与它僵化的政治阶级制度和学科之间的壁垒分明有些格格不入。在这里，大家谨守着生物系统之间、心与身之间的分野，这种旧思维似乎跟它古老的砖造建筑一样牢不可破。跨领域、跨科系的科学，对当时的美国国立卫生研究院而言，仍是一个非常陌生的观念。

即使现在，一个不经意造访美国国立卫生研究院的人都会立刻觉察到宫殿内的阶层划分。这个特征可以间接从无所不在的穿着准则中看得出来。阶级最低的是劳工，他们成群结队，身着鲜蓝或橙色工作服，日夜在走廊上来回穿梭，修理研究院的许多重要设施。在他们之上是穿着实验外衣，像埃达一样的技术助理，而他们服务的对象则是高一等，一律 T 恤、牛仔裤装扮的博士后研究员。技术员和博士后研究员就如蜂巢里的工蜂，占所有员工的大多数，构成一个勤奋、聪颖的庞大族群。职位在这些人之上的是精英分子，包括享有终身职位的资深科学家，和所有即将拥有终身职位的科学家，他们的穿着各有特色，展现出他独特和独享的个人主义。阶级最高的是长官，包括大权在握的王子（竟然没有公主）。他们之下的是大臣，他们负责治理这个由实验室、办公室和研究院组成的复合式蜂巢，也掌控着资源。这些高层长官全都是医生，全都穿西装、打领带。

另外还有一群吉卜赛人，他们的阶级地位相当模糊，大概介于工蜂与精英之间。这是一群较年长的研究员，一直没能晋升到精英的地位，却流连于宫殿，不舍离去。他们沉迷于研究，自由地游走于实验室和研究院之间，对体制了如指掌，这正是他们受重视的原因，多年的经验已经让他们学会了如何操作这个体制。他们当中有些人也许离开过一段时间，但又身不由己地回来了，宫殿的氛围如此迷人，这儿有他们在其他科学场域所感受不到的能量和刺激。

在我工作的美国国立精神卫生研究所，所有长官都是精神病学家，也就是研究范畴局限于脑部的医生。像我这样拥有博士学位的精英科学家就是为这些医生工作，提供他们出席世界各地会议所需的数据。一个明智的科学家会想办法在一位权高势重的医生手下工作，以保障自己的地位，如此他也就会心满意足地待在那个工作岗位上。一个拥有博士学位的科学家，不论多聪明、有多少研究成果，完全没有机会晋级到掌控资源的职位，而医生却只需申请即可。

这种智识上的不平衡，使得科学家和医生之间存在着某种程度的摩擦。要成功，经常意味着你必须讨好你的上司，这对许多绝顶聪明的科学家而言，并不是一件容易的事。在那儿任职期间，我见过好些科学家拒绝玩这种逢迎拍马的游戏，理由通常是他们觉得自己的老板是个蠢蛋，即便一个实验突破明明白白地摆在眼前，他们也不会知道。虽然说官殿内大多数高高在上的医生对实验科学都有基本的认识，但他们几乎都不是从事实验的人，经常无法分析数据，尤其是当两个实验有所抵触时。不过，他们是主管，是王子，是权高势重的男医生。我曾不止一次看到科学家气急败坏地回到他地下室的巢穴，用头猛敲着墙壁，因为他的老板在医学院学到的和他自己刚刚在显微镜下看到的有所出入。

我在官殿的日子，从一名幕僚科学家，到后来成为脑生化部门的一个实验室主持人，其间遇到的精神医生老板，都可称得上是"擅长人际关系的医生"。在性格上，他们散发出一种魅力，这股魅力加上他们对人际互动的敏锐洞察力，可以让他们在事业上迅速崛起，只要他们愿意。那个时候，我老喜欢戏称这群人为"体面的公子"。因为他们身穿名贵西装、待人圆融，而且还拥有雅致的办公室套房。

初到官殿时，我很高兴看到走廊上来来往往的人当中，有一半是女性，可是不久我就发现她们大都是技术员，即使现在，也很少有女性爬升到精英学习班的地位，享有终身职位，而不需成日留守战壕，埋首做着苦力的工作。女性欠缺科学所需的心智状态，因为她们太感情用事，这种偏见虽没有人挂在嘴上，却根深蒂固地充斥在官殿中。

然而尽管官殿里政治、阶级意味浓厚，但不可否认，它所蕴含的能量和刺激在所有科学界是独一无二的。这也难怪，毕竟这里网罗了顶尖的人才，拥有近乎无限的资源，也是一个容许创造力自由发挥的殿堂。总之，那时候的官殿弥漫着一种氛围，它可以将一个人最大的潜能激发出来。

## 落脚

第一年转眼就过了，我在一片混乱中筹备实验室、征召技术员和博士后研究员、进行实验、发表论文。我很快就发现我最大的挑战不在科学，而是学习如何应付官殿内这个巨大、无所不在的阶级体制，以及如何在这个错综复杂的社会政治圈中自处。一周年后，光是能苟延残喘地熬过来，我就已经感到万幸了。

那一年，我非常紧张，不确定自己没有恩师索尔的庇荫，是否还能保持"明星"的地位。我的成就有多少来自他的加持？有多少是真正靠自己得来的？虽然我的新同仁都很肯定我，把我当天才看待，对我有很高的期许，但我仍觉得忐忑不安。这种不确定感令我对上班的穿着这档看似芝麻般的小事都不知所措。既有的规格穿着似乎都不太适合我，那些和我同职位的少数女性都比我年长，属于科学尼姑的一代，她们的制服不是我要的风格。而较年轻的女性大多是技术员或博士后研究员，我知道如果我想在岗位上展现应有的领导地位，就必须在穿着上跟她们有所区别。我找了另一位新上任的女同事商议：如何才能穿得舒适、保留一点女人味，同时得到同事科学家的尊重？最终我们共同决定了一个崭新的风格——名牌牛仔裤搭配时髦、一看即知价格不菲的昂贵上衣。

不过穿着风格很快就不再是一个重要的议题，因为我面临第一个艰巨的考验，也就是取得一个实验室以便展开一个科学家该做的工作。当我接受宫殿的工作时，我以为他们已经分配了一个实验室给我，所以当我发现得自己从零开始打造一个实验室时，着实吃了一惊。因为宫殿的使用空间非常宝贵，任何时候都有许多科学家像肯尼迪机场上空盘旋的飞机一样，排列等候一个实验室以便降落。他们告诉我我的工作空间早已签准下来，只不过还没有开始重新装修。

不久我就发觉这种情况其实很寻常，大多数新到的科学家都是在摸索中运作，它意味着现在一切都得靠你自己了，这是你为你的自由付出的唯一代价，你得自动自发地展开自己的研究计划。这儿就像一个医学学会，在它所提供的环境里我们完全无须顾虑到钱的问题，并享有非比寻常的自由去做我们来这儿想做的事：纯粹的科学研究！

等候实验室的那段时间，他们将我安置在一间空的图书室里。我把一些桌子并在一起充当实验台，可是没有自来水管怎么做实验呢？这可难倒我了，所以每次需要进行过滤时，我只好拖着笨重无比的过滤机到走廊一端的女用洗手间去清空它。如此一来，我开始做的一些实验大都失败了。几个月来，我不止一次陷入沮丧和绝望中。

与此同时，我发现自己经常在走廊上闲荡，想瞧瞧宫殿的贵族，那些在自己的领域上已经扬名国际的资深科学家拥有什么样的实验室。偶尔这些顶尖的科学家会邀我入内闲聊，把我当同事看待，令我喜出望外。但他们当中极少是女性，我尽量让自己不对这个事实感到不安，试图保持理想主义，天真地说服自己科学纯粹以功论赏，只要我能展现出好的研究成果，有重大发现，有一天我也会爬到顶端。

十二月时，我的实验室终于可以启用了，不过它远不及那些我曾造访过的豪华实验室。我的办公室十分狭窄，关上门只能勉强容纳一张桌子和两把椅子。过去四个月同样没有实验室的艾格也分配到一间狭小的办公室，就在我隔壁。我们的办公室坐落在第十大楼北二廊隐蔽的一端，我们告诉自己这儿有我们共同孕育出来的一股相辅相成的能量，它会吸引较年轻、较开通的研究者加入我们的阵营。

宫殿里这个属于我们的小小的角落，蕴含着无穷的潜力。在这儿，两个分立的领域——艾格的心理学和我的神经药理学接轨了。在这儿，我们看到跨领域研究的可能性，这种可能性在宫殿其他分门别类的环境下是相当稀有的。我只要踱步到隔壁，就可以转接到一个以行为，甚至"心情"（mood）为焦点的世界观。"心情"是实验心理学一个意指"情绪"或"意识"的用语，这个部分跟我的领域格格不入，但这样的安排促使我对合作和跨领域研究产生偏好，也激发我对心灵、心智的兴趣。

## 谋略竞逐

在新的实验室工作不到几个礼拜，一位前来造访的英国研究者莱斯·艾弗森（Les Iverson）顺道来看我，他是朱利叶斯弟子的一员，来的时候带着休斯和科斯特利兹即将发表的一篇惊天动地的论文——也就是我之前描述过的那篇论文——揭示他们命名为脑啡肽的那个神秘胜肽的化学结构。索尔也分离出相同的物质，称它为 MLF，但一直没能写出它的化学式，尽管他和他的实验室为了破解它的密码，如火如荼地埋头苦干了好长一段时间。

莱斯拿到的是这篇论文刊登前的稿子，因为他是其中一位审阅者。当然他不会让我知道它的内容，只让我看到它令人满怀好奇的标题：《脑啡肽的分离与化学鉴定：一对脑部自制的五胜肽吗啡》（*Isolation and chemical characterization of enkephalin—the Brain's own morphine, a pair of pentapeptides*）。我必须跟其他人一样，等它在知名的英国期刊《自然》刊出后，也就是一九七五年十二月的最后一期，才看得到。自从波士顿的会议后，休斯变得谨慎多了，为了防止哪个投机取巧的对手在同年将类似的发现发表在另一期刊上，以混淆视听，夺取荣耀，他这次采取了一个普遍的策略，那就是在一年的最后几天发表论文，如此一来任何在同一主题上后发表的论文都会挂上一九七五以后的年份。

艾弗森在这次行程中还要跑一些其他的地方，暂时住在索尔家。他一离开，准备回巴尔的摩，我即快步走到艾格的办公室。我知道脑啡肽的结构一旦披露，就会有很多人一窝蜂地开始进行确认的研究，而我的实验室，加上艾格的实验室，正好具备了所有的条件，可以在这项发现的重要阶段中抢得先机。我需要做的是设法在最短时间内取得这个物质的化学式，然后请一位化学家制造这个物质，这样我就可以用它来进行实验，然后证实莱斯所发现的确实是真品。我们必须立刻行动，如果一切顺利，就可将论文送交极负盛名的《科学》期刊。选择这个期刊是一步险棋，因为它的会员把持了审阅的过程，为了某些政治上的考虑，他们可能会有意忽视我们的论文。

我打电话给我的朋友张兆康（Dr. Jaw-Kang Chang）博士，他和他夫人最近才在他们旧金山附近的住宅车房开了一家胜肽"精品店"，它是第一个商业性的实验室，后来这种商业性的小实验室在美国各地如雨后春笋般地冒出，它们拥有的器材和人员可以制造这个新兴领域里几乎任何一种胜肽。张博士认为他可以从一个秘密管道取得数据，数据一拿到，他就会立刻动手制造这些胜肽，第二天就可以寄给我了。

这是一个很棒的计划，张博士制造胜肽，艾格和我进行实验。艾格将证明在脑部的止痛区——也就是 PAG——注入这个胜肽，可以缓解疼痛。而我将在试管中证明它如何阻断试剂与阿片受体的结合，就如我们熟悉的吗啡和其他合成鸦片的测试一样。我希望能分享脑啡肽这项发现的荣耀，让大家想到我早期的贡献。艾格则可借此机会展现他纯熟的脑注射技术，让大家记得他曾证明吗啡如何在 PAG 中产生止痛作用。而张博士可借此为他新成立的公司打响知名度，接获许多合成脑啡肽的订单，因为这个热门的新物质必然会很快成为全球需求的目标。

但是这个计划并没有成功，至少不是我们所预期的那样。

第二天张博士打越洋电话给英国的一个中国化学家，也是休斯咨询过的一个商业实验室的技术员，就这样取得了脑啡肽的化学结构。随即动用了所有的人员和现有的机器，日夜赶工，制造出两个试管的脑啡肽。所费的时间竟然比将它从加州寄到我的马里兰州的实验室还要短。这一切就在我获悉脑啡肽的结构即将公之于世的四十八小时后完成了。

我们做了测试，成功地证实了它跟脑部自制的物质完全一样，作用就像鸦片药剂一样，可以阻断痛觉，与阿片受体结合。这是大家一直在寻找的东西——一个化学家可以制造的无害、不会上瘾的止痛剂。我迅速地写好研究报告，将稿件寄给《科学》。当他们决定不予刊载的时候，我们颇为失望，但并不惊讶。为了能紧跟在休斯的论文之后发表，我们又将稿子寄给运作迅速的《生命科学》（Life Sciences）期刊，它就在一九七六年一月下旬刊出了我们的论文。我们的时机抓得很好，只不过有个对手的论文成功地刊在高知名度的《自然》期刊上。虽然那篇文章比我们的论文晚了几个月出来，但今天人们提到证明脑啡肽就是身体内天然鸦片的确认研究时，他们引述的是对方的研究，而不是我们的。

不过我们最后还是得到了一些迟来的正义，虽然我们并未一如预期地提升知名度，但却揭露了一个相当吊诡的差异。我们注意到脑啡肽在冰冷的试管里，效能和吗啡一样强，但当艾格把它注入老鼠的脑部时，它的效能却大幅减弱。我们推测，它一定是让温热的脑子里的酶给破坏了，因为酶通常会在体温下展开工作。于是我们再度与张兆康博士合作，设计并建构一个脑啡肽的类化合物，将其中一个氨基酸——L- 丙氨酸，用它的镜像氨基酸，D- 丙氨酸取代，制造出一个效能较持久，且比较不受酶作用影响的脑啡肽。这回《科学》接受了我们的论文，不到几个月就出现在一九七六年九月出版的期刊中。

这个发现为我们带来的荣耀是我们始料未及的。那一年夏天我在苏格兰的一个会议上发表了我们的"超级脑啡肽"，当场就有听众席中的制药公司科学家冲向电话亭，通知他们的实验室，并告诉他们公司里负责专利的律师开始行动。这些庞大的生物科技公司为了商机，长久以来孜孜不倦地制造和测试各种不同的胜肽，而今他们以为找到了梦寐以求的仙丹。多年来制药工业不惜出资，支付鸦片研究学会在世界各地举行的盛大会议的庞大开支，为的就是这种天然型的吗啡，这种不会上瘾的止痛剂（而且还可能是抗瘾剂）。

回到美国没几天，司法部的一个律师来找我，教我如何在"披露我的发现"之前提出专利申请，她用词婉转，但意思就是要我最好别将一个美国国立卫生研究院出资并拥有的发现，在一群制药工业的家伙面前大肆张扬，这一点我从来没有想过。随后十家制药公司之间掀起了一场轰轰烈烈的争夺战，各个声称自己是第一个研制 D- 丙氨酸脑啡肽的药厂，最后酿成一个联邦诉讼案：柏特代表的美国政府对抗布罗斯·威尔康等等，牵连司法部达数年之久，最后我们胜诉了，但这个好不容易得来的胜利，到头来却是一场空，新的脑啡肽跟原来的脑啡肽一样容易上瘾，加上它的造价也比原来的脑啡肽高，所以对制药工业而言，可说毫无用处。

不过，话说回到一九七五年十二月上旬，在莱斯造访之后、休斯的论文刊出之前，有消息从巴尔的摩传来，说索尔和他的实验室已经破解了脑啡肽的结构。据我所知，索尔和他一个野心勃勃、工作卖力、名叫拉比的以色列籍博士后研究员，锲而不舍地尝试，却一直无法从猪脑中提炼出足够且纯化的胜肽来进行可靠的测试。不过现在他们显然做到了。就在莱斯·艾弗森飞回英国的第二天，大约也就是约翰·休斯把他即将在《自然》发表的论文稿寄给索尔的同时，据说索尔挥舞着手里长长的一张数据图表，在走廊上跑来跑去，骄傲地向大伙宣布他和拉比终于破解了脑啡肽的化学式。果真不假，他们的数据显示所有正确的氨基酸都有最高的读数，而这些数据跟他们数周前得到的一样。只不过那时候他们不了解其中的含意，而现在他们能够解读了，并宣称它就是真品。

要领先休斯为时已晚，但索尔和拉比仍力图和休斯打成和局。他们将一个还算令人信服的证据，发表在《生命科学》一月上旬出版的期刊上，也就是我们那篇确认脑啡肽具有止痛作用的论文，那篇沽名钓誉，但遭《科学》期刊退回的论文刊出的前一期。不过他们的证据太少，时间也太迟。索尔终于把旗子升上了旗杆，只是没有人敬礼。索尔，这个向来善于运用政治手腕的策略家，开始避开所有可能与苏格兰研究群抢风头的场合，不再试图分享揭露脑啡肽化学结构的荣耀。后来他甚至还送了两箱白兰地给比他年长的科斯特利兹，恭贺他成功。后来我猜想也许就是这个示好的动作，奠定了这三位奇才未来携手争取荣誉的基础。

## 脑内啡的亢奋作用

我的第一个直属上司是威廉·邦尼医生，他是成人精神疾病部门的所长，曾经担任过美国药物滥用研究院的院长。两年前我在约翰斯·霍普金斯大学宣布发现阿片受体的记者会上见过他。邦尼医生拥有一间豪华的套房，里面陈设着他自己选购的家具和艺术品，位置就在我的实验室上方，相隔数层楼。每周我都会按时上楼到他宽敞的办公室呈交研究的最新结果。邦尼医生作风沉稳果决，完全吻合好莱坞所塑造的典型精神科医生的形象，而且他会专注地聆听我的每周成果报告。总是穿着深色细纹西装的他，家中的衣橱里想必挂着成打这种一模一样的西装。

熟识了以后，我也就习惯用他的绰号"比夫"来称呼他。比夫因为证明了锂是治疗躁郁症的有效药剂，而晋升到他此时在宫殿的地位。我初到时，他掌控了很大一部分的资金来源，通过的途径是隶属于美国国立卫生研究院的美国药物滥用研究院，一个与阿片受体的发现同时成立的组织，旨在资助研发治愈成瘾的药剂。

比夫问我的第一个问题，当场让我傻了眼。那天我在他的办公室做周报，他俯身向前，直视我的眼睛，平静严肃地说："甘德斯，你知不知道对一个吸海洛因上瘾的人来说，第一次静脉注射海洛因在脑部引发的作用就像性高潮一样？"

"真的啊！不，邦尼医生，我不知道。"我尴尬地回答。

比夫说，他认为人在体验到性高潮的愉悦感时，一定有大量的脑内啡（他们给休斯的脑啡肽另外取的名字）涌入血液中。比夫的解释立刻让我眼睛一亮，事实上，任何能解释鸦片剂的作用，解释它们如何产生愉悦感和缓解疼痛的想法，都会引起我的兴趣。我很快就开始为测量血液中的脑内啡含量设计了一个试验，并进行一系列实验，以确定哪些行为促使脑内啡升高，哪些行为又促使它降低。

我花了将近两年的时间探究这个问题。我们在其中一个研究中使用了仓鼠，它是实验室研究性行为时通常使用的动物，原因是它们的性交行为一成不变——两分钟舔舔这儿、舔舔那儿，三分钟交媾，等等，就结束了。公仓鼠精力特别旺盛，一次性交的射精次数高达二十三次上下。后来南希·奥斯托夫斯基（Nancy Ostrowski）加入我们的团队，她是一位技术纯熟的科学家，原本想当修女，后来却成为动物脑部性机制方面的专家。南希负责在动物交配前，将放射性的鸦片剂注入它们的脑子，然后在性交过程中不同的时间点上，将它们的头砍断，取出脑子。接下来我们两人便使用放射自显影技术，鉴定脑子里哪个部位在高潮时释放脑内啡、释放多少。我们发现从性行为的开始到结束，血液中脑内啡的含量增加了两倍。

这个测量血液脑内啡含量的新方法，为我们开启了其他各种研究的可能。我们开始探究运动对脑内啡释出的影响。宫殿里十二个年轻、勤于跑步的精神科医生接受了我们的征召，他们每天在跑步前和跑步后让我们抽血检验，结果显示跑步后他们的脑内啡有明显的增加。但是这个测定在几个关键时刻失败了，使得我们失掉了我们的实验对象用汗水为我们换来的宝贵检体。这些研究一直没有什么成果，后来宫殿外的一位运动生理学家彼得·法雷尔（Peter Farell），借助我的专长，终于完成了一个足以写成论文的研究。虽然他的成功主要是基于自己的努力，但他还是慷慨地将我列为论文的共同作者。这个研究为我们现在所习称的"跑者高潮"现象提出了生理方面的证据，也是这方面首次发表的研究。

我的下一个目标想当然就是人类性高潮经验这个重要的议题。这个研究不论在征召实验对象上，还是设计上都有相当的难度。既然我们不可能要一个技术员在最后的关键时刻现身让我们抽血。我们只好退而求其次，测量实验对象唾液中的脑内啡含量。接受实验的包括我们的朋友，还有我和艾格。我们同意在性交过程中几个不同的时间点上咀嚼蜡纸（它可以刺激唾液分泌），然后将唾液吐到试管里。

虽说这个实验做起来满愉快的，但从宫殿的角度而言，终究还是失败的，因为研究结果虽然有所暗示，但不够明确，不足以写成论文或被医学期刊接受。不过我们还是把这些研究写成几篇有趣的摘要，在神经科学早期的几个会议上发表，并可想而知地得到很大的回响。但这个主张人类的性高潮与生物体本身制造愉悦的化学物质释放有关的论点，却始终没能在著名的期刊上公之于世。

## 风雨欲来

时间就这样日复一日地过了。计划实验、跟博士后研究员一块脑力激荡、搜集数据，朝发表的目标前进。我通常都倾向信任数据，如果它看起来清晰明确，如果经过一番修整，我的直觉仍持肯定，我会同意把它写成论文。这与大部分实验室主持人的作风正好相反，他们会要求他们的博士后研究员不厌其烦地重复一个实验，深恐所看到的事实到头来只不过是数字上的巧合，或是人工产物——研究方法上的瑕疵所导致的误判。

不过只要得到的数据不变，而且它似乎正确地揭开了一个图片里的一小块，那么我们就会把它写出来发表。我说过，科学家的成就是以论文来论斤两的。发表了多少篇、在哪里发表：顶尖的期刊、中等的期刊，还是下等的期刊。一言以蔽之，这就是科学工作所汲汲营营的。它的薪资虽然不差，但也称不上十分优厚，唯一真正令我们感到光荣的时刻，是在一篇论文上看见自己的名字印在标题下面。有时更令人振奋的是看到别的科学家在他们的论文中引用了你的研究，这一点很重要，因为它会影响到你在你的领域中的地位。你的地位决定于一个庞大的数据库，叫作"引用索引"，它列出了每一篇曾在其他论文中被引用过的论文，并根据它们被引用的次数依序排出。多年来索尔都高居生物医学的榜首！而我则有十年的光景在世界最常被引用的科学家中排名一百三十位。

一篇论文被引述的次数多半都不会超过几次，所以每个人都会尽可能适时地引述自己过去发表过的论文。因为在刊物上发表是如此重要。也因为现代科学研究常有多个共同参与人，以致论文作者的排名顺序所引发的争论，往往比最棘手的理论所引发的争论还要激烈。就像我和索尔发表的阿片受体的论文一般，排名第一的作者通常是设计和执行实验的主角，接下来的是所有其他的参与者，包括提供咨询和协助的人，根据他们的重要性依序列出，这些名字有时可以多达十或十五个。而名字排在最末的则是实验室的主持人，或是筹措资金使研究得以实现的人。按照惯例，实际操作实验的技术员是不挂名的，但我总觉得这么做有失公道，所以我会将他们的名字列在我的论文上。我也很乐意让我的博士后研究员将他们的名字排在第一顺位，特别是一篇重要的论文，因为我的阿片受体研究让我了解到成为一篇关键论文的第一作者对一个人的前途有多么长远的帮助。

我之所以能一举成名，有一部分要归功于这个排名游戏，但不久的将来，它却在一个彻底改变了我的科学生涯的故事里扮演了举足轻重的角色。

一九七八年的春天，预测到即将发生什么事的休斯，在一次行程中顺道来我家看我。我们坐在屋后的平台上喝着冷饮，他转过头来，突兀地问："甘德斯，你可听说过一个叫'拉斯克'（Lasker）的奖项？"

"没有，"我回答，"那是个什么奖项？"

"这个嘛，它可以说是美国的诺贝尔奖，每年颁发给在医学研究上表现杰出的科学家。"休斯解释，"事实上，得到这个奖项的科学家通常会接着得到诺贝尔奖，它就像一个跳板。"

我顿时竖起了耳朵。我知道诺贝尔奖是科学界最大的奖项，但是完全不知道赢得这个奖的科学家是怎么选出来的。

"如果说汉斯、索尔和我即将因为鸦片的研究获颁拉斯克奖，你会做何感想？"约翰问。

隔了半晌我才会意过来，立刻不加思索地说："约翰，你在开玩笑吧！把我摒除在外？那还用说，我当然会非常生气！"

第 6 章
# 破坏规则

大联盟科学很像美国职业篮球比赛里的延长赛：矫捷的膝盖和手肘疾速、猛力地钻天入地，竞争十分激烈。当个人奋力争取得分的时候，每个人都心知肚明，你得自求多福，因为没有人会帮你，当然，除了你的科学家族、合作伙伴之外。他们有义务在轮到你大显身手时为你防守、护航，以确保你有机会上篮得分。

虽然我觉得这个游戏刺激好玩，但参与这个游戏所需恪守的忠诚守则，我却还没有学会。在一连串令我心碎、导致我恶名昭彰的事件中，我违反了纲纪，因而遭到最严酷的惩罚，被我的科学家族排挤在外。后来在一本畅销书《天才的学徒》（*Apprentice to Genius*）里，作者罗伯特·卡尼格尔（Robert Kanigel）戏剧性地叙述了我如何玷辱了一个崇高无比的医学王朝，虽然那从来不是我的意图。回顾这一段往事，我发觉我的行为其实彰显了当时的一股趋势，这股趋势正在酝酿一个重大的变革，试图推翻权力核心的统治，建立一个较平等的体制。

事情是这样开始的，一九七八年秋，索尔·斯奈德、约翰·休斯、汉斯·科斯特利兹三人因他们在阿片受体和脑内啡研究上的成就，获颁了地位近乎与诺贝尔奖一样崇高的拉斯克奖，而他们竟没有提到我的名字。

十月颁奖典礼前的那个夏天，休斯的友谊造访意在给我通风报信，但是就在他提到他和其他的研究者可能获颁拉斯克奖时，我因为过于震惊，使得这个话题没有继续下去。事后我才了解约翰是想让我对正在进行的这件事有所警觉，所以如果我想采取行动的话，时间还来得及。但我对权力运作的天真与无知，促使我选择了鸵鸟心态，拒绝考虑采取行动的可能性。

我决定将这件事抛诸脑后，但几个月后我接到索尔的电话，邀请我参加纽约市的一个午宴。

"嗨，我的宝贝女孩！"他柔情蜜意地称呼我。这个不合乎职场礼仪的亲昵称呼，我已经包容了将近七年，对它我总是怀着既欣喜又嫌恶的复杂情绪。闲聊了几句，他进入正题："甘德斯，下个月我要在纽约市接受一个奖项，我可以邀请五位贵宾参加，我希望你是其中一位。"声音里隐约透露出些许紧张。虽然我离开约翰斯·霍普金斯大学已经一年多了，但对索尔依然满怀感激，他不仅让我拥有自己的实验室，并帮我在美国国立卫生研究院觅得一个编制内的科学家职位，现在竟然还想到邀请我出席这个显然很重要的场合，令我喜出望外。接着他提到另外还有两位科学家和他一起领奖，不过他没提为什么获奖，也没有说那两个人是谁。

我愉快地挂了电话，但心中却浮现出一个令我不安的问题。索尔提出邀请时显然有些紧张，我不禁纳闷，这位金童、神经科学的奇才，邀请他过去的研究生参加他受奖的午宴，有什么好担心害怕的？答案就在一瞬间清晰地闪入脑际——拉斯克奖！就是约翰·休斯向我提起的那个奖！他说过他和科斯特利兹要与索尔一起获颁拉斯克奖，表扬的是他们的阿片受体和脑啡肽的发现，也就是我在其中扮演关键角色的发现，而现在索尔居然邀请我以他的贵宾身份出席这个颁奖宴！

在我的脑子还没完全会意过来之前，心已经开始狂乱地跳动。我拿起电话，打给索尔。

"索尔，"我说，尽可能按捺心中的怒火，"是不是你、休斯和科斯特利兹将因我们在阿片受体方面的研究获颁一个奖项，而我却不在名单当中？"

我的直接显然让索尔乱了方寸，他半道歉地承认这件事的确看起来不合逻辑，不过这些奖项就是这样，谁也说不准，你认为应该获奖的，不一定会得到青睐。他信誓旦旦地说反正现在做什么都为时已晚。为了弥补我，他会安排我在颁奖宴上站起来接受致敬。他说泰德·肯尼迪（Ted Kennedy）会在著名的彩虹厅主持典礼，而我将有机会认识他，相信我会很尽兴的。

我再度挂了电话，试着从索尔的角度去看这整件事情，却还是无法平息我的愤怒。对这些研究有着重要贡献的我将坐在观众席上，而他和别人却在台上接受表扬，这简直太不公平了，我真能将自己在这项重大发现中的贡献拱手让人？这可是一个在短短几年内改造了整个神经科学的发现啊，不，我下定决心，我不能坐视不管。但是，我能做什么呢？

## 深层议题

在这整件事情发生的过程中，我读了几本罗莎琳德·富兰克林（Rosalind Franklin）的传记。它们深深影响了我的思想和感受。罗莎琳德是一位杰出的科学家，因为她提供的一个推理上的关键环节，弗朗西斯·克里克（Francis Crick）和约翰·华生（John Watson）才得以证明 DNA 是一个双螺旋结构，继之让这两个男人在一九六二年击败莱纳斯·鲍林（Linus Pauling）夺得了诺贝尔奖。富兰克林是一个典型的科学尼姑，她将整个生命都献给了工作。而在华生所著的《双螺旋》（The Double Helix）一书中，我们可以看到这样的女性是如何被他们的男性同仁看待的。当华生为自己和克里克的行为辩护时，扉页中流露的轻蔑，鲜活地刻画出科学界堂而皇之的性别歧视。

然而事情的真相是这两位男士趁着富兰克林出远门的时候到她的实验室，说服她的老板让他们偷看她的数据。也不知道他们当时编造了什么荒谬的理由，竟然就这样偷看了富兰克林的发现，无罪开脱。后来仅仅在他们那篇影响深远并为他们赢得科学最大奖项的论文中，答谢她的贡献。华生实际上还在这本畅销书里夸耀他们的偷窃行为，嘲讽他们这位女同事有意隐瞒她的研究发现，以便在她自己的论文中发表。她这篇论文在《自然》期刊上刊出几个月后，他们的论文竟也出现在同样的期刊上。据我所知，当时没有一个审稿的人喊犯规，虽然数年后有人仗义执言，试图匡正相关的纪录。

我对罗莎琳德·富兰克林的遭遇，实非义愤填膺几个字可以形容，而这桩偷窃事件更加深了我对所有教过我的女性科学家的钦佩。我不再视她们为无法升格为实验室主持人，只能在学校教书的二流科学家。我终于了解有朝一日我如果成为一个大实验室的主持人，我应该感谢这些开路先锋，因为那是她们在男性同事猖狂的性别歧视下，为后代从事科学研究的女性所开辟出来的道路。

然而尽管我对这些女性的贡献心怀感恩，却不由得惊骇我的处境竟然跟她们没有多大不同。这种根深蒂固的性别歧视经常在会议中浮出台面，尤其是每季审核研究计划书时。只要一个计划案的研究主持人是女性，他们就会将她设想为一个古怪、性冷淡的女科学家，接着就会很有默契地认定她的研究不值得信赖。这种假设在会议桌上不断回响，导致这个计划书最后得到很不公正的低评鉴。当讨论到女性提出的计划书里的预算部分时，那就更有趣了。男性研究主持人要求配置十二个博士后研究员，从来不会引起任何异议，但女性研究主持人要求配置一个秘书和增加技术员的名额，却需经过冗长的讨论。在讨论中，"她"这个字，宛如饥饿贪婪的鸟群展开攻击时发出的叫声，不断地被重复——"她"为什么不能善用她的人员？有一回，我怀着好玩的心理，将男性的这种攻击行为做了一个科学的印证。那是一个午后，在漫长的会议进行当中，我详实地记录了这个代名词被使用的次数，结果显示"她"出现的次数竟然比"他"多出了九倍，虽然实际上女研究主持人的申请案寥寥无几，数目远不及男研究主持人的申请案。我尽可能以诙谐的方式，试图指出这个潜藏在意识里的偏见，却发现自己在对牛弹琴。

这些就是当拉斯克奖的挑战降临到我身上时，我整日所思、所感的。一天早上我醒过来，望着镜子，却发现镜子里瞪着我看的是罗莎琳德·富兰克林。

就在那一刻，我抓起电话打给所有的朋友，征询他们的意见。他们千篇一律地劝我保持缄默和镇定。一次又一次我听到的是："这种事本来就是这样。"当然这也是罗莎琳德·富兰克林处理的方式，她一声不吭地让华生和克里克偷走了她在二十世纪最大的发现中的贡献。我相信她的朋友给她的建议就跟我的朋友一样：当心——要是你惹恼了这些男人，他们可能就不让你和他们一起玩了。

我越想越气，难道要我把这些感受埋在心底，让它们长年在那儿化脓、啃噬我，并腐蚀我的自尊、成就感、自我价值？我知道我必须孤注一掷，揭发真相，如果我不这么做，只怕余生每当有人谈起阿片受体的发现，只提索尔的名字，而不提我的名字时，我都会感到切齿心痛。

从书上得知罗莎琳德·富兰克林在数据遭窃后不到数年便死于癌症。虽然在我读这些书的时候，还没有人认真研究过情绪对健康的影响，但我当时认为华生和克里克，甚或其他许多男性科学家所带给她的羞辱，必然让她的病情更加恶化，而她未能将愤怒表达出来，想必也加速，甚至导致了她的死亡。我的直觉和判断力告诉我，如果我保持沉默，我将不仅丧失自尊与自重，还可能患上严重的抑郁症，甚至一两种癌症。

我当然不希望发生这样的事情，也无法想象自己为了"接受鞠躬致敬"出席这个颁奖宴，尤其是当我知道艾夫兰·葛斯坦和埃里克·西蒙也将受邀参加，他们的贡献也将得到同样的答谢时。我绞尽脑汁、义无反顾完成阿片受体的研究，却要和这些没有跑到终点的人站在一起，而那个当初决定放弃的人，现在却要因为这个研究上台领奖，这口怨气叫我怎么吞咽得下！不行，我告诉自己。我不能让这种事发生，我不能让那些家伙就这样轻易地夺走锦标，坐视自己被历史遗忘、轻视。

## 防卫

接到拉斯克午宴的正式邀请函时，我知道自己绝不可能接受。我决定说出真相。

"亲爱的拉斯克夫人："我在信的开端写着，"我从来不在社交场合虚与委蛇，所以我想让你知道，我不出席你的午宴，是因为我对今年拉斯克奖表扬我和索尔的共同研究，却未将我列名，感到遗憾和愤怒。科学界表扬研究成果时，往往忽视女性以及其他基层人员实质的贡献，而让与他们共事的资深科学家抢走了所有的光环。"

那是我对这件事做的第一个声明，而我第二次的声明可就公开多了，起因是我先生艾格将这封信复印了一份，寄给《科学》杂志的一个编辑吉恩·马克斯（Jean Marx）。艾格比我还气愤，身为男人，他很清楚这些家伙耍了什么卑鄙的手段，他知道如果我任由他们夺走我的荣耀，没有人会路见不平。当我还陷在愤怒和迷惘中一蹶不振时，艾格已经决心挺身阻挠这个科学界正在酝酿的计划。他将信掷入邮筒，静观其变，继续过他的生活。

我从来没有和吉恩·马克斯谈过话，不过这封信引起了她的注意，特别是有关女性通常无法获得科学奖项的部分。新闻记者的敏锐让她在这个事件中看到一个更大的议题——科学成就的归属；况且柏特与斯奈德的拉斯克风波铁定会吸引广大的读者。一九七九年一月，高知名度的《科学》杂志即以主打的社论刊出了她的文章《拉斯克奖引发争议》，文中还附了一张我的照片，是我出远门参加会议时由美国国立卫生研究院提供的。我害怕被历史遗忘的恐惧就在这一瞬间被定格。

科学史上争功的事端层出不穷，其中一个经典的例子就爆发在我自己的科学家族里，也就是朱利叶斯·阿克塞尔罗德和他的老师斯蒂夫·布罗迪（Steve Brodie）为了微粒体酶的发现而决裂的案例。当年身为前辈的布罗迪企图将这个研究据为己有，但名不见经传的朱利叶斯不肯言听计从。不过，遇到这种不公正的情形，做晚辈的通常都选择忍气吞声，只希望自己有朝一日也能出头。

《科学》杂志的社论刊出后，索尔在各个科学杂志记者的询问下，声称他曾经跟拉斯克委员会联系过，要求将我列入名单，他毫不迟疑地证实了我向玛丽·拉斯克（Mary Lasker）提出的声明，说我的确在研究的起始和后续部分都扮演了关键的角色。不过他愿意做的也就仅于此了。从他告知我这个奖，到颁奖典礼这之间的一个月内，我三番五次地打电话给他，请他发表声明支持我向拉斯克委员或是在典礼中起身接受颁奖时，提出要求，将我纳入受奖名单。索尔拒绝了。为了从这个处境中争回一点颜面，我做了最后一次尝试，请求他至少答应将奖金的一半（我那时才知道奖金的数目并不多，大概只有一万五千美元）以我的名义捐给布林莫尔学院的一个奖（助）学金，对这个请求，他也拒绝了。

就在此时，《科学新闻》（Science News）的一位生物医学编辑约翰·阿雷哈特－特雷克尔（Joan Arehart-Treichel）获悉了我的遭遇。长期以来一直在密切注意胜肽和受体领域的她，在一九七九年二月的文章里首次表达了她对此事的看法，她说我之所以被排除在受奖名单之外，是因为提名诺贝尔奖的名额只能有三位。她写着："得知美国最具威信的医学奖拉斯克，将脑胜肽和鸦片领域的奖，只颁给理应得奖的四位科学家的其中三位，令我义愤填膺。三位接受表扬的是男性，而那位被摒除在外的是女性。"

阿雷哈特－特雷克尔接着说，即便我被除名是因为名额的关系，她的调查披露出一个更深层，或者更丑陋的真相。我之所以被忽略，是因为没有人考虑过提名我，索尔或他的同伙，没有一个提过我参与了这项发现。我因没有被列名而感到的不悦，似乎令拉斯克委员会大感诧异。当这位编辑个别询问每一个委员时，他们的回答是："柏特？她是谁？"当她指出柏特是阿片受体论文的第一作者时，他们显得相当局促不安。等她提到休斯是脑内啡论文的第一作者，以此类推，我应该得到跟休斯同等的肯定时，他们就更懊恼了。文章的最后，阿雷哈特－特雷克尔对我是否仍有机会因鸦片方面的研究获得一座诺贝尔奖，做了一个推测。

"我不怎么乐观，"她说，"因为负责初步提名拉斯克奖和诺贝尔医学奖候选人的是同一批科学家，其中绝大多数是男性，他们是一群很有影响力的资深男性科学家。"

当时科学信息社（Institute of Scientific Information）的尤金·加菲尔德（Eugene Garfield）也发表了一篇评论。科学信息社的工作之一就是依据科学家的论文被同行引用的次数，将他们分级排名，而加菲尔德发展出一套诠释这些引用数据的方法，借以显示某一研究的影响力。

"既然委员会的审议是机密的，"他在文中写着，"我们不知道这些委员是否使用了引用数据。"接着他根据文献指出早期从事阿片受体研究的还有另外七位科学家。他对我的研究做了一个统计，也等于是为我到那时为止的整个科学生涯做了一个总结：

从一九七三年到一九七六年，柏特与斯奈德在阿片受体方面共同发表了十七篇期刊文章，这些论文到目前为止平均每篇被引用过八十七次。在同一时期，斯奈德还与其他共同研究人发表了二十三篇有关阿片受体的论文，这些论文的引用次数平均为三十七点五。斯奈德的阿片受体论文中有六篇引用次数高达一百以上，而其中有五篇是和柏特共同发表的。在他二十篇最常被引用的论文中，有十篇的共同作者是柏特。柏特离开斯奈德以后，发表了十八篇论文，其中七篇是一九七八年发表的，因为时间较短，引用次数也相对较低，但这十八篇论文总共被引用了三百多次，平均来看，就是每篇十八次。而她一九七六年的一篇论文更是成为一九七六年至一九七七年内最常被引用的一百篇论文之一（也就是效用持久、让制药界争相研制的 D- 丙氨酸脑啡肽类化合物的发现）。由此可见，柏特在美国国立精神卫生研究所的研究对她的同行仍然有重要的影响力……

加菲尔德严谨的分析，驳斥了反对我的人最常使用的论调，那就是当年身为研究生的我，只不过是执行前辈的指示，离开我的老师之后，我个人的研究全都不值一提。加菲尔德的澄清让我心情宽慰不少，但从更大的格局来看，我很快就发觉重大的伤害已经造成，无法挽回了。将我自己科学家族的内部争执，闹成新闻事件，我已经明显越过了界。

## 科学表扬游戏

第一波的喧腾过了数周之后，朱利叶斯·阿克塞尔罗德把我叫进他的办公室。仍然不知闯了大祸的我，心想他可能要交派我一个特殊的研究案，或给我其他什么好处——毕竟，他曾如此器重我，极力网罗我来美国国立卫生研究院工作。没想到他要我帮他填写一份提名斯奈德、休斯、科斯特利兹为诺贝尔奖候选人的表格。他暗示我的合作对于消除拉斯克风波所留下来的负面印象，会有很大的帮助。当然，他强调，我应当知道最后定夺诺贝尔奖得主的委员会痛恨丑闻，不管是什么样的丑闻。

我不加思索地摇摇头，断然拒绝了他的要求。朱利叶斯顿时目瞪口呆。

"你必须这么做，因为你是唯一知道事件始末的人。"他恳求。

"一点也不错，"我答道，"正因为我知道事件的始末，所以我不能这么做。"

"你难道不爱索尔？"他不肯罢休，拉高了嗓门说。"你为什么要这样呢？今天你帮他，以后他会帮你，就是这么一回事。你都多大了，这个道理还不懂吗？好啦，你是个好女孩，甘德斯……"

当我起身准备离开时，他已经在对我咆哮了。

毫无疑问，朱利叶斯说对了一件事，科学表扬的游戏就是这么一回事，今天我帮他，日后他会帮我；如果我不帮他，那么，很快我就会知道我会落到什么下场。

我无法看得那么远，一方面是因为我的内心仍然怀着锥心刺骨的愤怒，一方面是因为最近揭发的内幕，又在我心中点燃了新的怒火。在我私下打听拉斯克提名过程时，我从索尔实验室内部两个极为可靠的来源，获知一个令我震惊的消息。表面上索尔是由约翰斯·霍普金斯大学药理系系主任正式提名的，另外他还提名了休斯和科斯特利兹，但是提名的表格却曾出现在索尔秘书的桌上。而且是秘书遵照索尔的指示打好的。我这才知道提名的文件是索尔自己处理的，而他蓄意排除了我的名字。或许是新上任的系主任相信索尔知道实际参与研究的人和研究细节，所以请他帮忙填写，而他的可恶也就仅止于此。但因为我知道索尔向来喜欢申请奖品丰厚的研究案和奖项，我宁可相信这个提名过程根本就是索尔主使的，最后才将表格送交主任签名，好让一切看起来像是主任提的名。

如果真是这样，那么它对我无疑是致命的一击。可不可能索尔表面上责怪奖项委员会未将我列名，而实际上是他将我除名的？会不会是当学生时我所展现的奉献精神，和讨他欢心、自我牺牲的性情，让他以为我会赞同他的计划？任何一个男人，不论他的地位高低，都不可能接受这样的安排，但因为我是女的，索尔以为他可以冒险一试。愤恨之下，我发誓要让过去那个天真无知的女孩，那个"索尔的宝贝女孩"，消失得无影无踪。

我哭着踏出朱利叶斯的办公室，愁云惨雾地走在宫殿的回廊上，生怕被人撞见，耳际犹回响着他愤怒、严厉的声音。回到自己的办公室，关上门，我趴在桌上，痛哭了好几回，以宣泄心中的委屈。此时我觉得自己已经彻底被打败了。强打起精神，给我的直属上司邦尼医生拨了个电话。他从他的办公室走下楼来，移驾到我狭窄的方室，这是他第一次，也是最后一次到我办公室来。我们面对面坐着。接近得几乎要碰到彼此的膝盖。他安静地倾听着我的痛苦和愤怒交织的情绪。真相是，阿片受体的研究百分之九十九都是我做的，它是我的灵感、我的努力，尽管是索尔申请到的研究经费，尽管是他塞给我葛斯坦那篇颇具创见却不正确的论文，并在遇到瓶颈的时候，给我建议。我泪流满面地哭诉："但最后是他喊停，命令我终止这整个研究，结束了！是我冒险一搏，背着他做下去，因为我相信一定会成功。喔！我的确是爱索尔的！"我声泪俱下地说个不停，比夫则展现了他最佳的聆听术，并递给我一张纸巾。

比夫提醒我，要是在宫殿，没有一个实验室主持人会像索尔一样让我跟这么重大的发现有如此深厚的关联。宫殿里那些精明的老板会知道这个发现所代表的意义，他们会在时机成熟到可以发表论文的时候，无视我的贡献，毫不留情地将我一把推开。"而索尔却让你当论文的第一作者，继之又派你到各地发表研究成果，昭告天下。"他这么做让仅仅是研究生的我奠定了在科学界的地位，但讽刺、可悲的是，他也为自己带来了无可弥补的遗憾，因为他可能因此失去他今生获得诺贝尔奖的唯一机会。

当我冷静下来后，比夫直视着我说："你现在知道自己有多重要了吧？如果你不签署这个诺贝尔奖的提名名单，让拉斯克奖的争议平息下来，他们就都得不到这个奖了。"

我这才开始了解状况。比夫后来把一份诺贝尔的遗嘱给我看，上面规定了这个奖每次只能颁给三位在世的科学家。有人必须被淘汰，而索尔再度希望我能很有风度地接受挫败。我现在知道虽然我曾试图揭穿他们的阴谋，但我的支持是他们获得诺贝尔奖的最后希望，所以他们想笼络我成为他们计划中的一个举足轻重的同谋者。然而即便事情已经发展到这步田地，我还是不肯让步。

比夫没有知会我，就立刻采取行动，草拟了一份声明，提名我为诺贝尔奖的候选人，并列的还有索尔以及拉斯·泰伦纽斯（Lars Terenius）。泰伦纽斯曾在北欧一个名不见经传的期刊上发表过类似的研究发现，但是因为写得过于艰深，亦没有大肆喧嚷，所以几乎没有人注意。比夫的做法对提名委员会产生什么影响，我也只能臆测，但索尔的名字重复出现在不同的三人组提名名单上，想必让他们十分困惑，难以定夺。

虽然有很高比例的拉斯克奖得主继之赢得诺贝尔奖，但是斯奈德、科斯特利兹和休斯并没有得到那一年的诺贝尔奖。经过漫长的，据说相当激烈的辩论，一九七九年的诺贝尔奖颁给了与我们完全无关的三位男性科学家，表扬他们在另一项发现上的贡献。

在宫殿这个温暖舒适的世界里，很快就盛传是我的叛变导致他们失去了诺贝尔奖。或许是吧！

## 排挤与生存

拉斯克风波让我声名狼藉。我的一些比较亲近的朋友经常在会议上开玩笑地介绍我是"神经科学界的女叛徒"。他们认为大家对这起事件反应过度了，所以试图以诙谐的态度去化解它。但是当我几乎不认识的人，那些较资深的男性科学家，在走廊上看见我迎面走来就闪避到一边时，那可一点也不有趣。诚如一般的谣言，大家转述的经过比实际经过糟出好几倍，很多人都以为我召开了一个大型记者会，公开否定索尔在阿片受体发现中的角色。我当然没有这么做，但人们为了自己的理由，宁可相信这样一个戏剧化、虚构的情节。

比流言蜚语和他人的闪避更令我懊丧的，是重大会议和研讨会的排挤。我得到的邀请骤然大减，也不再受邀到顶尖的专题研讨会发表演说，现在如果我能在下等的会议里占有最微不足道的席位，就堪称幸运了。我的反应是接受所有的邀约，希望借此保住一些过去的知名度，誓言不让自己就此消失。

后来外界对我的排挤甚至延伸到我自己的地盘。一九七九年宫殿主办了一场声势浩大的阿片受体会议，休斯和科斯特利兹以主要贵宾的身份从苏格兰搭机前来出席这场盛会，索尔和其他鸦片研究学会的成员也都受邀参加。不知什么缘故，筹办人竟无法在节目表中腾出一个场次让我发表在美国国立卫生研究院的新研究成果，甚至三番两次迂回地建议我不要出席，令我在痛心之余，还受尽屈辱。但我还是去了，怀着一颗忐忑不安的心，忍受着会场施予我的冷接待。

有一段时间，好像我做的每一件事都会引发争议，制造事端。有一天我决定为单调、制式的工作空间制造一些生气，于是在沿着室内到走廊的墙壁上画了一道艳丽的彩虹。早在约翰斯·霍普金斯大学的时候，我就爱上彩虹，曾经在手指甲上画了一个个迷你多彩的新月形图案，让实验室的工作伙伴吃惊不小。对我而言，彩虹象征无穷的希望，它将白色光的表相离析成多彩的光谱，揭露出一个隐藏的次元。它让我想到我的信念——科学的任务就是穿透俗世生活的层层面纱，去探触深层的真理。可是这个来自右半脑的无心之举，在我同事的眼里，却宛如对现代科学精髓的一种挑衅，让很多同事感到难堪。尽管我的实验室持续有亮丽的成绩，我特立独行的名声却越来越响亮。

为了生存，我累积两派重要盟友的支持：一是其他女性科学家，她们是研究界一个崛起的族群；一是媒体，其中永远不乏对新闻事件具有敏锐嗅觉的记者。

数十年的性别歧视直到不久前才受到正视。我的女性同事封我是对抗男性精英科学家的英雄。虽然我输了，但她们见识到我伸张正义的勇气。二十世纪八十年代初，我和几位女性科学家创立了"神经科学的女性"（Women in Neuroscience）的组织。简称 WIN[①]。我们选了"以头脑制胜"（WIN with Brains）作为精神指标，并在宫殿的女厕内张贴告示，宣布在神经科学学会下一期会议时，WIN 将召开它自己的专题研讨会。我们很惊讶居然约有三百位女性出席了这个会议，而且除了严肃的科学研讨之外，它还演变成一次团体治

---

① 这个缩写也有制胜的意思。——译者注

疗。会议在轻松、充满同志情谊的气氛下开始。每个人都很高兴周围都是女性，她们头一遭不需像个局外人似的置身在男性的聚会场所。我打着赤脚演讲，而且因为有孕在身，穿着一袭色彩绚丽的宽松长袍。然而欢笑的背后却是暗潮汹涌的愤怒，使得我们身不由己地宣泄了好几个小时。我们就这样愤慨地抒发心中的怒火，分享一个又一个恐怖的经验，女人在科学界的困顿，虽然我个人也亲身体验过，但这些故事仍让我听得不胜唏嘘。

WIN 的宗旨随着它的演进日趋政治化。我们之所以这样经营它，是企图将女性的地位从一个被压迫的少数族群提升到一个握有适度利益的团体。我们试图游说让更多的女性主持我们的科学会议，并设立一个师徒制，让较成功的人教导如何撰写计划书以及政治面的操作。投入 WIN 的工作，对我有极大的疗伤作用。直到今天，它依旧能提振我的精神。我喜欢位居领导地位，也喜欢兴风作浪，去冲击主导阶级的男性以及他们所建构的体制。

在这段时间里，媒体依然伸出它们的触须，想继续炒作拉斯克事件，并想追踪我最近的英勇事迹。我丢给它们一个变化球作为响应，我说拉斯克事件已是"过去式"，并就科学界女性遭到的磨难提出我的看法，同时告诉它们世界各地的神经科学实验室的最新斩获，那时几乎每天都有令人欣喜的新发现。渐渐地我开始喜欢新闻界，也把记者当作我后来一场战役中的盟友，在这场战役中我将试图重建过去的声誉——一个前途似锦的年轻科学家，一个"金娃"（golden girl）。她曾经在科学上有过辉煌的成就，未来将还有更多亮丽的表现。

回想起当初我面对新闻媒体时的狂妄，自己都觉得不可思议。我常常肆无忌惮地说出当时的想法，并不知道可以要求记者把引用我的话复诵给我听，因而捅出一些令我后悔莫及的大纰漏，尤其是当记者把我演讲中说的话当作正式纪录报道的时候。最糟的一次是媒体引用我的话说："别误会，我喜欢男人——但仅限于卧房，那儿才是他们的职责所在。放他们出去，他们只会制造战争。"在当时的情境下——虽然我早就忘了是什么样的情境——说这些话似乎并无不当，但被断章取义地登在报上，就显得猖狂无礼，而且我当时也万万没有想到这些话会被刊登出来。不幸的是，从此以后这段话就像一只忠心耿耿的小狗，到处跟着我。

经过好长一段时间，我才和媒体建立良好的沟通管道，也终于学会了随机应变，能够知道进退，避免制造耸动的话题。当我不再需要媒体为我的处境打抱不平时，开始发觉它们也可以帮助我将我的科学研究传达给大众——这么做对我的声誉和工作将更有益处。

然而尽管我和女性、媒体建立的关系提供了我一些出口，但同行的排斥却仍让我痛心疾首。不过，就像任何没有摧毁生物体的攻击一样，这些伤害最后反而成了助力。我更加屹立不倒地努力工作，从事重大的科学研究，同时也越来越坚信科学就是追求真理。说来讽刺，拉斯克事件后，我在宫殿的阶级体制中向上攀升的步履戛然而止，但这个时候我反倒更能心无旁骛地工作，因为情势迫使我只能终日留在实验室做研究。当科学家晋升到权力阶层的时候，通常他们的政治手腕会变得比他们的科学技能还要熟练，导致他们丧失了一个好的实验者所需的直觉。所以当时没有机会做这种条件的交换，反倒是一件好事，因为在那段时间里，我最该做的就是潜心研究。

到一九八二年，风暴已然过去。我再度以科学家的身份重现江湖，此时我的声誉主要来自丰硕的研究成果和显著的地位提升，而非谣传、偏见和无知。我学会忘记过去的辛酸，但再也不是那个天真烂漫的布林莫尔女孩，再也不会透过鼻梁上牢牢架着的玫瑰色眼镜去看这个世界。我对科学的浪漫所存的幻想，大都消失得无影无踪，取而代之的是我个人需要面对的一些困难的抉择。我难道要继续在男人主导的游戏中，试图击败他们，让自己在攀向成功的过程中变得更具攻击性、竞争力，更冷酷无情？我难道要让自己在争名夺利的动机下从事科学？在内心的最深处，我知道自己从激烈的竞争中得到的唯一回报将是每天晚上的偏头痛，它甚至可能让我在五十岁以前就必须接受心脏分流手术。

## 潜心研究

神经胜肽研究开始盛行时，每个月都有新的脑部化学物质被发现，当时它是一个非常热门、非常时髦，成果亦非常丰硕的领域，所以即使在名誉扫地之后，我也没有必要顺应经济或多变的科学潮流所主导的务实路线，去调整研究方向，反倒能在二十世纪七十年代后期，追随我们自己的心志，朝着明确可行的方向坚定地走下去，不过当时我们并不具有一个真正宏观的视角来引导我们的研究，这个较宽广的视野到后来才浮现，而我们的努力对这个始料未及的发展所做的贡献也才彰显出来。

我的实验室跟官殿里大多数的实验室一样，日夜不停地工作。一九七八年，我与约翰·托曼（John Tallman）共同负责督导十位研究人员，这才初次尝到掌控人事聘用和解雇、管理人员、支配资源和研究案是怎么一回事。开始的时候我个人比较喜欢聘用意大利籍的研究生和博士后研究员，我觉得他们的热情、主动和生命力为实验室的氛围增添了几许乐趣和创造力。他们习惯在下午两点左右进办公室，然后彻夜工作，通常在播报晚间新闻时达到工作节奏的最高峰。

不过，对于聘用人员我一直没有发展出一套成规，这点和我大部分的同事不同。通常我凭借的是对人的直觉，如果我觉得这个人和我有某种默契，才会决定录用他。所以我的实验室有来自不同族群的人。

可想而知，在我的实验室里女性占的比率比官殿其他实验室来得高。我聘用的女性多半都聪颖过人，有些甚至是资深的科学家，她们来是因为找不到适合她们资历的工作。我记得其中一位是从长岛的某个实验室逃出来避难的，那个实验室因性别歧视政策而闻名。这位科学家曾经发明了一套让单一神经元显影的技术，也就是使用单细胞抗体来照亮神经元。这是一项革命性的技术。本该让这个女人的事业一步登天，但是她却像乞丐一样来找我，要求暂时在我的实验室工作，直到她找到其他工作。

有些博士后研究员来的时候已经有自己的研究案支付他的薪水，就像我上一个博士后研究员特里·穆迪（Terry Moody），一个蓄着长发的加州网球运动员。特里在一九七七年到我的实验室工作时，我已经有一个研究项目等着他。不久前我才从加州一位神经科学家马文·布朗（Marvin Brown）那儿取得一个铃蟾肽的试样。马文和我曾在亚特兰大的一个暴风雨天一块儿等待延时的飞机。马文告诉我他把一种从青蛙（bombix bombina）的皮肤上提炼出来的铃蟾肽注入老鼠体内，结果导致这些老鼠拼命抓痒，体温亦下降了十摄氏度。后来的研究发现它对人也会产生发痒和失温的作用。当然，脑部必定有它的受体，这也就是我和特里要去证实的。使用了我当年设计的那套发现阿片受体的方法，特里在老鼠脑部的边缘区找到了铃蟾肽受体。其他几个博士后研究员也相继证实了这个发现，大伙为之雀跃不已。

宫殿的实验室主持人一般可以督导十位到二十位不等的博士后研究员，每一位研究员都会被指派一个研究主题。宫殿里普遍的管理风格，用车轮来形容最贴切不过了：实验室主持人在轮的轴心，而每个研究员则像分别的轮辐向外延伸，浑然不知别人在做什么。如此可以让实验室维持一种秘而不宣的工作氛围，一个实验室主持人便可利用这种情势去激发博士后研究员的研究动力。他可能指派两三个研究员做同样的实验，甚至完全一样的工作，然后对照不同的人做出的结果，以判定结果的正确性。他会告诉彼得说："保罗是这么做的……不过我不大相信。你也觉得保罗的研究站不住脚，对吧？这样吧，你再做一次，看究竟是怎么回事。"我们管这种策略叫操控的竞争——是索尔在约翰斯·霍普金斯大学所运用的那套，也是他那一代许多其他成功的科学家使用的伎俩。以管理风格来说，它确实可以非常有效地提升研究数量，却不怎么好玩，特别是对车轮上的那些辐条而言。

在我自己的实验室，我特意去建立一种慈爱，甚至母性的管理风格，用赞许而非批评来激励研究员，强调团队精神，而非争强斗胜。拉斯克事件后我所遭遇的排挤，令我对实验室明争暗斗的文化容易造成的弊端分外敏感，甚至深恶痛绝。我力求在自己的实验室营造一种有利于合作的氛围，敞开大门，欢迎不同的实验室共同参与研究，免得大伙为了争取经费和荣耀而彼此恶性竞争。

我在美国国立精神卫生研究所实验室的工作，无论在拉斯克事件之前或之后，大多都是继续我在索尔实验室便展开的脑部受体分布研究。我们认为在身体任何地方发现到的胜肽，在脑部的某个部位都有一个和它完全吻合的受体——因此我们称它为"神经胜肽"（neuropeptide）。我们沿袭当初阿片受体实验所建构的模式，对不同的胜肽进行测定，检测是否有结合的现象。有人戏称这个过程为"磨合"（grind and bind），"磨"指的是将组织研磨成奶昔般的浓稠度，"合"则是指胜肽和它的受体结合的动作。

我们这套磨合检验法很快就被一种新的放射自显影技术取而代之，它进一步地确认了所有已知胜肽的受体在脑部不同区域的分布情形。为了发展这套技术，我密切地与迈尔斯·赫肯汉姆（Miles Herkenham）及雷米·奎利恩（Remi Quirion）合作，将受体的放射自显影技术的精确度提高了一个层级，让我们可以更快、更容易看到脑部的受体，甚至它们的密度。

我和迈尔斯第一次的接触是在电话里，那是一九七七年我初到宫殿的时候，他来电邀请我参加他的演讲。迈尔斯是神经解剖学家，也是麻省理工学院知名的瓦勒·娜乌塔的弟子，而娜乌塔就是曾经解读我的阿片受体分析数据，判定边缘脑（也就是情绪脑）是它密度最高的区域，因而让我十分仰慕的科学家。迈尔斯跟娜乌塔一样，在探究神经细胞的分布和它们的路径，以建构一个脑部的线路图，那是科学家为呈现电性脑的全貌而进行了几乎长达一个世纪的研究。不过他们使用的方法还未能确定某个神经元分泌的是哪种神经递质。放射自显影技术让迈尔斯得以绘出神经元和轴突的路径，它们在他的胶片上产生一种类似瑞士奶酪的效应，显现成一个个圆形的洞，散布在显微镜下看到的组织里，宛若无数个漂浮在海上的小岛。

我在约翰斯·霍普金斯大学念研究所时和迈克·库哈合作的研究，建构出一个化学脑的图谱，那些显影的受体在这个图谱上，看起来就像小小的暗色斑块，点缀在颜色较浅的组织背景帷幕上。迈尔斯读过那个研究的相关资料后就一直想问我：他的圆洞有没有可能跟我的斑块吻合？他的电性脑图会不会跟我的化学脑图对应？

在迈尔斯的演讲会上，他放映的幻灯片美得令我目瞪口呆，那一个个小小的神经元看起来仿佛是衬托在黑色浩瀚宇宙中的银河。我难得遇到一位这么具有美感的科学家，大多数的科学家都偏好采用数字这种较为乏味的呈现方式。

迈尔斯却对他所观察到的自然美怀有一份特殊的崇敬之情。当下，我就决心要跟他合作。况且，他健壮魁梧的体格跟他的幻灯片一样赏心悦目！

我们的合作将过去我在约翰斯·霍普金斯大学使用的烦琐的显影方法做了很大的改进，也使放射自显影艺术向前跨了一大步，从动物体内（活体）的结合进化为事先切好的脑切片在玻片上（离体）的结合。这套我们称为"塞浸"（slip and dip）的新方法，是将标志了放射性的配体附着在受体上，再将它们浸在一种对放射线敏感的液体乳剂中。这种方法很困难，不容许任何差池，部分是因为有一大部分的工作需要在黑暗中进行，但是它的效果奇佳，可以让我们看到染着五颜六色的脑组织汪洋中闪闪发光的微粒所代表的受体。

而我们发展出一个更简易、快速的方法。也是我们最后采用的先进技术，是把已经固着在玻片上、受体也已经与带放射性的配体结合的脑切片，紧贴在暗匣里的感光底片上。理论上，这是个很棒的点子，然而我们第一次的尝试却一败涂地，只看到黑压压的一片。

我们正打算放弃这个目标时，我碰巧出席了一个会议，遇到研究所的老朋友杨安。安现在是马萨诸塞州综合医院神经科主任，她的率真和热情洋溢的幽默感是众所周知的。从瓦萨学院（Vassar college）第一名毕业的她，于毕业典礼当天在头上戴着一个分子模型的"帽子"。接受文凭时，还喜滋滋地倾了倾帽子向校长致意。在议程当中的一个晚上，我在安的房里聊天直到深夜，一边叙旧，一边享受我带来的威士忌。闲谈中，安恰巧提到她的实验室在使用我和迈尔斯发展出来的塞浸法，而且还将它做了改进。我竖起了双耳。

"我们把幻灯片衬在底片上，在暗匣里。"她主动说明。

"是吗？"我说，"迈尔斯和我有过同样的想法，但是没有成功。"

"怎么会呢？简单得不得了。难的是标示组织里的受体，把它固着在幻灯片上，而这个部分你们已经做了。"她一本正经地说，"我猜你们把底片放进去的时候，一定放反了。漆黑中很容易犯这个错误。"

这个不可思议的例子，说明了科学的闲聊何以能让你突破研究上的瓶颈，因为它可能会让你发现一长串精心执行的实验步骤中的一个"小小"错误。就这样，安提供了我们问题的关键。第二天我回到贝塞斯达，即刻与药学专家桑迪·穆恩（Sandy Moon）展开工作。这个非裔美国女性是我网罗到的一位既优雅又聪慧的科学家，她帮我把同样的幻灯片衬在胶卷正确的一面上，果真立竿见影！那瓶威士忌可说是我和朋友共享的威士忌中最物超所值的一瓶。

这套新技术让我们得以在一周内就建构出受体的分布图，不像过去，光是一个受体就要耗时一年。如今，不仅我们，其他许多从事类似研究以及需要鉴定某个胜肽的实验室，都可以很容易、很快速地找到受体。我的博士后研究员雷米·奎利恩随即展开搜寻五氯苯酚（PCP，俗称天使尘）受体的研究，结果马上就找到了。加拿大人、父母经营快餐店的雷米是实验室里出色的快餐厨师，他将放射自显影技术营运得活像快餐店。准备离开我的实验室时，他已经在运用他的放射自显影技术和宫殿内其他几个实验室进行合作研究。

这套新方法不仅搜寻受体的效率惊人，还让我们在美学上有了新的拓展，让放射自显影变成彩色。在那之前，不同的密度只能以黑白呈现，因此很难看出细微的差异。而今，因为影像在底片上，我们可以使用计算机以色彩标示，取得量化的受体放射自显影。它绘制出来的图，跟现代用来显示不同地区气温梯度的天气图颇类似，让脑部受体的密度一目了然。呈现黄色的区域可能显示某种数量的受体，而橙色或紫色则可能显示较大或较小的数量。我们后来为暗匣和计算机的组合取了一个名字。叫"彩虹机"，这让我想起最爱的那个象征科学愿景的图案。看着那些影像，我觉得它们就像五彩缤纷的蝴蝶，忍不住将其中一些制成海报，美化走廊上光秃秃的墙壁。我幻想它是我们新创的一种艺术形态，叫作"神经摄影写实派"，不但精美，而且还蕴含着丰富的科学信息，有朝一日它或许会在纽约的某家艺廊展出。

接下来，我们便开始探究由胜肽和它们的受体所构组的神经化学图，以及了解解剖学家多年来努力的线路示意图之间的关联。迈尔斯的线路示意图展现的是脑部的实际接线状况，亦即它的电性面向，标示出神经、轴突和树突间的沟通路径。把我们的放射自显影图和他的示意图叠合在一起，我们便可看到哪些神经路径有脑内啡受体，哪些路径可以接收其他胜肽所携带的信息。我当时即盼望着我们能很快取得一大张以彩色标示的脑图谱，犹如兼具色彩和信息的彩虹，以呈现一个与电性系统互动的化学系统。

另外，我们的彩色放射自显影图还显示出调节苦乐连续体的胜肽在情绪区，亦即边缘区，究竟有多么丰富的受体。迈尔斯已将这些边缘区联络系统的部分解剖图绘制出来，特别是视丘到皮质的神经元路径。我们因而得以观测到阿片受体的分布和一群视丘神经元与边缘系统的连系路径完全一致。我们于是戏称这些新发现的斑块为"爱斑"，因为它们和迈尔斯的那些有如海上岛屿的洞，精准无误地叠合在一起。我们终于证实了显现在他的底片上的洞，亦即神经元投射在边缘系统所形成的洞，与我的阿片受体斑块吻合。一九八七年八月，《自然》杂志便以绚丽多彩的封面图展示了我们的发现。

在日复一日烦琐的例行工作中得以偷闲的时候，我的脑中常浮现出一幅壮观的镶嵌图案，一幅由所有我和别人的实验室所发现的神经胜肽和其他传递信息的分子所组构的图案。我们看到的必然是脑内某种反复沟通机制的基础，既然全身各部位的系统都发现有脑胜肽和它们的受体，它显示不只是脑内有沟通机制，脑部和身体其他部位之间也可能有沟通机制。我开始思索：所有这些系统之间是否都有联系？如果是，那又是为什么？

## 科学之路

二十世纪八十年代的早期，虽然宫殿的氛围依然弥漫着竞争的气息，我们的实验室却成了合作与交流的温床。一九八二年我晋升为脑生化科的主持人，手下的研究人员有时多达十五人，我宛如置身天堂。每天都有宫殿内外的科学家打电话来安排时间，要我们为他们发现的胜肽和受体进行放射自显影，测出它们可能在脑部的位置和密度。某个使用纳洛酮来控制肥老鼠的进食行为的研究者，可能把他得到的实验数据带过来给我们看，他发现当阿片受体遭到阻断时，老鼠吃得比较少，这显示脑内啡跟肥胖有某种关联，他问我是否能帮他测量出这些老鼠脑垂体里的脑内啡含量。另一个研究者可能打电话告诉我她正在进行心情起伏与月经周期的相关研究，想知道周期的第五天到第七天之间的情绪提升是否跟脑内啡分泌有关。一位精神科医师可能前来和我讨论他正在治疗的一些病人，这些人对疼痛极度敏感，以致最强的止痛剂都无法让他们得到缓解，而我是否能测出这些病人血液中的脑内啡含量。诸如此类的探询川流不息，而我也乐此不疲。

那段时间，事情进展得飞快，我常觉得自己就像玩杂耍的，两手各撑着一支长杆，熟练地旋转着杆顶上的盘子。让盘子旋转不怎么难，但要让它们持续运转——就没那么容易了。如果一个盘子落地，也就是如果一个实验失败，必须停工，那么即使花费数周的时间可能都无法再度把它撑起来，再度让它转动。这套运转机制似乎有它自己的生命，一旦停止运作，它就死了，要它重生，可能需要数月，甚至数年的时间。

测量血液中的脑内啡含量、搜寻脑部的受体位置，还有放射自显影技术——这些就是我设法维持运转的盘子。我的实验室每天都有博士后研究员在使用这些技术，并训练他们的后辈操作这些技术，以便他们离开时后继有人。我们也许会探索不同的问题，但使用的是相同的技术。譬如，我们想了解阿片受体和脑内啡系统的演化，并运用放射自显影绘出这个演化的过程。于是，我们便去检验母鼠子宫里三天大的胎鼠脑，然后是七天大的、十五天大的，耐心记录细胞和结构的变化。接着我们再用同样的技术去看这些系统在猴脑中的发展。我们会问：脑中接收耳、眼、鼻、口、皮肤所输入的感觉信息的区域，受体的密度是否最高？最稠密的区域会是小脑，还是新脑皮质？

我的做法是先发展出一种技术，然后提出所有这套技术可以解答的问题。这整个过程可以长达数年。你不断搜集拼图的方块，逐渐将它们拼凑成一张完整的图像。那是一张你曾偶尔在过程中惊鸿一瞥的图像，然后有一天，你灵光乍现，看见了整个画面，看见了一切搭配得天衣无缝的伟大设计，数年来累积的数据才开始有了意义。但你也可能永远达不到那个境界，只能继续研发新技术，思索更多的问题，制造更多的数据。然后将它们修整一番，以便发表。那么或许有一天有人会读到你的论文，然后惊觉那正是他多年来试图完成的拼图中缺少的一块。

很多人以为科学是一连串戏剧性的发现、突破、推进，但其实科学主要是一个过程。首先你走上一条路，然后突然转了个弯，定下一条完全不同的路。有时候你的步履缓慢，只能在过程中一点一点累积成果。当我的实验室一切都不顺遂的时候，我那些博士后研究员就会像泄了气的皮球，灰心丧气。我们曾经历过几次极度沉闷的低潮期，十个研究中有九个一无所获，而唯一成功的案例通常都是索然无味、引不起任何遐思的实验。不过在官殿，经常就是这类的研究能让你的老板满意、让你的发表数量与日俱增。而聪明的科学家会尽量在一堆激不起任何火花却笃定会成功的实验之中，加入一些个人大胆的尝试，以兹平衡。

我个人的一项大胆尝试就是寻找大麻受体，我想独自揽下这个研究。意图证明我们的脑子里存在一种天然大麻可供使用，借由它我们不必吸食大麻便可达到亢奋的状态。我在这个研究上埋头苦干了两年，试过数百种聪明的小伎俩，每一次都耗时无数，但始终一无所获，原因是我一直无法捕捉到吻合的配体。没有它，纵使我竭尽所能，投入无以计数的时间，找到大麻受体的概率仍像大海捞针一样渺茫。于是我终于向必然的结果俯首称臣，将注意力转向其他的研究。所幸还有不胜枚举的研究正在进行，填补了我的时间，其中不乏成功的案例。最后是我的朋友迈尔斯·赫肯汉姆因为取得吻合的配体，才成功地在老鼠的脑部观测到大麻受体，而这是最近才发生的事。

当时我丝毫没有预见到我们的实验室在那段时间所做的工作，正在为一个重大的发现奠下基石。这个发现让我们推演出一个革命性的理论，以解释身心间的关联，以及情绪如何直接影响我们的健康。我的父亲在一九八〇年被诊断患有肺癌一事，以及随后我为了拯救他的性命，如火如荼展开的研究，让我开始看到这个关联。不过，直到我个人与科学的关系被牵引到另一个新的层次，我才终于向前迈出一大步，跨出刻板的旧思维模式，勇敢地追求内心深处所相信的真理。

# 第 7 章
# 情绪的生化分子

　　我相信经由我的解说，我的听众已经对情绪的基本生化物质：神经胜肽和其他各种配体，以及它们的受体有了基本的了解，对科学家如何探究它们也有了初步的认识。他们并且知道脑有电与化学两个方向，知道神经递质以放电的方式跨越突触，只不过是一个更大的信息网络的一小部分。我们来谈谈我的理论：这些生化物质是情绪的生理基础，是我们的情感、知觉、思想、驱动力，甚至精神或心灵的基础分子层次。我和其他许多人的实验室已经累积了相当的证据，足以支持这个理论，这些研究都曾在一些论文和演讲中发表过。

　　于是，在灯光依然昏暗的演讲厅，我将目光直接投向这群热切的眼神，心智和心灵，开始说明我的研究最具革命性的意涵：它们是我第一次在专业期刊上谈论我的研究时，几乎无法表达的意涵。今天我要向大家阐释的是你的感觉从何而来，这是我对自己研究了十多年的主题的最新想法。它们是根据许多不同的资料来源整合而成的，包括我自己的实验、现今首屈一指的情绪理论学者的研究，以及全球神经科学家的最新发现。我个人接触到的一些强调情绪至关重要的身心疗法——特别是强调情绪的全然表达能让我们摆脱有害身心健康的旧习性，也让我更加相信这些想法的正确性。

## 何谓情绪？

　　首先我该声明有些科学家可能会视情绪有生化基础的这个想法为荒诞不经的，也就是说，即便到了今天它仍然不属于既定的知识，以可以观测到的事物为重心的实验心理学教科书，索引里甚至找不到情绪这个词语。在这样的传统下，当我胆敢开始谈论"情绪"的生化机制时，还真有点惴惴不安呢，直到一九八四年加州大学旧金山分校研究人类情绪的一位备受推崇的心理学家保罗·埃克曼（Paul Ekman）告诉我，达尔文曾经以这个主题写了一本书，我才变得比较大胆笃定。如果伟大的达尔文都认为它重要，那么我的观点也一定站得住脚。在《人及动物之表情》（*Expression of the Emotions in Man and Animals*）这本书里，达尔文说明了为何世界各地的人都有同样的情绪表情，其中一些连动物都有。譬如，一只龇牙咧嘴的狼运用的面部肌肉组织，跟所有愤怒或受到威胁的人是一样的。相同的情绪基本生理现象经过万古的演化，被不同的物种保存了下来，并重复地运用。基于这个现象的普遍性，达尔文推测情绪必然与适者生存有着极重要的关联。

理查德·道金斯（Richard Dawkins）在他的著作《自私的基因》（*The Selfish Gene*），就演化与生存机制的关系下过这样的脚注："鸭是鸭基因的繁殖器具。"这句话跟达尔文的观点有异曲同工之妙。达尔文认为既然情绪在人类与动物界都是如此普遍，这个演进的结果也就证明了情绪对生存有决定性的影响，和物种的起源也有密不可分的关联。

我使用"情绪"这个词语，采用的是它的广义。它不只包括我们所熟悉的愤怒、恐惧、悲伤、勇气等人类经验，还包括基本知觉，像是愉悦与痛苦，以及实验心理学家所研究的驱动状态，例加饥渴，除了可以测量与观察的情绪和状态之外，它还涵盖大概只有人才有的各种抽象、主观的经验，例如心灵的感召、敬畏、幸福，以及其他我们都经验过但至今仍无法以生理解释的意识状态。

我必须告诉你们，专家们——以自己的科学数据为诠释基础的情绪理论家——在许多方面看法并不一致，包括感觉和情绪是否相同、基本或核心情绪究竟有多少种，甚至有没有必要做这些界定。不过他们都认为现在已有明确的科学实验证据，显示人类有共同的愤怒、恐惧、悲伤、欣喜、厌恶等面部表情，不管研究的对象是因纽特人，还是意大利人。而其他代表惊讶、轻蔑、羞愧等情绪的表情也很可能遍及各文化族群，也就是说这些情绪的表达也是得自遗传的机制，或许还有更多根植于基因的情绪尚待发掘。

我还在念大学的时候，任职于霍夫斯特拉大学（Hofstra University）的心理学教授罗伯特·普拉切克（Robert Plutchik）在情绪方面的研究，就曾给我不少启发。他指出人有八种基本情绪——悲伤、厌恶、愤怒、期待、喜悦、认同、恐惧、惊讶。它们跟基本颜色一样，可以调和在一起变成第二层的情绪，譬如，恐惧加惊讶等于惊恐，喜悦加上恐惧等于罪恶感。不论普拉切克的分类是否得到更多研究的证实。不同的情绪综合为其他情绪的这个想法倒是颇令人玩味，也意味着如果我们把情绪的强度和持久性等其他因素也列入考虑，就可以轻易地细分出好几百种情绪状态。

专家们也对情绪、心情（mood）和性情（temperament）做了区别。情绪最短暂，而且可以很清楚地根据它的起因来判别，心情可能维持数小时或数日，起因较不容易追溯，性情则奠基于遗传因子，通常会跟着我们一辈子（虽然后天的调教和调适也有一定程度的影响）。哈佛大学心理学教授杰罗姆·凯根（Jerome Kagan）已经证实婴儿的一些可以轻易测量到的特质，通常都会延续到他们后来的人格发展，例如容易被不熟悉事物所惊吓的婴儿，一般都会发展为害羞的小孩或成人。

## 情绪的所在

长久以来，神经科学家一致认为掌控情绪的是脑部某些特定部位。这是一个"以神经为中心"的假设，但我现在认为它是个错误的理论（至少是一个不完整的理论）！然而身为一个神经科学家，且一度相信脑是身体最重要的器官，我秉持着这个假设，做了正确的分析，但出发点却是错误的。二十世纪八十年代中期，我和美国国立卫生研究院实验室的同仁与波吉特·齐普泽（Birgit Zipser）合作，有系统地对我们的实验室数年来研究的二十二种神经胜肽受体在脑部的分布情形进行分析，并和传统认定的脑部边缘系统的几个情绪区做对照比较。边缘系统是一个假设性的复合式结构，也是大家熟知的情绪中心，而它所涵盖的脑部结构一直在逐年增加。我们证实了许多神经胜肽受体在脑部的分布，与我们最早研究的神经胜肽受体——阿片受体的分布一样，在我们所研究的各种神经胜肽受体当中，竟然有高达百分之八十五至九十五都出现在边缘系统的核心结构，如杏仁体（amygdala）、海马（hippocampus）、边缘皮质（limbic cortex）等这些神经科学家相信与情绪行为相关的区域！这样的巧合使我更加相信情绪分子的存在（这个想法是我在二十世纪七十年代末期及八十年代初期研究阿片受体的分布时，开始萌芽的）。

虽然我们至今才在脑部的这些区域找到绝大多数神经胜肽的受体，但早在二十世纪二十年代，任职蒙特利尔麦吉尔大学（McGill University）的怀尔德·潘菲尔德（Wilder Penfield）就在人身上对这些区域与情绪的关联做过实验。他在为了抑制严重、无法控制的癫痫症所做的开脑手术中，对意识仍清醒的病人施以电流刺激，当他刺激脑部杏仁体上方的边缘皮质时（杏仁体是前脑两侧杏仁形状的结构，大约在你的耳垂进入脑内一寸的地方），能引起病人出现所有的情绪反应，好似病人重拾过去的记忆一般，展现强烈的悲伤、愤怒或喜悦的感觉，身体也伴随着出现应有的反应，例如气得或笑得浑身颤动、哭泣，以及血压和体温的变化。

另外还有一项证据显示神经胜肽和它们的受体很可能就是情绪的所在，那就是它符合达尔文所设的标准，据他预测，情绪的生理基础会在演化的整个过程中被"保存"下来。既然它们对物种的生存扮演着举足轻重的角色，就应该在动物界的各个演化阶段里一再出现。事实上，我用放射性的吗啡和纳洛酮等鸦片剂所做的受体分布实验已经显示，所有脊椎动物的脑部都有相同的阿片受体，从构造简单、奇丑无比的黏盲鳗到复杂、高等的人类，甚至昆虫和其他无脊椎动物也可能有阿片受体。达尔文本人的著作只谈到情绪的生理基础，而没有提及它们的生化或基因基础，那是因为生化的概念，包括蛋白质和胜肽（基因的直接产物）这些具体的成分，还要约一百年之后才被发现。但我想达尔文会认为这些发现不过是证实了他的先知卓见。

将边缘系统视为情绪所在的概念发扬光大的是美国国立精神卫生研究所的研究者保罗·麦克林（Paul MacLean）。边缘系统是他提出的三合一大脑理论的一部分，他认为人脑有三层，分别代表人类演化的三个阶段——第一层是脑干（后脑），也就是爬虫类的脑，掌管呼吸、排泄、血流、体温和其他自主功能；第二层是边缘系统，它围绕在脑干的上方，是情绪中心；第三层是大脑皮质，在前脑，是推理中心。

　　我曾在一九七四年拜访过这位杰出的医生科学家。那次我到他在美国国立精神卫生研究所的实验室演讲，发表我对阿片受体的新发现。之后，保罗恶作剧地带我经过一排关在笼子里的猴子，这群猴子发出尖锐的叫声，并朝着我晃动它们的生殖器，强烈地展现出猴子在演化过程中为了捍卫它们的地盘，把入侵者吓跑而发展出来的情绪反应。那时保罗仍然不能确定边缘系统这个概念有多少是精准的科学，有多少只是隐喻，但真正令我兴奋的是当天我们对于人类大脑的额叶皮质拥有密度最高的阿片受体这个事实所做的讨论，这些额叶跟其中一个所谓的边缘结构——杏仁体——有许多共同的联结，保罗坚定地敲了敲他的前额，那后面的额叶皮质正是大脑结构中最新演化出来的部分，而额叶皮质发展最完全的就是人类。我不禁想到人类要学会控制自己的情绪，不再自私自利，所必须在前额叶皮质和脑其他部分之间建立的生理和生化路径。虽然最简单的生物也都具备某种程度的学习能力，但自制力却是人类独有的"机器中的幽灵"，而保罗相信前额叶皮质是它唯一的住所。

## 情绪始于头部还是身体

　　一九八四年以前，我一直认为怀尔德·潘菲尔德著名的人类实验已经毫无疑问地证明了情绪起源于脑部。但那一年，我到哈佛大学参加情绪研究学会第二届国际研讨会时，见到了心理系的科学史学家尤金·泰勒（Eugene Taylor）。他听了我的演讲，对于我提出的胜肽与其他配体为情绪的生化物质的这个理论，感到格外欣喜。尤金提出著名的詹姆斯与坎农关于情绪源头的辩论，他想知道我支持哪一方：是赞同威廉·詹姆斯（William James）所说的，情绪始于身体，然后才被脑部感知，并编造了故事去解释它们呢，还是如沃尔特·坎农（Walter Cannon）所主张的，它们起始于脑部，然后才往下流入身体？

威廉·詹姆斯是在一八八四年当他还是哈佛大学哲学系助理教授的时候，发表了他的文章《情绪是什么？》（*What Is an Emotion?*），依据的是他自己的内省观察和基本的生理学知识。他说他确定情绪的来源纯粹是生理的，也就是说它们始于身体，而非始于认知的脑部；同时，脑部可能根本没有什么情绪中心。我们感知到事物，身体也有了感觉，接着唤起了我们的记忆和想象，于是我们在感知之后，将生理上的感觉贴上某个情绪标签。不过，他相信事实上根本没有情绪这个实体。有的只是感知和身体的反应。感知后产生的感觉和运动肌的立即反应——剧烈跳动的心、紧缩的胃、紧绷的肌肉、渗汗的手掌——就是情绪。情绪就是我们全身所体受的感觉，"身体每一寸的感觉脉动——微弱或强烈，愉悦、痛苦或含糊不清——塑造了我们每一个人恒久不变的性格。"情绪是身体的肌肉和内脏方面的生物变化构成的，它们并不是直接产生的原始感觉，而是生理机制所产生的第二层感觉。

詹姆斯的理论就像许多根据个人经验所建构的理论一样，很吸引人，但似乎经不起科学的检验，也就是他的学生沃尔特·坎农所进行的动物实验。坎农是实验生理学家，也是《身体的智慧》（*Wisdom of the Body*）一书的作者，他在一九二七年就曾阐释过交感自主神经系统的运作机制。一个叫迷走神经的单一神经从头骨底部的一个洞（枕骨大孔）钻出后脑，分裂为二，沿着脊髓两侧－束的神经细胞（即神经节）下来，将分支送到许多器官，包括眼睛的瞳孔、唾液腺、心脏、肺支气管、胃、肠、膀胱、性器官和肾上腺（即分泌肾上腺素的地方）。当坎农通过他在下丘脑（脑的底部、脑垂体上方）植入的电极去刺激迷走神经时，所有这些器官都产生了生理变化，一如身体在紧急状况时需要将资源做快速、有效，且不假思索的分配管理。比方说，坎农发现，刺激下丘脑可使得体内消化器官的血液快速改道流入肌肉，便于"战或逃"，而消化可以等警报解除后再进行；同时大量分泌肾上腺素，以刺激心脏，并促使肝脏为急需的体力释出更多的糖。

坎农认为詹姆斯的内脏情绪理论完全无法成立。他可以准确地测量从下视丘接收到电的刺激，到血流、消化、心跳开始产生变化所需的时间。他的结论是这些变化出现得太慢，所以不可能是情绪的原因，而应是情绪的结果。而且，以人为方法引发强烈情绪所伴随的典型内脏变化，譬如说用电流刺激肠子产生剧烈的收缩（一如惊慌时的立即反应），并没有引发其他的情绪征候。除此之外，坎农还指出，动物的迷走神经遭切除后，照理说应当无法出现内脏的集体生理变化，然而当它们置身于危险情境时，似乎还是显出同样情绪化的行为。坎农认为下丘脑是情绪中心，这些情绪通过下丘脑与脑后部（即脑干）的神经元联结，或通过脑垂体的分泌物，向下流入身体。

而二十世纪后叶的此刻，当尤金·泰勒殷切地等着我在詹姆斯对坎农这桩难解的辩论中选边站的时候，我突然顿悟了！"啊，两个都对！不是二选一；事实上，两个都对，但也都不对！是同步——双向的！"我脱口而出。就在这一刻。我意识到解答这个从一个多世纪以前就引发争议的问题，我们也就可以解开一个现代之谜：情绪如何改变身体？无论是引起还是治愈疾病，是保持还是危害健康。

这项领悟对于我那时在生物回馈方面的阅读，也有很大的帮助。生物回馈是运用监测仪器去测量各种生理功能（例如心跳或血流），进而去操控这些功能的技术。生物回馈可以让一般人（而不只是瑜伽大师）进入一种深度放松的状态，在这个状态中，他们可以有意识地控制体内的生理过程，虽然根据过去的说法，这些生理过程是完全自主、不受意志干预的。比方说，任何人都可以轻而易举地让自己的手温增加五到十摄氏度。埃尔默·格林（Elmer Green），这位创先使用生物回馈治疗疾病的梅奥医学中心（Mayo Clinic）的医生曾说："任何生理状态的变化都伴随着情绪上应有的变化，不论我们是否觉察到；同样地，任何情绪状态的变化，不论我们是否觉察到，也都伴随着生理上应有的变化。"泰勒的提问，让我对我们在胜肽及其受体位置这方面的研究发现，以及我们正在建构的情绪分子理论，有了新的洞见。

## 超越突触：一个信息交流的新理论

二十世纪六十年代，新兴的神经药理学将焦点锁定在神经递质的运作：从神经末梢释出的神经递质跨越突触，引发下一个神经元放电，神经冲动就这样循着（神经元之间）密密麻麻的连线，从一点游走到另一点。所有脑部功能，即便是最复杂的思考活动和行为，都决定于亿万个神经元之间的突触联系。这些突触形成网络，也决定了神经线路。线路上喋喋不休的谈话支配着感知、统整和行动的每一个层面。电性脑和化学脑的模型似乎在突触合而为一，没有任何偏差，吻合得令人拍案叫绝。神经化学，这个研究神经递质分布的新领域，似乎证实了神经解剖学过去所发现的脑中电路，同时还揭露了新的电路。

例如阿尔维德·卡尔森（Arvid Carlson）[1]，和"瑞典人"[2]发明了一个方法，让脑部含有去甲肾上腺素的神经末梢显影。借助这个新方法，他们看到后脑有一小群之前不怎么起眼的细胞体，叫作蓝斑核（Locus Coeruleus），将含有去甲肾上腺素的神经末梢投射到前脑，而所有前脑的去甲肾上腺素都来自这个源头。后来惠氏实验室（Wyeth Labs）和布林莫尔学院的心理学家拉里·斯坦（Larry Stein）发现过去研究所称的"快乐中枢"或"愉悦路径"，就位于蓝斑核。"快乐中枢"是脑中一个部位，当老鼠的这个部位受到电流的刺激时，它们会忽略对食物的需求，而在极度快乐和兴奋的状态下沉睡过去（人也一样）。过去的研究者不知道，电流刺激之所以有这样的效果是因为它导致愉悦路径上的神经末梢释放去甲肾上腺素。实验也显示苯丙胺和古柯碱就是借着增强这个"愉悦路径"而产生作用的，它们阻断神经递质去甲肾上腺素的回收，因而增加它和受体结合的数量，而它所有的受体就在突触的另一端。

就这样，神经化学家花了近二十年的时间，针对神经解剖学家过去数十年的研究发现，做更扩大、更详尽的探索，不过，他们探触的层面还是过于局限。

---

① 二〇〇〇年诺贝尔生理医学奖得主。
② 这是美国神经科学家对斯德哥尔摩一群顶尖的神经组织化学家的统称。

　　于是一个信息交流的新理论出现了，它强调的是细胞之间纯化学、非突触的沟通模式，超越了硬接线神经系统的界线。我在美国国立精神卫生研究所的实验室，由于一直专攻神经胜肽，这时不但已经将它们的受体在整个脑部的分布标示出来，并于二十世纪八十年代初期，在我的博士后研究员斯塔福德·麦克林（Stafford Maclean）的协助下，设计出一套新的放射自显影技术以鉴定神经胜肽的来源，这项技术给我们提供了一个比过去更宽广的角度。刹那间，我们觉得自己仿佛翱翔在一片树林的上空，而不是爬在树上研究树皮。

　　虽然我和迈尔斯·赫肯汉姆如我们所愿地证实了某些神经线路与阿片受体的化学分布如出一辙，然而这项新技术却揭露出一个差异。当时迈尔斯在分析二十世纪八十年代初期出现的有关多种胜肽和它们受体的新研究结果——有的来自他自己的实验室、我们的实验室，还有其他许多实验室，数量相当庞大——他惊异地发现一个和我们过去的认知不合的现象，一定是哪里出了问题，如果说胜肽是跨越突触和突触彼端的受体进行联系，它们应该只有一线之隔，然而我们发现它们的位置与这项预期相左。许多受体分布在很远之处，距神经胜肽有数寸之远。如果它们不是跨越突触传递信息，那么是怎么通信的呢？这是我们必须考虑的问题。迈尔斯的结论是在脑部各处弹跳的信息大都不是依据脑细胞的突触联系来定位的，而是依据受体的专一性——换言之，就是受体和某一特定配体结合的能力。迈尔斯估计真正跨越突触的传导不到百分之二，这个观点与神经药理学家和神经科学家集体认定的事实完全不同。因为背离主流思维，迈尔斯观察到的矛盾现象被视为定位技术的人为误差，数年来无人问津。事实上，胜肽在体内四处游走，在距离远超过我们过去所能想象的地区找到它们的受体，使得这样的脑部通信系统与内分泌系统并无不同，因为激素也同样能在我们体内到处游走。脑其实就像一袋激素！这个发现从此改变了我们对脑的看法，以及形容脑时所使用的比喻。

　　一九八四年，任职麻省理工学院的神经科学界元老，也是该校神经科学研究学科（Neuroscience Research Program）的创始人弗朗西斯·施密特引进了一个新的用语——"信息物质"来形容各种递质，包括胜肽、内泌素、因子和蛋白配体。在传统由突触形成的神经线路之外，施密特提出一个副突触系统，也称为附属、平行的系统，借助化学信息物质在循环全身的细胞外液中四处游走，直到它们与特定标的细胞上的受体会合。他的看法，还有他生动的命名，很快就被接受了。

## 身心之间的联系：传递情绪的胜肽

脑部与身体之间可能的联系管道似乎一下子暴增起来。除了一度被视为身心之间不可或缺的神经突触传导之外，还有很多联系管道，而我们正开始了解那些管道所传递的信息。例如，多年前意外在脑部发现、后来却没有受到重视的性激素受体，显然有一项功能：通过这个受体，睾酮或雌性激素（若在怀孕期由母体释放，进入胎儿体内）可以决定脑神经元的联结，影响孩子一生的性别认同。约翰斯·霍普金斯大学著名的精神科医生约翰·莫尼（John Money）已然发现，雌性胎儿若接触到类似睾酮的类固醇激素（因为母体肾上腺的异常分泌），日后的行为举止可能会比较像男孩，不喜欢洋娃娃。

同时，新发明的生化工具也让我们得以发掘出更多的神经联结。科学家开始进一步探究托马斯·赫克菲尔德（Tomaas Hokfeldt，瑞士人的一员）于二十世纪八十年代中期从事的开创性研究。他曾报道，坎农的研究所描绘的古典自主神经系统，竟然含有各种神经胜肽，几乎囊括了所有他在那儿搜寻的神经胜肽。神经胜肽不仅出现在脊椎两侧一排排的神经节里，也出现在终点器官本身。神经科学家于是开始详细追踪身体各部位之间的联系，一个科学发现的新纪元就此展开，直到今天仍方兴未艾。现在，每一天都有人针对脑部含有胜肽的不同神经核做进一步的探究。神经核是由一群神经元的细胞本体组成的，是脑部与身体双向联系的主要源头。

就举近来的一个研究为例吧！宾夕法尼亚大学的丽塔·瓦伦蒂诺（Rita Valentino）发现后脑的巴灵顿（Barrington）神经核，将含有神经胜肽"促皮质素释放因子"（CRF）的轴突，借由迷走神经，一路送到遥远的大肠彼端，靠近肛门的部分。而过去大家还以为它仅有控制排尿的功能。丽塔证明结肠的膨胀感（想排便的感觉），以及外生殖器的亢奋感会传回巴灵顿神经核，从那儿再发出一条短神经路径（称为"投射"），将信息传送给蓝斑核；蓝斑核含有去甲肾上腺素，是愉悦路径的供应站，其中也有很多阿片受体。愉悦路径与前脑的排泄控制区也有联机。天哪！从丽塔的神经解剖研究发现来看，难怪小孩的如厕训练会有这么多的情绪涉入！也难怪有人会把厕所里做的事带到性行为中！显然，传统的生理学家过分低估了自主神经系统的神经化学和神经解剖学的复杂性。不过，这些在今天都得到了改善，因为我们找到新的技术去追踪这些不可思议的联机。

如果我们承认胜肽和其他信息物质是情绪的生化分子，那么它们在身体神经里的分布便透露着各种重要的意涵。弗洛伊德若还在世，会得意地指出这些分子印证了他的理论。身体是一种潜意识心智！压抑的心灵重创可以存积在身体的某个部位，影响我们的感觉移动那个部位的能力。今天的研究显示意识进入并影响潜意识和身体的路径多得难以估计，也为情绪理论家一直在思索的一些现象提供了解答。

## 身体里的心智

鉴于我所描述的研究，我们不能再将情绪脑局限在传统认定的区域：杏仁体、海马以及下丘脑。譬如，我们已经发现其他解剖构造含有稠密的各种胜肽，这些区域包括背角（dorsal horn），即脊髓的背面，它是神经系统里处理所有"体感"（somatosensory）信息的第一个突触（体感指的是所有身体的感觉，无论是他人的手在我们皮肤上的触摸，或者是我们的器官在执行生理活动时的动作所产生的感觉）。不仅是阿片受体，几乎所有我们搜寻过的胜肽受体，都可以在脊髓这个负责接收所有体感的地点找到。事实上，所有五官感觉——视觉、听觉、味觉、嗅觉和触觉——进入神经系统的地点，几乎没有一处不含有高密度的神经胜肽受体。我们称这些地点为"结点"（nodal points）（即俗称的"热点"），以强调它们是大量信息的汇集地，而这些信息则是由许多神经细胞的轴突和树突所携带的，它们不是路过，就是彼此之间以突触联系。

结点的存在似乎是为了让绝大多数的神经胜肽在执行信息处理、排列信息的优先级、导引信息产生特殊的神经生理变化等勤务时，能进入这里读取信息，并加以调节。比如说，巴灵顿神经核就是这样一个结点，因为它含有很多神经胜肽受体，与性欲或排泄功能相关的感觉到了这里，会受到改变或调整，会进入潜意识或跃升为最急需处理的要务，端视当时占据受体的是什么神经胜肽，情绪和躯体感觉因此错综复杂地交织在一起，它们之间有双向的沟通网络，可以互相影响。通常这个过程是我们察觉不到的，但在某些情况下，它也可以浮出，进入意识层次，或运用意念把它带到意识层次。

所有感觉信息在跨越一个或数个突触后，都会经历一个过滤的程序，最终到达较高层级的处理区，例如额叶（但不是所有的信息都能到达这个层级）。进入额叶的感觉信息，好比景观、气味、抚触等，也就进入了我们的知觉意识。过滤这个过程选择了我们每个时刻所注意的刺激，它的效率决定于结点里受体的质与量，而决定这些受体的相对质与量的因素很多，包括你昨天的经验和童年的经验，甚至你今天中餐吃了什么。

假想脑是一部机器，它的功能不仅是过滤和储存输入的感觉信息，而且还将这些信息与沿路上的每一个突触或受体当下传导的事件或刺激做联结——也就是学习。以人类非常进化和复杂的视觉处理过程为例，当一个视觉信号映入视网膜，即眼睛感光的部分，它还需要经过五个突触，才能从后脑一个叫枕叶皮质（occipital cortex）的地方，移送到额叶皮质。每经过一个突触，视觉影像所引发的神经生理构图，就变得更加复杂，在第一个突触传达的简单线条和棱角，在越来越接近前脑的过程中，累积了越来越丰富的细节和联结。你可曾有过这样的经验——以为自己看见了想念的人，而那个人根本不可能出现在那个地方。旅行的时候，我常在瞬间以为自己在机场瞥见的那个金发少年是我的儿子布兰登，尔后才意识到那是不可能的事。

相反地，嗅觉是比较古老、原始的感官，比较不容易导致错误的联想，因为它进入知觉意识的途径较短与较直接。它只需经过一个突触，就可以从鼻子到达杏仁体，这个结点会将各种形式的感觉信息，直接传送到皮质里较高的联结中心。这是为什么我们对气味有这么强烈和难忘的联结。数日前，我先生突然了解他为什么一直对冠蓝鸦（bluejay）有着不可理喻的厌恶感，七岁的时候，他曾经在一个密闭的空间给一只冠蓝鸦的模型着色，结果让恶臭的颜料熏得呕吐！

我们的身心在神经胜肽的指引下提取或抑制情绪和行为。埃里克·坎德尔医生[①]（Eric Kandel）和他在哥伦比亚大学医学院的同事已经证明在受体层次造成的生化变化，就是记忆的分子基础。当受体被配体填满的时候，细胞膜会产生变化，以加强或抑制电脉冲通过受体所在的细胞膜，因而影响神经线路的使用选择。这些新发现很重要，因为它们让我们了解到记忆不仅储存于脑部，它还储存在延伸到身体的身心网络里，尤其是神经和叫作神经节的细胞集合体之间无所不在的受体里。神经节不仅分布在脊髓里面和脊髓的附近，它还散布在通往内脏和皮肤表面的各个路径上。哪个信息会形成意念，跃升到意识的层次，哪个会维持在未处理的思想状态，埋在身体较深的层次，由受体来仲裁。我觉得既然记忆是记录或储存在受体的层次，那么记忆的历程应该是受情绪驱动的，而且是我们察觉不到的（不过，跟其他受体调节的历程一样，有时候它也可以被导入意识层次）。

## 情绪与记忆

大学时代，我在布林莫尔心理系研究所开的一门研讨课里，听到来自天普大学（Temple University）的心理学家唐纳德·奥弗顿（Donald Overton）的演讲，他记载的许多动物常见的现象，经后来的研究证实也适用于人类。在

---

[①]二〇〇〇年诺贝尔生理医学奖得主。

药剂的影响下学习走迷宫或避开电极的老鼠（想象这个药剂是一个外源配体，它会与脑部和身体里的受体结合），当实验者再测试该老鼠是否记得如何走出迷宫或避免遭受电极时，如果施以相同的药剂，它的表现会达到最高点。如果我们把情绪视为化学配体，也就是胜肽，我们就比较能了解所谓的"无法迁移于其他情境的学习"（dissociated states of learning），也就是"情境依赖记忆"（state-dependent recall）的现象。正如某种药剂有助于老鼠忆起它之前在同样药剂影响下的学习经验，传导情绪的胜肽也有助于人类的记忆。情绪等同于药剂，两者都是与体内受体结合的配体。从日常经验来说，就是当我们心情好的时候，比较容易回想起正面的情绪经验；而当我们心情不好的时候，比较容易回忆起负面的情绪经验。我们当下的心情不仅影响我们的记忆，它还影响我们实际的行动。心情好的时候，我们比较乐于帮助别人、大公无私。反之，要是你经常伤害你所爱的人，久而久之他们便学会在你出现的时候感到害怕，并记得以什么样的行动因应。要了解情绪和记忆有着密不可分的关系，其实并不需要精通情绪理论。因为对大多数的人而言，最早和最久的记忆往往就承载了满满的情绪。

从演化的角度来看，情绪的一个极重要的目的，就是帮助我们决定该记得什么、该忘记什么。穴居时代，一个女人如果能记得哪个洞穴住着一个温和、会给她食物的男人，会比记不清楚哪个洞穴住着这样的男人、哪个住着会吃人的熊的穴居女人，更可能成为我们的祖先。爱（或类似爱）的情绪和恐惧的情绪将有助于巩固她的记忆。既然药剂可以影响我们的记忆，神经胜肽无疑地也能发挥它内源配体的功能，塑造我们正在建构的记忆，并在我们需要提取它们的时候，将我们拉回到当时的心智状态，这就是学习。事实上，我们已经发现脑部的海马结构是个神经胜肽受体的结点，所含的神经胜肽受体，可说样样俱全，没有它，我们就不可能学习任何新的事物。

各种不同的神经胜肽配体制造了我们的情绪状态或心情，而我们所体验的某种情绪或感觉也会启动某个神经线路，在整个脑部和身体同步进行，引发某个涉及整个有机体的行为，包括这个行为所需的一切生理变化。保罗·埃克曼曾就此做过一个精简的结论，他说，每个情绪都是整个生物体的经验，不只是头部或身体的经验，而且它还有一个对应的面部表情，它是伴随每个主观感觉变化的各种生理变化的一部分。

是否每种情绪都有专属的胜肽？也许。至少我是这么认为。例如，血管紧张肽这个典型的激素（也是胜肽）可以很贴切、很简单地说明某个胜肽和某种情绪的关系，以及这个情绪如何协调、整合身体和脑部的反应。很久以前就有研究证明血管紧张肽有调节口渴的功能，所以如果将一根管子植入鼠脑中含有丰富的血管紧张肽受体的部位，加一滴血管紧张肽到管子里，不要十秒钟，这只老鼠就会开始喝水，即使它已经喝得饱饱的。从化学的观点来看，血管紧张肽相当于一种改变的意识状态，也就是让人或动物说"我要一杯（或一槽）水"的情绪状态。换言之，是神经胜肽带我们进入意识状态，觉察到那些状态的改变。同样地，血管紧张肽作用于它在肺部或肾脏的受体，也会造成生理的变化，而所有的变化都以保留水分为目标。譬如，从肺部呼出的每一口气中的水蒸气含量会降低，肾脏排出的尿液含有的水分也会减少。所有系统都齐心协力朝一个目标运作：取得更多的水。而运筹帷幄的就是一个情绪状态（或实验心理学家所称的"驱动状态"）：渴。

我们的脑部和身体分泌的胜肽的总合——我们的情绪状态——是否会偏颇地影响我们的记忆和行为，使我们自然而然地只看到我们所预期的？这个有趣的问题，就是我接下来要讨论的。

## 编造主观的现实

客观的现实根本不存在！因为脑子无法负荷感觉器官不断输入的大量信息，所以我们需要一套过滤系统，才能专注于我们的身心认为最重要的信息，并忽略其他的信息。我说过，决定什么信息值得我们注意的，正是我们的情绪（或占据受体、影响心理活动的药物）。在《感知之门》（*The Doors of Perception*）一书中，赫胥黎（Aldous Huxley）说过类似的话，他说脑子是一个"筛减的活门"，他认为真正进入这个活门坐镇指挥的，仅仅是同时可能被吸收的信息中的一小撮而已。他说得一点也不错。

既然我们对外在世界的感觉，在经过一个个富含胜肽受体的感官处理站时，会遭到筛选或淘汰，且每一站的情绪基调都不相同，我们又怎么能客观地判定最后我们所感知到的哪些是真的，哪些是假的？如果我们判定为真实的感知，是经过我们过去的情绪和学习经验筛选出来的，那么答案显然是：我们没有办法。但幸好受体不是呆滞的，它们的敏感度，还有它们跟细胞膜上其他蛋白质的协议是可以改变的。这表示即使我们的情绪"陷"在某种状态里，执着于某个对我们没有好处的人生观时，在生化的层次永远存在着改变和成长的潜能。

我们身心注意力的转换，大都是潜意识的。当神经胜肽借着它们的活动导引我们的注意力时，我们并非有意识地参与这个过程，决定哪些信息该处理、记忆和学习。但我们确实可以将某些决定提升到意识层次，尤其是借助意念的训练，目前发展出来的这类意念导引的训练有很多种，它们的目的就是提升我们的意识力。例如，通过观想，我们可以增加流入某个身体部位的血流量，借此提高氧和养分的取得，以便带走毒素，滋养细胞。之前我曾说过，神经胜肽可以让血液从身体的某个部位改流到另一个部位，而血流量是身体妥善分配有限资源的重要一环。

诺曼·卡森斯（Norman Cousins）曾经告诉我，他打网球弄伤了手肘，医生说手肘得到的血液供应量很低，所以这个受伤的关节需要很长的时间才能复原。听了医生的解释，他就每天花二十分钟的时间，专心用意念让通过受伤关节的血流增加，结果手肘神速地复原，很快又上场打球了。

不过千万不要误会，我并非在宣扬这是疗伤止痛的不二法门，治愈并不是一定要将潜意识的生理活动转化为有意识的才行。事实上，身体这个潜意识似乎无所不知、无所不能：在有些治疗中，它可以在我们的意识完全不晓得的情况下，导向痊愈或改变。催眠术、瑜伽呼吸法，还有许多操作式和以能量为理论基础的治疗法（从生物能量疗法和其他以身体为重心的心理治疗，到推拿、按摩和治疗性的抚触），这些方法都是在潜意识层次导引变化。（经过治疗而产生戏剧性和神速蜕变的一些实例，使我确信压抑的情绪会存留在身体里，也就是潜意识的心智：那些记忆由神经胜肽配体释出，储存在它们的受体里。）许多身体意识治疗法惯用的感情净化作用，有时候的确可以让人产生蜕变，它们的重点是把滞留在身心网络里的情绪释放出来，不过，也不是每次都能成功。

知名的精神科医生兼催眠治疗师米尔顿·埃里克森（Milton Erickson）曾针对几位年轻女性的潜意识进行治疗。这些女性胸部平坦，接受过各种荷尔蒙注射治疗，但都无效。米尔顿告诉她们当她们陷入恍惚状态时，她们的胸部会发热、感到微微的刺痛，并开始隆起。虽然没有人记得在他办公室究竟发生了什么事，但两个月后，她们的胸部都变大了。想必是米尔顿的暗示导致她们的胸部得到较多的血液供应吧！

情绪不断调节我们所经验的"现实"。哪些感觉信息会传导到脑部，哪些会被过滤掉，决定于受体从胜肽那儿接收到什么信号。神经生理学的研究有大量的明确数据显示，神经系统无法接收所有的信息，只能根据它的电路联机、它自己内部的形态、它过去的经验，在外面的世界搜寻它能辨识的东西。中脑里的"上丘"——另一个神经胜肽受体的结点——控制眼球肌肉的运作，并影响哪些影像被拣选，落在视网膜上，因而被看见。比方说，当高耸的欧洲船只靠近早期的美国原住民时，因为在他们的世界里这是个"不可能"的景象，所以他们极度拣选的感官能力便无法记录下发生的事，也就是说他们看不"见"那些船只。同样地，一个戴了绿帽的丈夫，可能会因为在情感上过于相信太太的忠诚，以致看不见大家都看到的事实，即使她的不轨行为显而易见，他的信念也会指引他的眼球移开视线。

随着研究的进展，我们有越来越明确的证据显示胜肽的角色不只是引起个别的细胞和器官系统产生简单、单一的行动，事实上，胜肽还负责将身体的器官和系统编结成一个网络，在面对内在或外在环境的变化时，做出复杂、微细的统合反应。胜肽就像散页上的乐谱，标示着音符、短语、节奏，好让管弦乐队——你的身体——演奏起来犹如一个整合统一的实体。而奏出的音乐就是你感觉到的基调，也就是你主观经验判定的情绪。

\* \* \*

一九八一年三月：我父亲住在退役军人医院接受肺癌治疗的期间，我经常在晚上去探视他。这一晚，他躺在床上抬起眼皮看着我，挖苦地说："怎么样，找到有效的药剂了吗？"尴尬、难过的我，无法迎向他的目光。虽然一年前他的病情得到减缓，但癌细胞发生了突变，再度发作。那天稍早我曾前往实验室，得知试管检测显示他的癌细胞排斥所有已知的化疗药剂。而我自己为了了解他的疾病并找到疗剂所进行的研究，看来也一样惨淡。

"情况很乐观。"我骗他，想给他希望，"希望"看来是让他从这个致命的疾病中奇迹康复的最后尝试。"实验室会找到有效的药剂，我确信。"接着为了转移话题，我说，"瞧凡妮莎在学校给你做了什么东西！"我拿出五岁女儿要我带来布置外公病房的彩虹风饰。

当我把这个象征希望的彩虹挂在病床的上方时，他正在打盹，怀着一颗沉甸甸的心，我轻声细语地跟父亲道歉："爸，对不起！科学现在还没有找到解答。"

我知道虽然经过几十年的钻研，科学界仍然没有真正超越一九六五年前即研发出来的剧毒疗法。但我不能了解的是，癌症医疗界为什么那么强烈地反对一个外人去探索新的疗法。这是我第一次见识到旧思维体系的食古不化，这个经验使我大彻大悟，让我几乎不费吹灰之力就摆脱了自己的知识枷锁。我即将进入一个漫长又黑暗的绝望隧道。然后，我会看见一线亮光，又惊又喜地朝着它走过去，发现它为我照亮了一个全然不同的思想天地。

# 第 8 章
# 转折点

一九八二年初一个冬日的午后，我对宫殿、男性权力核心和主流思维模式所存的最后一丝信心开始溃散。地点是美国国立卫生研究院的餐厅，我坐在餐桌旁，任盘子里的色拉逐渐萎缩，漫不经心地和面前这位男性精英科学家，针对我们合作过的研究，斤斤计较地进行功劳归属的攻防战——谁在什么时候做了什么、怎么做的。怀着八个多月的身孕，又遭逢变调的婚姻、父亲的去世，我只想站起身来，掉头走开。

父亲去世以前，尽管有拉斯克事件的教训（或许就因为这些教训），我仍然立意追逐名利，不惜一切提高自己著作的引用次数，抢占对手的地盘。和其他人一样，我会尽可能把一个研究案写成好几个独立的报告，罔顾其他研究者的需要，使他们无法一次看到整个研究结果而从中受益。我学会怎么玩这个科学游戏，它也激发了我生存的本能。在不牺牲人格和诚信的唯一原则下，在坚守科学乃追求真理的理想下，我熟练地在这个险恶的环境求生自保。

然而父亲的走，让我有了新的觉察。生平第一次，我真正体会到我从事的科学攸关着人的生死。无法治愈的疾病夺走的是有血有肉的人，他们不只是统计上的数字，而且在这些人当中，有一个是我的骨肉至亲。有了这个新的认识，狡猾的政治手腕、不服输的运动精神、自私自利的战斗目的，全都退居次要了。一个更深的使命感开始在我心中涌现，为我指出新的人生方向。

父亲是在一九八〇年二月诊断出肺癌的。这是我们家头一次有人被发现患有重症，对我有如晴天霹雳。而更让我震惊的是，他患的癌症还是我蛮熟悉的一种——小细胞癌，又称"燕麦细胞"癌，因为在显微镜底下，这种癌细胞看起来就像一粒粒的小燕麦，它是身体的自然机制产生的恶性突变。它长得很快，而且会迅速扩散，转移到全身，以致患者通常在很短的时间内就会死亡。

在人可能罹患的四种肺癌当中，大约有四分之一是小细胞癌，而这些人几乎百分之百都跟我父亲一样，是烟不离手的瘾君子。

一听到诊断结果，我马上开始四处打电话，询问宫殿里谁是顶尖的小细胞癌临床医生。我得到的名字是一个头号人物，在美国国立卫生研究院的美国癌症研究院（National Cancer Institute）主管一个庞大的实验室。就像我生命中不时出现的许多因缘际会一样，这位医生偏巧也在找我，过去一个月他打了好几次电话，但我一直抽不出空回电给他。

不过此刻它成了我的第一要务。虽然知道诊断结果的那天正好是星期日，我还是打了电话到他府上，把我的情况告诉他，请他帮忙。看在我的面子上，他同意让我父亲加入他正在进行的测试，虽然父亲的年龄已经超过标准，他的结果也将不会列入测试的数据。不过，这些都不重要，即使这个还在实验阶段的最新鸡尾酒疗法或许只有百万分之一永久治愈的机会，它还是让绝望的我们看到了一线希望，为此我心怀感激。

这位医生和我随即谈到正题。原来他打电话找我，是因为有研究显示他的小细胞癌细胞会分泌神经胜肽，他想针对这一点做进一步的研究。我也知道这个研究，它是罗莎琳德·雅楼（Rosalind Yalow）博士于二十世纪六十年代的杰作，研究的发现还让她获颁诺贝尔奖。但因为后来有很多新的神经胜肽陆续被鉴定出来，所以这位癌症医生和他的实验室想要一个最新的"胜肽蓝图"，让他知道这种癌细胞所分泌的胜肽究竟有哪些。他知道如果要找到治疗小细胞癌的方法，就必须对这些细胞的性能有更多的了解。届时，我们才能明确地界定它们的分子效应，研发一个合理、有效的疗法。他也知道我的实验室拥有最先进的胜肽研究技术，所以应该是他得到答案的最快途径。

这种交易在宫殿是很稀松平常的，一个实验室同意跟另一个实验室合作，解答他们提出的问题——它反映出宫殿的全盛时期，也是精粹科学的一个范例。如果是在大学碰到这样的要求，我得先写一个计划书申请研究经费，送交出去，然后静待经费审核单位的垂青。即使到那个时候，我也只有五分之一的机会得到需要的经费。如果我是在商界做研究，我得先说服股东或贪婪的资本家有利可图，才能开始行动。

但是在官殿，我们只需在电话中达成协议，就一切搞定了。我父亲会被纳入这位癌症医生的临床试验，而我会协助他的实验室鉴定癌细胞分泌的胜肽。父亲在第二次世界大战服过役，所以位于华盛顿市区的退役军人管理局医院（Veteran's Administration Hospital）给了他一张病床，那是保留给试验对象的几张病床之一。

过不了几天，一百支小试管就到了我的实验室，每一支都含有一个从不同的细胞株制成的弹丸般的小球体，它们是从不同的病人体内采样出来，然后在培养皿中辛苦培养出来的细胞检体。这些细胞株包括采自好几十个病人的几种不同的肺癌。我开始萃取每一个小弹丸的胜肽，精确地加入适量的热酸溶液。然后把每个试管里的东西转移到十个新的试管里，如此一来，每个肺癌细胞株就有十个检体，总共加起来就是一千个检体。我计划搜寻十种不同的胜肽，自己处理脑内啡，而把铃蟾肽交给我过去的一个博士后研究员特里·穆迪，虽然他现在在市区另一端的乔治·华盛顿大学工作，但是当他还在我的实验室工作时，他做过铃蟾肽受体的分布研究。另外八种胜肽，我分别交给一些胜肽伙伴，我知道他们会快马加鞭地搜寻所分配的胜肽。我认为要了解这些癌细胞，最好的方法莫过于检测所有的可能，这是追根究底的研究者常用的一种"摸索"策略。时间相当紧迫，父亲的生命全看我能否快速跑到终点，我祈祷能早日看到情势的逆转。

毫无疑问，直到今天我们仍然迫切需要新的癌症疗法。虽然长年以来，癌症医疗界一直试图破解这种疾病，但它造成的死亡人数却不断增加，而其中很多是在经历了漫长、痛苦不堪的毒性化疗后，却终究还是步入死亡的人。二十世纪五十年代研发出来的剧毒化疗药剂，会杀死体内所有快速分裂的细胞，不仅癌细胞，还有多种健康的细胞。不幸的是，免疫系统——身体对抗癌细胞的自然防御机制——也是由快速分裂的细胞组构成的。所以疾病和对抗疾病的细胞全都会遭到摧毁。

在癌症研究院的小细胞肺癌试验里，只有一个病人活过五年。大多数接受化疗的病人都活不过两年。那个时候的先进化疗只不过是把过去使用的那些毒剂做不同的混合使用，按照不同的时间表施打而已。我知道如果要让父亲活下去，必须研发出一种新的疗法，必须在了解和治疗这个疾病上有重大的突破。我只是希望化疗可以多给他一点时间——足够让我完成必要的工作。

化疗后的父亲恢复了元气，只不过几个礼拜的光景，他就从一个濒临死亡的人转变成一个几乎正常的人。一如预期，他的病进入了缓解期，但也可以预期的是，它很快就会复发。我心知肚明，但我不忍心告诉父亲或母亲。直觉告诉我他需要所有可能的希望，尽管在天性上他对事情倾向保持怀疑的态度。正因为如此，我每天去看他的时候，只强调"好消息"，让他知道我们在为他寻找疗剂的奋战中又有什么新的斩获。

然而在实验室里的我，可就没那么乐观了。为了了解这个病，我一头钻进肿瘤学的文献，心里有一大堆问题需要解答：为什么这种奇怪、快速分裂的小细胞会含有这么多胜肽？这些细胞为什么和通常在肺组织里发现的那些细胞迥然不同？我以为只要能回答这些问题，就可挽救父亲的生命。

父亲一点也不相信我的话，在他病情逐渐恶化，并在每次缓解期之后又再次发病的过程中，他总是带着看好戏的心情，疏离、冷静地看着我疯狂的知性探索。我父亲是见过世面的人、一个艺术家，他为大乐队改编爵士乐曲，是一个世故练达的怀疑论者——总之，他不是一个会轻易相信神奇疗法的人。他最希望的是在忍受化疗后的强烈呕心感时，能得到舒适的照顾，我也竭尽所能地确保医生和护士会提供他所有可能的协助。

当胜肽研究的伙伴把结果送来时，我把它们全部登录在一个很大的数据表上，然后火速跑到医生的癌症实验室。没有人知道哪个试管有哪种癌细胞，因为对原检体的无知是必须遵守的科学规范。当我和实验室的一个博士后研究员弯下腰审视那些数字时，我热切地看着他把细胞的种类填入名称栏里。不一会儿就看出怎么回事了，每一个含有小细胞癌细胞株的试管都有一个特征，那就是它们都含有相当程度，甚至极高程度的铃蟾肽。

铃蟾肽，想到特里·穆迪和我曾经把这个默默无闻的胜肽捧成分子胜肽的明星，我不禁打了个寒噤。当时，我们先是找到铃蟾肽的受体。然后利用铃蟾肽抗体在脑神经元内部找到了胜肽本身。

在这个突破性的发现之前，我只是天真地追逐着不切实际的梦，驱动我的仅是对父亲的命运所寄予的希望和感到的恐惧。但这个新发现，让我们看到它或许不是那么不切实际——我们真的可以揭晓这些细胞何以复制得如此之快。如果我们能了解它们猖狂不羁的生长机制，或许就能找到让它停止的方法。鉴定出刺激生长的物质，将有利于我们找到一种拮抗剂来阻断它的行动。此时的我才真正开始觉得，我们有机会在一切还来得及的时候找到治疗的方法。

我很高兴有机会再度跟特里合作，我们过去共事的经验不但愉快，而且成果丰硕。很快地我们着手工作，试图解答这个问题：铃蟾肽的出现是否是癌细胞疯狂、快速复制的关键？这纯粹是臆测，但大部分的细胞"生长因子"（growth factor）在经纯化和化学鉴定之后，发现都是胜肽。胜肽生长因子对细胞膜上的受体产生作用，造成细胞分裂，然后以倍数生长，这是细胞正常、健康的发展。胰岛素是这类胜肽中的一个；表皮生长因子（EGP）是另一个。生长因子之所以成为癌症研究热衷的领域，原因不言而喻。如果铃蟾肽是肿瘤细胞为促进自己的生长而分泌的生长因子，那就可以解释肺癌细胞为什么复制得如此神速。当我们的研究显示癌细胞不只是分泌铃蟾肽，似乎还受控于铃蟾肽，因为它们的表面上有铃蟾肽受体，我们认为自己已经揭露了它的运作机制。铃蟾肽不仅是一种生长因子，它还是一种自体生长因子——由它自己操作的细胞所分泌的物质。

我们将发现告知癌症实验室主任。两周后，他的一个研究员打电话来，带着颤抖的声音告诉我铃蟾肽使他的细胞株长得更快了，他证实了我们的预感，铃蟾肽和癌细胞上面的铃蟾肽受体必然是它们疯狂生长的罪魁祸首。

我兴奋地将他的研究证实纳入我们的报告尾端，这篇文章描述了铃蟾肽与小细胞癌的关联，是我在仓促中写出来要在《科学》期刊发表的。引述时我说这是根据癌症实验室的一个研究员，阿迪·盖兹达（Adi Gazdar）"私下的透露"——就一个尚未发表的研究来说，这是通行的引用方式。我交出了报告，将特里列为第一作者。癌症研究院实验室主任列在最后，其余的我们则分别列在中间。当文章刊登出来时，癌症实验室主任认为我抢先报道他的研究员的资料，必然会让他的对手运用这些数据，抢攻他的版图。我当时只想到时间宝贵，研究肺癌的科学家迫切需要这些资料，所以越早发布越好。对我而言，将我们的发现提供给越多人知道越好，那比耍弄政治手腕还要重要，我根本不在乎功劳的归属。

在此同时，父亲的情况更加恶化了。他已经接受过一次骨髓移植手术，那是当一般化疗剂量对病人失去作用时所采用的治疗步骤，过程非常痛苦。医生从骨髓里抽出免疫细胞，冷藏起来，待病人接受高剂量的恐怖化疗后再将它们输入。理由是骨髓没有癌细胞，所以可以在身体系统被化疗药剂净化之后，再将它们输入，期待它们像种子一样长出新的免疫系统——期待化疗后病人饱受摧残的身体，可以成为新免疫细胞生根和茁壮的沃土。

但在父亲身上，这个策略没有成功，或许是化疗没有杀死所有的癌细胞，让一些存留了下来继续生长，也或许从骨髓抽出的种子免疫细胞中，有些本身在癌细胞生长过程中已经受到牵连，所以化疗后，一旦将它们输回体内，就会让疾病继续发展下去，这个可能也是我们后来研究的方向。

虽然最后一轮的化疗让他的头发全掉光了，看起来有些憔悴，但是他仍然保持着乐天、幽默的个性。我记得每天不断要他服下高剂量的维生素 C，希望能抵制药剂的部分毒性。一度我甚至建议找一位颇受争议的癌症医生来试试，我曾经读过他的替代疗法。不过，纵使我满怀信心地寻找疗剂，父亲对可能让他复原的新门路很快就丧失了兴趣。

渐渐地，他的病床越来越接近护士的值班台，这不是好兆头，因为那表示他们需要时时注意他的状况。接着噩耗来了——癌细胞已经扩散到他的脑部，他必须接受放射治疗。在此之前，父亲总保持着不错的心情，甚至常以吉他弹奏爵士乐段，深得护士的欢心。而现在，最新的诊断结果却让他的心情顿时跌入谷底。父亲是个知性的人、一个艺术家，知道癌细胞正在侵蚀他的脑，令他灰心丧气，也夺走了他仅存的希望。不过，他还是接受了放射治疗。

放射治疗的第七天，我留意到自己的心绪产生了明显的变化，从充满希望到一种麻木的空虚感。虽然我的大脑还无法接受，但我的直觉告诉我——父亲熬不过去了。

那个晚上，当他跟母亲道别的时候，他提出了一个不寻常的请求。那天我没有和母亲一块儿去看他，因为一旦我放弃了希望，就再也无法面对他，正视他的目光。

"去陪甘德斯。"他不断告诉她，母亲握着他的手，向他保证她会。父亲知道那晚他将告别人世，所以他要母亲过来陪我，她照做了。夜里两点左右宣告死亡的电话响起时，母亲就在我身边。

父亲走了，距他被诊断出肺癌的那天差不多刚好一年。当我到退役军人医院收拾他的随身物品时，我在病床旁边的抽屉里看到半包烟，想到他生前抽烟抽得那么凶，我并不感到意外。正要离去时，一位行政人员给了我一面美国国旗，好在葬礼时覆盖在棺木上。可是想起父亲经常表达的看法："战争是傻子玩的游戏。"我们不打算用它，把它放在储藏室里了。一直到几年以后的国庆节，想到他天性喜欢热闹，也因为仍然对他怀着无比的思念，我们才把它拿出来，铺在野餐桌上，摆上丰盛的餐点。

至于我的研究，显然进展得不够快。虽然我们现在对这个疾病有了较多的了解，但是没有来得及研发出治疗它的方法。这一路下来，没有疗剂，有的只是一篇发表在《科学》期刊的论文。癌症研究院实验室主任对于我大肆报道癌细胞生长的重大发现大为震怒，他认为我不该在时机尚未成熟时，让它曝了光。我犯了大忌，因为我把一堆资料都写进同一篇论文里，而任何一个自重的科学家都会将它延展为四五篇论文，借此增加论文的数量，更不用说多少次被引用的机会了。

## 尘封往事

也就是在故事的这个关节点，我坐在美国国立卫生研究院的餐厅，面对着曾经与我合作的工作伙伴，争论着研究的掌控权。当这位位高权重的男士坐在我对面向我提出要求时，我知道我的地位不容许我据理力争，我也不想这么做。他口气强硬、坚定地说，他宁可完全断绝与我的合作关系，而只和特里打交道。这是他的版图，我必须了解这一点。毕竟，他是主任，如果我能当个乖女孩，那么"也许"在未来的研究里，他还是会考虑和我合作的。

怎么有种似曾相识的感觉！脑海里浮现出我离开约翰斯·霍普金斯大学到宫殿来之前，与索尔的最后一席谈话。同样的戏码再度上演，一个大权在握的男性科学家叫我退出我们一同开始的研究。仿佛有些东西太重要、太荣耀了，所以不能和别人共同分享它们得到的肯定。显然，对他而言，铃蟾肽与小细胞癌的关联就是其中之一。

当然，他有充分的理由这么做。我曾在他同僚的协助下，印证了一个显而易见的假设——小细胞癌患者的血液应该会有较高含量的铃蟾肽，这无疑是在伤口上撒盐。胜肽的血液测定，是我们熟悉的技术，闭着眼睛都可以做，所以要证实这个假设易如反掌。我将研究结果告诉了癌症实验室主任，并让他知道我打算写一篇短小的论文给一个颇有声望的英国医学期刊《柳叶刀》（Lancet），指出患有这类肺癌的病人出现的症状，例如皮肤痒、体温低、没有食欲，是血液里过多的铃蟾肽造成的……

这个举措让他再也无法忍受，促使他犹疑要不要和我继续合作下去。直到今天，我仍不能确定他对我的不满究竟是因为他不信任我的研究，还是因为他觉得我入侵了他的领域，打乱了他将研究发现慢慢延展为好几篇论文的计划。后来，我怀疑部分原因是他觉得和我一起列名在太多篇论文上，是政治不正确的不智之举。当他命令我将他的名字从《柳叶刀》论文上除去时，我知道我的猜想应该没有错。最后论文刊出来的时候，上面只有我和我的技术员的名字，但文中还是提到了癌症研究院实验室的贡献。

我记得自己坐在那里，回想着这一切。餐桌对面的斗士高分贝地训斥了我一个多钟头，但我压根儿没有听进去。我也记得当时感觉到即将出世的孩子在肚子里的骚动，它让我在这样的煎熬当中感到出奇的平静。或许这个新生命即将诞生的信息，给了我力量，也给了我一些距离，让我在饱受攻击的此刻能淡漠以对。

第二天早上，我收到癌症实验室主任的一封密密麻麻、长达四页的信，内容就像正式的合约书。里面详细地列出未来研究的人、时、地。我无动于衷地读完，根本不打算回复。我这位前工作伙伴坚信我越过了界，而我也同样坚信正是他这种以沽名钓誉、扩张自己声势为目的的保疆卫土的操作手法，使得医学界无法找到我们所迫切需要的疗法。父亲走了，我已经没有任何理由继续仰人鼻息。

我回到我的脑图谱、我的受体、我的胜肽。一度有趣又重要的探索：为什么这些肺癌细胞含有这么多胜肽，为什么它们跟其他肺细胞截然不同？我幻想有一天当诚心的追求真理比冷血的沽名钓誉来得重要时，它能得到平反。但现在，我不想碰它，只有当我想起父亲，想起我曾多么努力挽救他的生命却徒劳无功的这段过往时，才会想起它。

# 交会

不过我的厌倦和失望很快就消退了，因为我又开始了一段新的知性之旅。它缘起于一次社交的邂逅。让我又士气高昂地投入另一个重大的探索行动，寻找的也是某个疾病的疗法。它带给我的强大动力，支持我度过了前所未有的批判和磨难。一九八二年秋，我在宫殿的酒吧遇见了迈克·罗夫（Michael Ruff）。酒吧坐落在宫殿园区旁一个私人捐赠的石屋里，是科学家饮酒作乐的会所，不过现在它已经不存在了。那是一个百花齐放的地方。在宫殿，能看到来自这么多不同领域的人齐聚一堂，除了餐厅，就是这里了。大家在此畅所欲言，平日的疆界似乎消弭得无影无踪。

我很少去那儿，但与艾格正式分居了几个月后的一个下午，一种心灵的感应，把我带到了那里。胸前挂着的吊袋里，安置着我的新生儿，我当然一点也不觉得自己出色或性感。但当我走上楼梯到主厅去的时候，我有预感会碰到一个很有趣的人。

有一股力量吸引我朝吧台的末端走过去，那儿有两个年轻、英俊的博士后研究员正在高谈阔论。我们友善地对望了几眼，我看得出来他们认出了我。"那是甘德斯·柏特。"我看到其中一个用唇语跟另一个这么说。很快我们就聊了起来。

他们是迈克·罗夫和瑞克·韦伯（Rick Weber），曾一起在研究所念免疫学，现正以博士后研究员的身份在官殿实习。迈克后来告诉我他记得看过我在电视的一个科学纪录片里，谈着来自睾丸的脑内啡如何导致性高潮时输精管不由自主的痉挛。我不得不承认，当我想到自己在这些后生的眼里，是个资深、年长、睿智的女性科学家时，我的女性自我便不由得膨胀起来。但真正让我兴奋的是，他们两人都是研究免疫学的。因为有一个想法在我的脑子里已经搁了好长一段时间了——那就是精神分裂症可能是一种自体免疫现象——我一直渴望能找到意气相投的免疫学家好好讨教一番。瑞克的专长是抗体分子化学，抗体分子状似海绵，是某些免疫细胞制造的物质。以辨识和消灭对生物体造成威胁的病原。瑞克流畅地描述这些抗体在遇到细菌、病毒或肿瘤细胞时如何振动、改变形状，扣押它们，护送它们离开那个系统。当他讲到电影《神奇旅程》（Fantastic Voyage）里的一个场景时，我们都捧腹大笑起来。在这个场景里，拉蔻儿·薇芝（Raquel Welch）进入血液里，一大群抗体蜂拥而上，每一个都把自己变成完全符合的形状，好去罩住她超大的乳房。

迈克似乎比较安静、内敛，他的兴趣是免疫系统的细胞部分，特别是流动性高，叫作巨噬细胞的清除细胞，它的功能是将战役中入侵者被杀死后残留下来的碎片清除干净。他谈到吃垃圾只是这些细胞的功能之一，它们还扮演其他关键角色。例如修复身体的结构、必要时制造组织、统筹指挥复原所需的化学和细胞的连锁反应。迈克正在思考的问题是，这些细胞如果没有和彼此或身体其他部分沟通的能力，怎么可能做到这些。这是一个其他免疫学家完全不会想到的问题。

和迈克一样，我的想象空间里也正酝酿着一些奇思异想。其中一个就是精神分裂症可能是自体免疫反应导致的结果，也就是说免疫细胞误入歧途，不去对付它们原本该攻击的入侵者，反而去攻击生物体的一部分。我认为精神分裂症患者的免疫细胞所分泌的抗体，以脑细胞为对抗的目标，借助的媒介就是脑细胞受体。迈克和瑞克年纪轻，想法应该比较开通，会理解我的想法，所以我直言不讳地说："我要找到真正能治愈精神分裂症的疗法。"我宣布，这句话立刻让他们的注意力起了戏剧性的变化。"我认为这个疾病是抗体对抗脑细胞受体所造成的。"

他们陷入了沉思。这会儿没有人说话。

当下我们就同意一块儿探究这个假设。第一个步骤就是我教他们脑受体学，他们教我免疫学。就在那个午后，那个酒吧，我们展开了这个计划！我当时并不知道我们刚刚达成的协议所开启的合作关系：结合两个领域去发掘治疗疾病的新方法，日后会结出这么丰硕的果实！我们的研究将从精神分裂症绕出去，暂时不碰它，而先探索神经和免疫两个系统间的关联，即心智与身体的关联，因为它跟癌症和艾滋病也有关系，待数年以后再回到精神分裂症这个问题上。

初次邂逅后没多久，我们就经常凑在一块儿。有一个午后，在瑞克颠簸的敞篷吉普车上，他塞给我一份期刊论文的复印件。

"你看，甘德斯！"他说，"这是我的好朋友，得克萨斯大学的埃迪·布拉洛克（Ed Blalock）写的。"

"哪方面的？"我问，因为车晃动得太厉害而看不清楚标题。

"他找到制造脑内啡的免疫细胞。"

"真的吗？"我说，有点难以置信，半晌才让这个惊人的消息完全进入我的意识。这家伙知道他在做什么吗？

"看起来是确有其事。"瑞克回答，"你自己看看。"

瑞克将吉普车停在路边，我开始阅读，他和迈克两人也把头凑了过来。布拉洛克是一个免疫学家，才不过几年前，他与迈克、瑞克还是研究所的同学。他一直都在研究干扰素（interferon），那是一种叫作淋巴细胞的白细胞所制造的胜肽。跟抗体一样，干扰素也负责击退入侵的病原，以维持身体的统合性。布拉洛克在他的研究中注意到干扰素有时候会模仿激素的活动，所以他将淋巴细胞放在一个培养皿里，然后刺激它们制造干扰素，以观察它们是不是会在同时制造出其他的东西来。结果让他大感意外，他发现淋巴细胞也分泌改变情绪的神经胜肽——脑内啡，另外还有肾上腺皮质激素（ACTH），一种压力激素，过去科学家以为只有内分泌系统最主要的腺体脑垂体才会分泌这种激素。

"天哪！"我惊呼，"如果这家伙是对的，那么免疫系统就会像是一个流动的内分泌系统，一堆小小的脑垂体。"

兴奋之余，我们很快下了一个可能的结论：免疫系统不只和内分泌系统联系，还与神经系统和脑部联系，借着由神经胜肽脑内啡及它们的受体所构成的化学机制来传递信息。但是，要具体实现这个预感，直到有充分的信心去发表它，这之间要经过好几个步骤，将近两年的时间。

布拉洛克的发现渐渐传开来，但同行当中跟我一样兴奋的却寥寥无几。他们不是忽视布拉洛克，就是认定他弄错了。这是预料中的事。每个不符合主流思维的发现，一开始都会遭到大多数人的排斥。暗示传统上界定为分立的系统实际上是彼此关联的，无疑是对主流思维的挑衅！他的发现之后，有好长一段时间，不管布拉洛克走到哪儿，他都会听到窃窃私语的批判："马虎！人工产物（人为误差）！试管不干净！"他们持续这么说，一直到越来越多的实验室证实布拉洛克的观察，这才引起大家的注意。他所看到的不是什么"人工"产物，也就是说它不是实验本身的产物。一九八三年，一篇《自然》期刊的评论终于承认免疫系统里有神经胜肽，但警告科学界提防那些"激进的精神免疫学家"，因为他们可能妄下结论，以为这个研究显示"每一个免疫系统状态都反映着一个心智状态"。瑞克、迈克和我骄傲地接受了这个封号，从此以后便自豪地称自己是激进的精神免疫学家。

不过，即使有充分的证据迫使布拉洛克的批判者接受他的研究结果，但那些批判者仍然没有任何意图去说明这个结果如何挑战了科学界对身体的既定观念。

身为一个初露头角、激进的精神免疫学家，一个只追求真理、不在乎传统疆界的科学家，我刻不容缓地开始延伸和探索布拉洛克的研究所代表的意涵。

迈克的本职工作在美国国立卫生研究院另一端的齿科研究院，为了一块儿工作，暂时迁入我的实验室，瑞克经常过来加入我们。我们要验证的第一个想法就是如果免疫细胞会分泌脑内啡，那么免疫细胞的表面上应该会有阿片受体。我知道很多论文宣称免疫细胞上证实有阿片受体，其中一篇还是我过去在约翰斯·霍普金斯大学的老师佩德罗·考彻卡萨斯写的。他使用传统的磨合法分离受体，在免疫细胞上找到了阿片受体。但他的论文，还有其他几个人的论文，都因为不同的异常现象而没有受到重视。再者，这样的发现与主流思维有太大的抵触。免疫细胞上有神经胜肽受体？那究竟意味着什么呢？

我们决定采用一个较有说服力的途径，好让同行无法漠视。我们将使用"功能分析"来证明我们的假设，也就是去引发一个测量得到的特定活动。而非只显示受体的存在。我们要问的主要问题是：细胞的什么功能会因受体的结合而改变？

迈克在齿科研究院的组织炎研究中学过"趋化性"（chemotaxis）——细胞借由它表面的受体，学会辨识某个胜肽的"气味"，因而沿着这个胜肽的轨迹，朝它最密集的地方游过去，直到它能跟这个胜肽结合，这时胜肽便开始执行它的工作，指令细胞进行哪些活动。我们决定利用趋化性来展现鸦片剂和它们的受体对免疫细胞产生的作用。

于是我们选择了十种不同的鸦片剂，包括不同的脑内啡，来进行实验，结果显示免疫细胞向它们趋化的先后顺序与它们和受体结合的能力息息相关，后来我们运用同样的方法，将研究扩充，发现几乎所有我们曾在脑部鉴定的胜肽或药剂，例如烦宁、P 物质和诸多其他药剂，都可以在免疫细胞上找到它们的受体。

我们发表了我们的发现，接着继续探索下一个合理的问题，这个问题跟我们上一个问题正好倒过来：如果免疫系统里有神经胜肽，那么神经系统里是不是也有免疫胜肽？在脑部搜寻那些最初在身体其他部位被发现的胜肽，是我们的实验室数年来一直在从事的工作，所以我们决定一探究竟。而这一回，跟迈克和另一个来自癌症研究院的免疫学家比尔·法拉（Bill Farrar）合作，我选择白细胞介素 -1（interleukin-1）为我们搜寻的第一个免疫胜肽。

白细胞介素 -1 是个多胜肽，主要由免疫系统的巨噬细胞制造，它是负责由受伤、损伤或由启动的免疫系统所引起发炎反应的一类胜肽，这类胜肽一共被鉴定出五十多种。在分子的连锁反应中，白细胞介素 -1 会造成发烧、启动 T 细胞、引起睡眠，让身体进入一个整体的疗养状态，能以最高的效率调动保存的能量，去打击病原入侵者。

果真，我们在脑部的许多区域都发现了白细胞介素 - 1 的受体，它是第二个在脑部发现的免疫胜肽受体［第一个被发现的是胸腺素，简称 Thy-1，而瑞克·韦伯、乔安娜·希尔（Joanna Hill）和我曾做过放射自显影，标示出它在脑部的分布情形］。我们对这个发现一点也不意外，但两位免疫学家过去只知道下丘脑有白细胞介素 -1 受体，长久以来大家都知道它是发烧的起源，他们不解的是白细胞介素 -1 竟然也出现在皮质和更高的脑部处理中心（主要在神经胶质细胞和脑周围坚韧的脑膜上）。而今天我们知道免疫学家发现的多种（也许是所有）胜肽，在某些情况下都可以在脑部制造，并对脑部的受体产生作用。

我们所看到的不但惊人，且具有革命性的意义。免疫系统的潜能除了借由免疫胜肽传送信息到脑部外，也借由神经胜肽（与免疫细胞表面上的受体联机）来接收脑部传来的信息。我们的研究证实了布拉洛克的发现，无可辩驳地指出有种化学物质是免疫系统与内分泌系统、神经系统和脑部联系的媒介。我和同事过去已经确立脑部和身体的许多其他系统都有联系，但免疫系统一直被视为独立于其他系统之外，如今我们有明确的证据显示事实并非如此。

## 灵魂伴侣

迈克和我于一九八三年的春天，确定了对彼此的情愫。我们在实验室密切合作的共处时光，当然对促成这种幸福状态有很大的帮助，但我们的结合不止于知性的。我们在彼此身上看到一个新的方向，一个并肩探索的旅程，去跨出既定的认知，创造更美好的东西，不仅在私人领域上，也在科学上。是它将我们结合在一起，让我们在未来的岁月里能彼此支持、鼓励，若没有这些支持与鼓励，我们不可能实现我们的愿望。

我后来常到宫殿的酒吧，经常与迈克、瑞克和其他朋友随性地在那儿碰面。迈克有一个星期没有来实验室了，就在他回来的第一天，他约我在我们通常坐的角落碰面，想知道我们合作的工作进展得如何。当他快速地挪身到卡座里的时候，我注意到他的眼睛睁得比平日大，看起来更清澈、更深邃，一副我似乎从来没有见过的模样。

"哇！迈克，你到哪里去了？"我不由自主地问，"你看起来好像变了一个人似的。"

他微笑着，用他惯有的低调，告诉我他参加了一个为期一星期的生物能量研习班。

"感觉很棒！"他热烈地回应，"我们做了各种运动操，大声呐喊。我现在的精神比以前好得太多，真是不可思议！"

他接下来告诉我，生物能量是亚历山大·罗文（Alexander Lowen）开创的一种替代疗法，灵感来自威廉·赖希（Wilhelm Reich）。我知道你很难想象两个宫殿里的人会认真地谈着这样的主题，尤其是赖希已经因为他大胆疯狂的性能量实验，被逐出"纯科学"的家门——但我觉得很吸引人，急切地想知道更多。迈克继续说，生物能量治疗利用多种不同的身体姿势和操练来探触深藏的心灵重创或阻塞。它的理论是这些情绪困陷在身体里，必须借助身体的动作，配合着大声、激烈的表达，才能将它们释放出来。之后你就会感到一种更畅通、更丰沛的能量流动，这个结果从我面前的迈克所显示的转变来看，可说是得到了印证。

在谈话中，我也与他分享了一些个人正式和非正式的身心体验之旅。其中一次发生在一九七七年，那时我听从美国国立卫生研究院一个同事的推荐，参加了 EST 的训练。在二十世纪七十年代，EST 个人成长研习班很受欢迎，为期两个礼拜，参加人数多达两百人，全挤在一家饭店的宴会厅，长时间地禁闭在那儿，很少有机会外出。虽然一开始我心存怀疑，但是决定投入这个训练，体验整个过程，最后再下结论。一组观察敏锐但强势的训练员带领我们通过一个个流程，从导引观想到挑衅性的谈话，接着对现实的本质进行颠覆性探讨。过程中我亲眼看到一个女人身体上起了变化。当她重新经历心中埋藏已久的乱伦所带给她的创痛时，她自童年就引起的肩伤也随即产生变化，在我们眼前修复自己。

从训练班出来，我得到一个结论："上帝就在额叶皮质！"对我而言，脑部这个赋予我们能力去做决定，计划未来，改变、掌控生命的额叶皮质，似乎是自己所见和体验的唯一解释。我觉得它就像我们每个人内在的上帝。接下来的几个礼拜，我努力尝试将那奇特的体验融入生活，将它如诗般的意境植入我科学的心智架构，艾格则在一旁惊疑地看着这一切。事后回想起来，我发觉我在训练班所经历的，是有生以来第一次直接体会到自己未曾咀嚼消化的情绪。睡眠和食物的匮乏摧毁了我的防卫机制，让我探触到自己真正的感受——我的悲哀、孤寂、愤怒，以及我的喜乐和爱心。我得到一种新的自由。让我毫无阻碍地去感受，也对未来充满了新的信心，它们给了我力量，支持我度过拉斯克风波，与继之而来的孤立期。

我开始发现迈克和我一样，愿意让他所从事的科学拓展、丰富他的人生，在真实生活中探索显微镜下看到的东西。这在科学界，尤其是宫殿，实在是罕见的特质。心智和身体可以被视为整体，情绪可以通过身体，不只是心智，去感知而得到愈合，进而改善生物体的健康，这样的观念唤醒了我们最深的直觉。

那个下午，我顿然发现我找到了一个真正的伴侣，一个灵魂的伴侣，这个人可以和我一块儿探索一个全新、刺激的领域。这种感觉完全是双向的，所以我们很快就开始约会。不久，迈克和我变成了一个"项目"，借由我们的关系展示两个不同领域的结合，它即将演化成一个全新的科学领域，戏剧化地为西方医学两百多年来固守的身心分离，搭起了桥梁、修复了中间的裂痕。

而我个人的感知随着自然的演化，准备好迎接意识层面的下一个巨大转变。事情发生的那一天，我正在帮迈克清除他后车厢里的杂物，无意间发现了一本诺曼·卡森斯的《疾病的剖析》（Anatomy of an Illness），我把书带回家，一口气就读完了。此书的论点是如此令人折服，如此接近我当时正在孕育的思维。卡森斯是知名文学杂志《周六评论》（The Saturday Review）的编辑，被诊疗出患有致命的疾病，这个经验让他开始质疑整个西方医疗体系，虽然他不是医生，但在生病的时候和医疗体系有过一些接触，因此对它的缺点做了些相当合理的结论。卡森斯拒绝了医生能给予的有限帮助，办了出院手续，住进一家饭店，足不出户地观赏卓别林（Charlie Chaplin）的录像带，真的就这样笑到康复。他的直觉告诉他，他的身体需要欢笑所带来的肯定生命的愉快经验。根据这个经验，他指出正统医疗完全漠视的心智状态、思想、感觉，事实上在他的康复中扮演了重要的角色。他甚至认为他的康复是因为笑引起脑内啡的分泌，提振了他的心情，使病情得到完全的缓解。

我一字一字地咀嚼，真的了解他在讲什么，我也有过类似的经验。在经历过一次高科技、重度麻醉的医院生产，以及一次在医院的自然生产之后，我选择让我的第三个孩子在家里出生。不过我的神奇法门不是欢笑，而是呼吸，它是刺激脑内啡分泌和镇痛的制胜法宝，而且经过实证。在没有静脉点滴和合成止痛药以前，它无疑是世世代代的女人所依赖的方法。这样的经验一定使得她们以及她们的孩子活得比较健康，因为这正是我自己的写照。

虽然我质疑脑内啡也是欢笑疗能的关键，但是确信卡森斯的发现的确振奋人心。我突然有了一个觉悟：我们所有的努力——了解神经胜肽这些心情和行为的脑部化学物质，追踪它们和免疫系统以及身体其他每一个系统传导信息的化学路径——就在这里直接展现了它的意义！卡森斯告诉我，我长期以来从事的研究正指向一个治疗的新途径。这个新的洞见唤醒了我心中蛰伏的意念。在我心焦如焚地探究父亲的病情时隐约闪现的模糊概念，如今清清楚楚地呈现在眼前——受体科学可以让我们发展出了解和治疗癌症以及其他疾病的全新方法。在我的知性层面，我觉得自己正在脱掉一层老化的皮——它是旧体制思维残留下来的最后印记。

## 巨噬细胞的狂想

在一个特别温暖的春日午后，迈克和我驾着我的菲亚特敞篷车穿过岩石湾公园，寻找一个最佳的地点，享受绿草、一啤瓶酒，还有彼此。我们的谈话转到我试图治疗父亲的肺癌所做的研究。小细胞和铃蟾肽的关联之谜其实一直藏在我心里。此刻，迈克的倾听终于使我可以大声说出心中的问题：究竟为什么癌细胞会分泌胜肽？突然，迈克冒出一句话："也许是因为癌细胞其实是巨噬细胞！"

此话一出口，我立刻有一种感觉，每当我知道一个疯狂的想法是对的时候，都会有同样的感觉。现在我比过去任何时候都愿意信任自己的直觉，并怀着我的同行经常藐视为不科学的热情，去设计实验证明这些直觉。

事实上，那时我已经累积了一些有关巨噬细胞的背景知识，因为这些白细胞是迈克的最爱。一般认为巨噬细胞是负责非常基本的功能，比方说，当你的手指头扎了一根刺，成群结队的巨噬细胞便降落在入侵的细菌上，吞噬它们，并释放酶来消化残留的渣滓，然后把它们运走。肺部含有的巨噬细胞负责的工作是吞没我们吸入每一口气里含有的脏东西——花粉、灰尘、碳微粒和其他化学物质。理论上，如果你将一个正常的肺灌满水，摇晃一下，把它倒立过来，几十亿个巨噬细胞会涌上来。如果你用的是一个吸烟者的肺，巨噬细胞的数量会是这个的十倍。

但迈克思索的却是一个非同凡响的想法。他的意思是小细胞癌并不是正常的肺细胞转变为癌细胞的结果，那是传统的观点；它其实源自巨噬细胞，它们被牵引到肺部，原本是要清除吸烟留下的脏东西，但不知怎的，它们的修复工作出了很大的岔子，巨噬细胞发生了突变，成了癌细胞。这样的观点只有思维不受主流体系局限的人才敢提出来。虽然迈克通晓文献，甚至他没有发表的那些免疫方面的冥想也都头头是道，但他的想法里那个"不知怎的"部分，仍然有探究的空间。

　　我不是免疫学家，所以可以毫无阻碍地保持和他同样新颖的观念。而且，在爱情的催化下，我总觉得迈克所说的"不知怎的"都言之有理。不过，这一个"不知怎的"，是我们可以去验证的，是一个简单的实验就可以证明的。这种空穴来风的研究正是过去的经验教我紧紧抓住的机会，不管文献是怎么说的。

　　就在那个下午，在岩石湾公园，我们设计了实验的方法。从迈克说出"巨噬细胞"之后，我就紧抓着它不放。将菲亚特靠路边停下，我们开心地跳到车外，拎着六袋东西，然后躺卧在草地上，手里拿着笔和笔记本，开始进行科学的脑力激荡。因为讨论得太专注了，没有注意到警察正朝我们走过来，他喝令我们交出啤酒，也给我们开了张罚单。对于这个莫大的烦扰，我们一点也不以为意，因为我们醉了——小细胞肺癌可能源于巨噬细胞的突变，这个新想法已然让我们飘飘欲仙。

## 低调耕耘

　　我们花了一年的时间才完成这个实验。我们推测如果肺癌细胞真的是巨噬细胞，它们的形状和行为也应该类似巨噬细胞。它们显然和正常的肺细胞没有什么共同点，这是我们的第一个线索。如果它们确实是巨噬细胞，我们就可以解释它们何以复制得如此之快、扩散得如此之广，这两种活动都是巨噬细胞的共通性，也是小细胞异于他类肺癌的特质。我们的研究策略是运用那些通常会跟巨噬细胞结合的抗体，以观测它们是否也会跟癌细胞结合。我们设计了一个方法去侦测抗体有没有跟癌细胞上的受体结合。如果小细胞表面上有巨噬细胞的受体，那么它们很可能就是巨噬细胞。

　　我们在马里兰州罗克维尔市（Rockville）的一个组织银行机构取得癌细胞，那儿有两个不同的小细胞瘤株竟然是我的老搭档阿迪·盖兹达存进去的，那是他在我父亲医生的实验室工作时，培养出来的。我觉得这件事有点讽刺，甚至觉得它是迟来的正义，如果这些检体没有存在那里，我们的假设验证就会被迫延误。不过，对这位知名的研究者来说，我想这无疑是他最糟的噩梦；由顽强的柏特领军，领域外的人潜入他的版图，夺走了他的实验室培养出来的细胞株，用它们来证明一个他想都没想过的问题。我们在极度保密的情况下进行，部分是为了保持低调，避开火线，部分是因为我们还不知道自己的想法究竟是荒诞不经，还是精彩绝伦。

迈克展开了研究，运用一个改自原始阿片受体测定的方法去检测癌细胞，以鉴定它们的受体。大部分的工作都是他利用下班的时间做的，用的是他从齿科研究院地下室找到的一个老旧、废弃的三 M 机。晚上，他再把数据带到我家来。虽然机器有一个很大的裂缝，迈克必须不时用硅胶填补，以保持真空管的密封，但三 M 机提供的方法可以让我们快速、巧妙地取得结果。

我们熬夜研究数据，尝试将几张长纸条上的数字简化为几个可以确定的事实。尽管我们没有声张看到的结果，因为不想让癌症研究院的人听到任何风吹草动，进而指控我们侵入他们的地盘，不过他们最终还是听到了传言，知道我们在做什么。相对地，我们也听说他们可能在做什么，并得到与我们类似的数据。可是没有一方愿意和对方交流以利工作的进行，为的还不就是那些陈腐的理由——权力、自我、版图。

迥然不同于我们的实验室，他们庞大的实验室宛若一个巨无霸的机器，不断大量制造数据，对小细胞进行所有可能的测量，却没有一个特定的假设作为导引。反之，我们只有两个人和一个明确的假设：这些癌细胞和巨噬细胞有着某种关联。因为研究的焦点比癌症研究者更集中，我们可以只检测那些跟我们的理论相关的特性。

## 成功了！

哈！成功了！迈克的研究清楚地显示巨噬细胞抗体和癌细胞结合了，我们的结论是这些肺癌细胞的形状和行动太像巨噬细胞了，所以不可能只是巧合。巨噬细胞抗体之所以和癌细胞结合，是因为那些癌细胞就是巨噬细胞——说得更精确一点，是突变的巨噬细胞。我们进一步断言肺癌细胞并不源自肺细胞，而源自巨噬细胞，它们从骨髓洄游而来参与清除和组织修复的工作，但在骨髓和肺的路途中发生了突变，转化成癌细胞，转移、扩散到各处，终至造成死亡。

我们的研究具有惊人的意义，这个意义因为太偏离主流思维，以致连我们都感到惶恐，那就是癌症、免疫系统和体内的毒素之间有明确的关联。看来小细胞肺癌是唯一完全因为身体中毒而导致的疾病，由抽烟（想必还有其他形式的污染）留在肺里的"脏东西"，使得免疫系统呈现过度反应的状态，不断派遣巨噬细胞来修补造成的损害，这种情况持续久了，难免会让这些细胞的DNA产生突变或"错误"。最后，突变的细胞失掉了工作的执行力，并在胜肽激素，例如铃蟾肽的刺激下，疯狂生长，且遵循胜肽的指示，转移到全身。描述这个研究的论文《人类小细胞肺癌的起源》（*Origin of Human Small-cell Lung Cancer*），被高知名度的《科学》期刊接受，于一九八四年九月刊出——是迈克·罗夫和甘德斯·柏特共同发表的诸多论文中的第一篇。

但我们不敢把一个推测写入论文里，只在私底下琢磨，即是：我们发现的机制是不是也可以解释空气中的环境污染物质、食物里的化学添加物质与癌症的因果关系？长久以来癌症界一直怀疑它们和癌症有关，却几乎没有人加以验证过，而现在我们看到了一个或许能解释这个关联的机制。

我们希望更彻底地了解这个猜测之后，再诉诸文字，但在论文的结语部分，提出了一个同样引起争议的可能性——身体的三个关键系统之间的信息传导。我们摘述了研究证据，说明在脑部发现的胜肽，同样也在免疫系统发现，说明神经、内分泌和免疫系统是在一个类似"神经免疫内分泌"的网络中统一运作。这是我们第一次把这个观念以白纸黑字公之于世，是我们理想实现的一个重要的里程碑。我们大胆地建议在解释癌症，甚至其他疾病的病理时，都应该将这个网络纳为重要的一环。这个理论很快成为一个新兴领域的基础，那就是精神神经免疫学（简称PNI）。

在我们的研究里，我们看到脑部、腺体、免疫系统其实就是整个生物体同在一个奇妙的体系中运作，而居中协调的则是分门别类的信差分子。这些发现促使我们提出一些有趣的问题：内分泌系统是否跟免疫系统有联系？答案是肯定的，布拉洛克已经证明这一点，所以我们猜想再说一次应该不会造成太大的震撼，尽管布拉洛克在他的领域里仍被视为一个不折不扣的异端分子。而免疫系统是否借由这些胜肽信差跟神经系统或脑部联系呢？答案也是肯定的，来自免疫细胞的胜肽，可以通过脑血管里、脑周边膜上，甚至神经元（脑细胞）上面的胜肽受体，对脑部产生各种影响。不过我们也必须思考一个稍微麻烦一点的问题，也是从我们的研究衍生出的一个问题：脑部是否跟免疫系统通信？它是否可以解释癌细胞的生长扩散，或抗肿瘤的免疫反应？提出身体影响心智都已经违反伦常了，现在甚至暗示心智可能影响身体，那岂不是带有太浓厚的"心智凌驾物质"的意味，只有偏激的加州人和书籍已绝版的俄罗斯才敢这么做吧，至少在一九八四年是如此！

但我和迈克知道，我们思索的问题——心智在癌肿瘤的生长和发展中扮演的角色具有颠覆传统的革命性意义。当我们将研究的发现写成一篇论文时，只有数篇和这些想法相关的论文可以引述，而且它们还是很粗浅、片段的数据。质疑固有模式僵化的人不只我们，但没有人能理出头绪，因为很多关键的数据在这之前并不存在。这也是我们的贡献所在，而这一切都归功于我们在神经胜肽研究上的发现，也是我十年来的工作所奠定的基础。

神经胜肽这些由脑部释出、调节心情和行为的化学物质，显然是通过它们的受体将信号传给癌细胞，促使它们生长，并洄游，也就是转移到身体各个部位。以小细胞肺癌来说，它的胜肽构造似乎是铃蟾肽（而不是脑内啡），它们可以通过趋化性将癌细胞吸引过来，锁住它们的受体，然后指令它们生长和分裂。

在一九八五年的一篇后续报道论文中，我们提出了一个问题：由免疫系统、脑部或身体其他器官系统释放出过量或不当制造的神经胜肽，是否也会引起其他类型的癌症？癌肿瘤会不会是一个网络的一部分，可以接收和传送信息到脑部和免疫系统？（这个联结提供了一个机制，使得这些身体系统可以调节、控制、促进或延缓彼此的行动。）在后来的几篇论文中，我们报道除了免疫细胞，还有很多种癌细胞也同样会根据神经胜肽的信号，进行趋化。这个过程成为我们以身心关联解释癌症和其他疾病的关键环节，尤其是和精神免疫内分泌系统有关的疾病。因为有这么多活性胜肽，我们可以做出这样一个假设：癌细胞上有神经胜肽受体。这是一个违反教义的新理论，故而具有深远、丰富的内涵，因此成为我们和其他人热切探索的目标。

## 对立的代价

沉醉在爱情的世界里，迈克和我从来没有认真想过这一切可能带给他多大的伤害。身为一个基层的博士后研究员，他居然逾越了阶级，与他的情人在一份顶尖期刊发表的论文上，并列为共同研究人，同时还和一位重量级人物争强斗胜，再说那个人的研究部门与迈克的研究部门可说一点关系都没有。我得以将迈克"借调"到我的实验室，要感谢他的好老板莎朗·瓦尔（Sharon Wahl）的通融，她是一位杰出的组长，还慷慨地提供她自己的精力和资源来协助我们当时的研究。要是迈克让他的长官蒙羞，或让他的研究院遭受名誉损失，他会沦落到终生在齿科研究院的地下室洗刷试管。

我们的论文被接受的那天，也就是在论文刊出之前，迈克独自前往癌症研究院，把我们的研究资料拿给那儿的主任看。我自然一点都不想再见到他，光是想到一年半前餐厅训斥的一幕，就够让我难受了。我还想象迈克会摇摇晃晃地走回来，胸上插着一把刀呢，结果没有。迈克告诉我，那儿的研究员抽出一大堆最新数据，显示他们也得到类似的结果。其实这是一个很典型的状况，他们的研究已经显现巨噬细胞和小细胞癌有关，但因为没有一个假设可以帮助他们理解这些数据，他们也就不把它当回事，转身又去追逐其他众多的可能性。

我认为是坚持各自领域自立门户的旧思维，使得他们看不见数据所代表的意义，让他们没有发觉他们的数据全指向一个事实——神经与免疫两个系统之间显然有信息往来。不过他们可不这么想。我们的论文出现后没多久，《科

155

学》刊出了他们的一封信，信上写着："我们注意到癌细胞与巨噬细胞的共通性，但我们相信它不具任何意义。"话中明显暗示既然他们是癌症专家，所以他们说的才算数。

《科学》的编辑给了我们一个响应的机会，这是处理争议的正式做法，我们很高兴能在第一篇报告发表后的一周年，再次以文字抒发我们的"奇思异想"。我们一块儿草拟回复，将之视为一次宝贵的机会，去重申我们的理论，并进一步探讨我们的结论。事实上，我们还很得意在对手的评论里发现了一些信息可以用来反击，并增强我们自己的理论。

我们采取的跨领域角度对旧体制无疑是一大威胁，严重违反了各种界限——科学领域、官僚部门和医学专长。我们是在一个很不一样的领域探讨癌症，甚至疾病本身的起源，这个领域与流行的、众多资金赞助的"癌基因莫名其妙地出了岔子"的思考模式有天壤之别。美国国立卫生研究院的科学家如果要进一步证实我们的研究，他们必须怀着互信、互重，甚至互相仰慕的心胸，与来自其他学科和领域的人开诚布公地交谈，但以目前各部门为争取资金而彼此竞逐的情况来看，这样的场景不太可能出现。

在接下来的《科学》辩论中，我们的对手试图击垮我们的论点，但最后反而把自己弄糊涂了。我们的论文被引述、谈论了大约一年的时间，之后癌症的领域更换了话题，基本上不再理睬我们的论点，将主导权交给了癌症实验室。多年后，这个领域终于又回头思考胜肽与癌症和免疫系统的关联。特里·穆迪也在诱引下离开乔治·华盛顿大学正教授的职位，到美国国立卫生研究院的癌症研究院研究铃蟾肽和癌细胞生长的关联。慢慢地，这个领域苏醒过来，接受我们曾经提出的一个可能性，那就是如果铃蟾肽是造成这些细胞生长的原因，那么找到一种铃蟾肽的拮抗剂——一种封锁受体的药剂——或许也就找到了有效的疗法、一颗神奇子弹。不过，当这个可能性重新受到重视的时候，十多年的岁月已经流逝了。

我深深觉得惋惜，我们打开的那扇门，在十多年后的今天才再度被开启，而且仍仅在基础研究的阶段，还没有进入临床试验。我和迈克后来又去探索了另一个可能性。那就是如果癌细胞真的是巨噬细胞，那么它们在巨噬细胞生长激素的刺激下，或许会展现出巨噬细胞的行为。成熟的巨噬细胞不会复制，所以生长激素或许可以导致未成熟的巨噬细胞长大，进而停止分裂。

这两个想法——利用受体拮抗剂去阻断生长因子（如铃蟾肽），以及提供一种生长因子，去促使这些肿瘤分化，并停止分裂——说明了胜肽药理学这个新领域对癌症治疗的看法，与传统的毒性治疗大相径庭。在利用受体拮抗剂去延缓或阻止癌症发展方面，我们研发出来的新疗法之一，牵涉到促孕酮激素释放激素（Luteinizing Lormone Releasing Hormone，简称 LHRH）。LHRH和男性前列腺的发育有关，而且前列腺通往阴茎的管子里，似乎也必须依赖这个激素，才能布满不断长出的年轻细胞。难怪医生能成功地使用 LHRH 拮抗剂去治疗含有 LHRH 受体的肿瘤。

我并不是说胜肽是了解癌症的唯一重要通道。其他非胜肽的信息物质，例如性激素，也在整个网络里扮演重要的角色，借着促进生长的功能，导致癌症。已经有实验证明性激素之一的雌激素，会加速某些乳房肿瘤的生长。而使用拮抗剂去封锁受体，也再度被证实是治疗癌症的好方法，一种名叫他莫昔芬（Tamoxifen）的拮抗剂，在治疗雌激素依赖型的乳癌上，已经有非常好的成效。（既然不是所有乳癌都是雌激素依赖型，所以需要先做一个简单的肿瘤切片检查，确定它含有雌激素受体，才可以进行这样的治疗。）

癌症研究院似乎也在慢慢改变方向，但旧思维很难根绝，它们对新观念的抗拒使得科学的进展依旧迟缓，以致我们那么多年前提出的想法，至今仍未展现出它们蕴藏的潜能。


## 精神神经免疫学


虽然我们的论文对当时的癌症界没有发挥多大影响，却在其他某些研究者心中留下深刻印象，这些人正不动声色地朝着一个目标前进，那就是建立一个新领域——精神神经免疫学。我们为这个领域提供了一个清楚的科学语言——

胜肽及其受体——对奠定它的合法地位有很大的帮助。

精神神经免疫学得以毫发无伤地成立，是挺让人惊异的，因为在科学的保守氛围下，新人通常都得经过严苛，有时甚而残酷的考验后，才能获准加入这个圈子。细胞和分子精神神经免疫学第一次在公开论坛上正式亮相是一九八四年。我应邀出席罗马的一个名为"边缘区的脑内啡和阿片受体"研讨会，在那个会议上召集了一个专题小组，包括迈克·罗夫、埃迪·布拉洛克和其他几位医生，针对我们所发现的"精神免疫内分泌系统"进行讨论。这个名称是迈克和我在论文中为三个系统的联络网取的名字。我为自己的论述准备了一张幻灯片，以一个三角形图示三个利用胜肽与彼此沟通的系统。让我惊喜的是，另外有两位讲者也不约而同地设计了完全一样的幻灯片，这表示我们几乎在同时得到了相同的结论。不久之后，生理学家赫伯·斯佩克特（Herb Spector）在宫殿举办了一个不公开却受人瞩目的集会，出席的还包括三位诺贝尔奖得主，就这样更进一步巩固了精神神经免疫学的地位，成为一个独立的领域，并有着自己可靠的资金来源。

开始的时候，这个新科学有几种不同的称号。一个是"心理免疫学"（Psychoimmunology），是二十世纪五十年代精神科医生乔治·所罗门（George Solomon）创用的。这个年代久远的名称源自所罗门对性格与疾病之间的密切关联所做的观察。另一个角逐的名称是赫伯·斯佩克特提出的。在美国只有少数几位科学家不厌其烦地追踪俄罗斯的行为心理学家——巴甫洛夫（Pavlov）的传承者——在研究什么，而所罗门就是其中一位。他知道他们对全身平衡机制的了解远远超过我们，也知道他们数十年的实验已经证明古典制约可以影响免疫系统，因而显示神经系统在身体维持健康或陷入疾病状态的过程中占有一席之地。斯佩克特所建议的名称是"神经免疫调节"（Neuroimmunomodulation）。

而最后拔得头筹的"精神神经免疫学"，则是罗伯特·阿德（Robert Ader）博士大力推荐的。他是一位实验心理学家，曾在一个研讨会上使用他创的这个名称，并以它作为一九八一年出版的一本书的书名。阿德根据他从苏俄心理学家得到的灵感，用老鼠做了一些有趣的实验，证实免疫系统可以被制约，所以它并非是独立自主的，而是在脑的影响下运作的，这与过去免疫学所相信的有很大的冲突。在这个领域里，阿德打着鲜明的右派旗帜，与他视为沦入伪科学的左派势不两立，而他所谓的伪科学指的就是加州人将精神神经免疫学纳入他们的"新时代"思潮的做法。他坚称他的精神神经免疫学才是固若金汤的科学，奠基于一丝不苟的老鼠实验，以及行为心理学派扎实、严谨的信条。

我个人并不觉得"精神神经免疫学"是个恰当的名称。一来它不完整，所以并不正确，二来它有赘词。不可讳言，我这么认为是因为我也参加了这场命名选拔赛。我和迈克建议的名称是精神免疫内分泌学（Psychoneurimmun-oendocrinology），特意将内分泌纳入，是要清楚指出我们探索的是一个多系统的联络网，不只包括脑和免疫系统。对我们而言，"精神"和"神经"意思是一样的，不需强调两次，仿佛"精神"不够好，需要"神经"来确保它的合法性似的。不过，我们的提案没有得到任何回应，也就从此走入历史。

## 一个纵横全身的系统

迈克曾在我们的工作关系展开后不久问过我，我所谓的"神经胜肽"是什么意思。他不以为然地说，既然在肠道和免疫系统里也发现了同样的胜肽，为什么要加上"神经"两个字呢？又为什么要称它的受体为"神经"受体，既然它遍布于肠道、免疫系统、脊髓侧，甚至可能还不只这些？丢掉这些区别性的语言，而仅仅使用"胜肽"或"信息物质"这个名词来指称所有的胜肽，不管它们在哪里出现，其实更可以说明我们谈的是一个遍及全身的传导系统，可能源于古老的过去，代表生物体初次尝试跨越细胞间的隔阂去分享信息。在生物体这个搜集、处理、分享信息的非主从关系的系统里，脑或"神经"，只是其中的一部分（不过它的复杂与精密度却远远超过其他部分）。

但这个纵横全身的系统究竟是什么呢？它如何转化为我们"人"的经验和行为？这是我们要问的其中几个问题。我多年从事的脑图谱工作告诉我，传导信息的化学物质在脑部的某些区域和感觉路径上密度最高。我们也知道影响神志的药剂，如海洛因、鸦片剂、天使尘、锂盐及烦宁，如何进入这个网络，对受体产生作用，以及脑内啡这个内源（即体内自产的）物质如何将信息传到很多、很远的地方。如果一定要明确地指出这些化学物质的作用，那就是它们会影响服用者的情绪状态，让他开心、哀伤、紧张、放松，或这些情绪连续体上任何一点所代表的状态。如果我们把焦点放在这些情绪上，就会突然发现一个有趣的现象，那就是脑中胜肽和受体最丰富的区域，也是与情绪表达有关的区域。"也许这些胜肽和它们的受体是情绪的生化基础。"我不记得这句话是我，还是迈克先说的，不过我们俩都打心里这么觉得，边缘系统是这些受体最稠密的区域，这个事实说明了什么呢？这是我们决定探究的问题。

可不可能我们看到的就是情绪分子？

不幸的是，"情绪"是另一个主流科学无法忍受的词语。当加州大学旧金山分校的心理学家保罗·埃克曼告诉我达尔文不仅是物种起源的理论学家，还是情绪的理论学家时，我的士气曾为之一振。然而，当我第一次站在同事面前，表示这个由胜肽和受体建构的全身网络可能是情绪的分子基础时，我不免还是感到紧张。我本希望这些严守唯物论的科学家听到现在情绪可以被视为一个基础的、分子的生物过程，或许会感到称心愉快。可是，我想错了，这个观点逾越了太多界限，用了太多忌讳的字眼。这些人采取了他们一贯对待替代思维的态度——漠视。数年后，这个理论反而在一些大众期刊上出现，只不过文中并没有注明它的出处。

一九八五年，我们在《免疫学杂志》（*Journal of Immunology*）上发表了关键性的论文，提出这个理论，以下是录自摘要的部分：

神经科学在观念上有一个重大的转变，因为科学家发现脑部功能不仅受制于传统的神经胜肽，还受制于许多其他信息物质。这些信息物质很多都是神经胜肽，也就是过去其他领域所研究的激素、胃肠胜肽或生长因子。目前已发现的神经胜肽超过五十种，它们大多数，甚至全部，都能改变行为和情绪状态，虽然在这个领域只有模仿内源物质的精神药剂，如吗啡、烦宁、天使尘等，积极应用了这个发现。我们现在知道它们的信号专一性决定于受体，而非传统突触点上的比邻关系。多种神经胜肽受体在脑部的分布情形已经被精准地确立。我们发现有些地点富含多种神经胜肽受体，它们显然是信息处理的交会点，这些点很多都落在脑部的情绪调节区。此外，神经胜肽受体还存在于免疫系统的流动细胞上：单核白细胞（monocyte）经过一些过程处理可以对多种神经胜肽产生趋化反应。根据结构效能分析，导引这些过程的是截然不同的受体，而这些受体与脑部发现的受体如出一辙。所以说，神经胜肽和它们的受体，协同脑部、腺体和免疫系统，形成了一个联系脑与身的沟通网络。而这个网络很可能就是情绪的生化基础。

情绪分子，这就是我们的新思维，像一个新生儿，不确定它在世界上的定位，却精力旺盛，有着企图引人注意的洪亮哭声，散发出对生命的坚持。另一方面，迈克与我将在接下来的一个冒险的行为中（为艾滋病研发有效疗法）面临旧思维的困兽之斗所带给我们的冲击。

第9章

# 身心网络

　　演讲中，通常我会在谈了很多科学，且还有更多科学要谈的当儿，打出一张有趣的幻灯片，让听众开怀一下，以缓和会场的气氛。一张色彩鲜艳的人脑磁共振造影扫描照片正好可以达到这个目的。它是视觉上的享受，几乎和我与迈尔斯·赫肯汉姆早期进行动物脑切片的放射自显影时看到的彩虹蝴蝶图案一样美丽。不过这可不是什么不知名的脑，而是我的脑。我告诉听众，期待看到预期的反应，接着开始说明有一天我们将可以根据某些区域的受体种类和密度，探知我过去的生活形态、我滥用过哪些物质，以及情绪的生化物质在我脑部的运作模式。

　　轻松了一会儿，我打出下一张幻灯片，介绍下一段演讲的主题。这张幻灯片拷贝了《自然》杂志的一篇评论，谈的是埃迪·布拉洛克在一九八二年的惊人发现——免疫系统会分泌胜肽，特别是脑内啡。免疫系统里居然有脑胜肽，这个想法让免疫学家大为困扰，以致他们起初不愿相信布拉洛克的发现——就像杰森·罗斯在脑部发现胰岛素时所面对的质疑一样。免疫界仍然坚持身与脑是分开的。不过最后，《自然》还是发表了这篇评论，不情愿地承认布拉洛克的研究没有问题，但对它所代表的意义仍提出了反驳。《自然》警告科学界小心那些"激进的精神免疫学家"，因为他们会利用布拉洛克的研究，指称身体与心智互通信息，甚至说身体是心智的翻版。而那正是我选择在美国国立卫生研究院探索的下一个目标。之前我提过，我和我的工作伙伴们非常乐意自许为"激进的精神免疫学家"。

## 免疫的联机

　　我们已经谈过神经胜肽及其受体，即情绪的生化物质如何协调身体的过程、联结行为和生物机能，以便生物体能顺畅运作，现在，我想追随埃迪·布拉洛克，将一个新的层面引进这个机制，那就是免疫系统所扮演的角色，它在情绪的整体生化联络网中形成一个至关重要的环节。

我说过，有史以来一直被视为与脑部完全无关的内分泌系统，基本上很类似神经系统——脑其实就是一大袋的内分泌激素，腺体和脑细胞都会释出一团团含有胜肽的液体，之后这些胜肽会和特定的受体结合，借此对远距离的场域发生作用。（内分泌学家称之为"远距操作"，从这个角度来看，内分泌学和神经科学探索的其实是同一个历程的两个面向。）

现在我要说明免疫系统与内分泌系统和神经系统一样，是同一个网络的一部分，虽然大多数的免疫学家仍然把免疫系统当作一个独立自主的研究领域。

免疫系统是由脾、骨髓、淋巴结和多种白细胞组成的，这些白细胞有的在身体各处流动，有的则定居在身体不同组织里，包括皮肤，其共同任务就是防御对生物体健康造成威胁的病原入侵者，并修补它们造成的损害。正因为如此，免疫系统必须界定生物体的领域，区别什么是自己、什么是异物，亦即确定什么是生物体的部分，需要加以修复，而什么又是肿瘤的部分，需要赶尽杀绝。

免疫系统有一个关键的特质，那就是它的细胞会移动，跟脑细胞不同，大部分的脑细胞是不流动的。免疫系统的细胞在生物体内四处游荡，哪里需要防御或修补，它们就前往哪里执行它们的任务。例如，有一种白细胞叫"单核球"（长大以后就叫"巨噬细胞"），负责吞噬血液中来路不明的生物体。它由你的骨髓生出，然后扩散出去，在你的静脉和动脉血管里游走，根据化学信号，决定前往的目标。单核球和其他白细胞，如淋巴细胞，在血液中流动时，会碰巧进入某个胜肽的范围内，因为这些白细胞的表面具有该胜肽的受体，于是这些细胞开始"趋化"，朝它游去。这个效应已获得充分证实，实验室也有很好的方法可以研究它。

不过，单核球不仅负责辨识和消化不明物体，还负责伤口的愈合及组织的修复工作。比方说，它们有制造和分解胶质的酶，而胶质是一种重要的结构物质——制成了体内的每一条纤维。所以我们现在谈的，可是维系和恢复健康所不可或缺的细胞呢!

迈克·罗夫和我读了埃迪·布拉洛克的论文，得知他在免疫系统发现神经胜肽后，便开始在免疫系统里搜寻神经胜肽的受体。我们发现所有在脑部可以找到的神经胜肽受体，在人的单核球表面上也同样找得到。人的单核球上有脑内啡、天使尘和其他胜肽（铃蟾肽等）的受体。因此这些影响情绪的胜肽，实际上似乎是掌控了攸关生物整体健康的单核球的路径和迁徙。单核球通过细胞因子、淋巴因子（lymphokine）、趋化因子和白细胞介素等胜肽和它们的受体，与其他的淋巴细胞——B 细胞和 T 细胞——互动联系，使免疫系统得以对疾病发动协调一致的攻击。这个行动就像这样：某个维系健康的细胞，例如单核球，在血液里到处流动，直到它受到某个胜肽的化学吸引而被牵引过去。如果这个胜肽是脑内啡——身体的内源鸦片——那么这个细胞就可以跟脑内啡连上线，因为它有脑内啡的受体。

可是免疫细胞并非只是在表面拥有神经胜肽的受体，二十世纪八十年代初期得克萨斯大学埃迪·布拉洛克颠覆主流思维的发现显示，免疫细胞同时还自己制造、储存和分泌神经胜肽，这个发现在我和迈克·罗夫，以及莎朗·瓦尔与拉里·瓦尔（Larry Wahl）合作的研究中获得证实。也就是说，那些我们视为在脑部控制情绪的化学物质，免疫细胞也一样可以制造。所以，免疫细胞不只管控着身体组织的完整性，还制造可以调节心情或情绪的信息物质。这又是个脑与身双向沟通的例子。

至少我们是这么认为的。这样的观点，对神经科学家和免疫学家来说，其实是匪夷所思的，所以很多人依然坚持即使免疫系统有传导信息的分子，这并不表示它们真的是用来通信的，正如《自然》的那篇评论所持的立场。毕竟，他们所受的教育告诉他们血液与脑之间有着无法渗透的障碍，这个障碍已经于二十世纪交替之际获得实验的"证明"，因为大量注入体内的染剂分子都无法到达脑部。无可讳言，很多药剂确实需要很长的时间才能被脑部吸收，甚至根本不被吸收。但最新证据显示，细胞因子、淋巴因子、白细胞介素和其他免疫胜肽，有许多方法可以冲破障碍。其中一个已经证实的管道就与脑表面的受体结合，以影响脑表层膜的渗透性，然后穿过脑膜将信号传送到脑内深层的其他胜肽和受体。事实上，这也许是它们的例行工作。

　　问题是：这样的通信，目的是什么？要回答这个问题，我们不妨来看看掌管饥饿感和饱足感的胆囊收缩素（CCK）这个神经胜肽。它的受体遍布于身体几个不同的系统——不单是脑和免疫系统，还有胃肠系统。这个神经胜肽最初是化学家探索它对胃肠道的作用时发现，然后定序的。之前我们谈过，给你注入几个剂量的胆囊收缩素后，你就会想吃东西，不论距你上次吃饭的时间有多长。直到最近我们才发现脑和脾（即免疫系统的脑）也都含有胆囊收缩素的受体。因此，脑、肠和免疫系统在胆囊收缩素的作用下，全部融合成一个整体，为什么会这样呢？

　　含有胆囊收缩素的神经遍布在整个消化道和胆囊的周围，餐后，食物里的脂肪会经过消化系统进入你的胆囊。这时你会有满足感或饱足感——这要归功于胆囊收缩素将信号送达你的脑部。胆囊收缩素也会发出信号要你的胆囊处理食物中的脂肪，因而加强了你的饱足感。这是我们确知的部分，至于免疫系统里的胆囊收缩素受体，这时它在做什么呢？这部分我只能臆测，如果你的免疫系统在你吃过饭不久便加速运转，这当然不是个好主意，因为食物尚未消化，你不希望你的免疫系统对还未消化的食物发动攻击吧，所以呢，在脑部制造饱足感，并要你的胆囊开始工作的胆囊收缩素，如果也能发出信号指示免疫系统放慢脚步，应当是蛮合理的。

## 信息网络

　　让我摘述一下我前面所谈的基本概念。神经科学、内分泌学和免疫学，三个历来各自为政的领域分别研究的器官——脑、腺体、脾、骨髓、淋巴结——实际上彼此都有联系，一起形成一个多方向的沟通网络，运用神经胜肽在彼此之间传导信息。许多生理基础物质的研究都显示，每一个领域和它的器官与其他领域、其他器官的沟通都是双向的。这些研究有的已有相当久远的历史，有的则是近代的。例如，一个多世纪以前，我们就知道脑垂体会释放胜肽到身体各处，但数年前我们才知道在脑部制造胜肽的细胞，同样也存在于骨髓，即免疫细胞的"出生"地。

我特别要强调的是这个联合系统的"网络"，这个词来自信息理论。在一个网络里，信息的交换、处理和储存时时刻刻都在进行。正如神经胜肽跨越系统与它们的受体结合一样。这些生化物质的传导性质，使得麻省理工学院的弗朗西斯·施密特于一九八四年为它们取了一个名字——"信息物质"。对于所有联结脑、身体和行为的信差分子及它们的受体而言，这个称呼再适合不过了。施密特真是帮了我们一个大忙，给了我们一个精辟的比喻。让我们了解这些繁复、多功能的物质从一个系统到另一个系统，从一个工作到下一个工作，所为何来，他在这个新类属里，纳入了我们熟悉已久的物质，如传统的神经递质以及类固醇激素，还有一些新发现的物质，如胜肽激素、神经胜肽和生长因子——所有这些配体都会启动受体，引发连锁的细胞活动和变化。

所以说我们一直在谈的其实就是信息。这么想的话，心理学的角度似乎比神经科学的角度更合理一些，因为"心理"这个词表明了它的范畴是心智，也就是说它所研究的不仅涵盖脑，而且还超越它。我个人认为：心智就是信息在细胞、器官和系统间的流动。因为信息流动有一个特质，就是它可能是我们意识不到的，发生在我们的潜意识层，所以我们认为它是在我们的自主或不随意的生理层次运作。在经验上，我们不觉得心智是物质的活动，但它确实有一个生理的基础，这个基础包括了脑和身体。同时它还有一个非物质、非生理的基础，这个基础关系着信息的流动。因此，心智就是统合整个网络的机制，通常在我们意识不到的层次运作，联结和协调主要的系统及它们的器官和细胞，让它们可以机智灵巧地合奏生命的交响乐。所以，我们可以称这整个系统为一个身心信息网络，联结"心"，包括心智、情绪和心灵所有这些看似非物质的层面，与"身"，即分子、细胞和器官的物质世界：心智与身体、心理与生理。

视生物体为一个信息网络，与传统的牛顿式机械观相去甚远。旧有的体系以能量和物质的角度看待身体。跨越突触的电流刺激所造成的固定、直接的反应，以一种相当机械反应的方式，掌管我们的身体，几乎没有弹性、变化或机智的运作空间。但如果我们在这个过程里加入信息的部分，就可以看到一个运筹帷幄的智能。我们谈的不再是能量对物质产生作用，继而引发行为，而是信息所形成的智能管控所有的系统，继而引发行为。与威廉·詹姆斯持不同立场的沃尔特·坎农，在谈身体的智慧时，说的也就是这个，而今天某些操作式的治疗师，例如推拿师，则称它是身体与生俱来的智能。可是在传统的观念里，根本没有所谓睿智的生物体。维护这种观念的人坚信身体不具智能，它只是一些物质一成不变地接受电脉冲的刺激，身体的智慧论简直就是异端邪说。基本上，他们看到的是一个无神、机械式的宇宙，充斥着机器般的生物体，一如笛卡儿和牛顿式思维所诠释的宇宙。

根据这个新的信息理论，身体的活动有很大一部分是在自主、潜意识的层次进行的，但这个理论独特的地方也正在于它能够解释为什么我们可以让我们的知觉意识进入这个网络，有意识地参与它的运作。让我们以阿片受体和脑内啡在调节痛感上的作用为例来说明这一点。研究痛感的科学家一致认为，坐落在中脑第三和第四室间的导水管周围的导水管周边灰质，充满了阿片受体，致使它成为痛感的控制区（事实上，几乎所有研究过的神经胜肽都可以在这里找到它们的受体）。

我们都听说过东方的瑜伽师和某些神奇功法的修炼者，可以通过呼吸的训练来改变他们对身体痛楚的感知。（还有一些人——母亲——经过恰当的训练，例如拉梅兹无痛分娩法，运用呼吸的技术去控制生产的痛苦，功力不输给瑜伽师。）这些人似乎拥有联系导水管周边灰质的能力，他们有意识地运用意念进入管道，然后（我相信）调整了他们的痛感。在意念和信念的重新设定下，痛苦遭到了消除，转而被诠释为一种无痛甚至愉悦的经验。问题是：心智何以能介入和调节痛苦的感受？意识在这整个过程里扮演了什么样的角色？

要回答这个问题，我就必须再回到网络这个观点。网络不同于一个主从关系的结构，这种结构在顶端有一个指挥"站"，下面则有地位越来越低的层层岗哨，扮演越来越不重要的角色。但在一个网络里，理论上，你可以从任何一个点切入，然后很快到达其他任何一点；所有的点在指挥或导引信息流动的潜能上，都是平等的。现在就让我们来看看这样的概念如何解释意念到达导水管周边灰质，利用它来控制痛感的整个过程。

瑜伽师和分娩中的母亲使用的技术——用意识导引呼吸——非常具有威力。有很多证据显示，呼吸的速度和深度的改变，会造成脑干释出的胜肽在数量和种类上的改变，反之亦然！将呼吸的过程提升到意识的层次，然后想办法改变它——屏住呼吸或以最快的速度呼吸——你的脑脊髓液便会在瞬间弥漫着胜肽，借以恢复内在环境的稳态性（身体恢复和维持平衡的回馈机制）。而且因为这些胜肽有很多是脑内啡——身体的内源吗啡——以及其他止痛物质，所以你很快就会感到痛楚的减轻。也难怪有这么多门派，不管是古老的还是新时代的，都发现了控制呼吸的强大作用。胜肽与呼吸的关联在文献里有很多记录，所有在别的地方发现的胜肽，呼吸中枢几乎都有。这个胜肽基础或许可以解释控制呼吸模式何以会产生这么强大的疗效。

我们都很清楚西方观点的偏见——心智完全存在于脑部，是脑部的功能。但你之所以有身体，并不只是方便携带你的脑。我相信我所描述的研究发现清楚地指出，我们必须开始思考心智在身体各个部位的展现，并进一步去思考我们如何能将那个过程提升到意识的层次。

## 身体里的心智

网络的概念强调的是生物体所有系统之间的联系，这个想法具有各种颠覆传统的内涵。长久以来，身体与脑的种种关联都被通俗地概括为"心智凌驾身体"，但根据我的研究，这句话并没有正确地描述事实：心智并不掌控身体，心智"即是"身体——身与心是一体的。我认为我们所揭示的通信模式，即信息在整个生物体的流动，足以证明身体是心智在物理世界的外在具体呈现。"身心合一"（bodymind）是黛安·康纳利（Dianne Connelly）率先提出的概念，它源自中国的医学，反映的是身体与心智的不可分性。如果我们了解情绪如何通过神经胜肽分子去影响身体，便不难发现情绪何以是了解疾病的一个关键环节。

我们知道免疫系统和中枢神经系统一样，有记忆，也有学习的能力。因此我们可以说，智能不仅存于脑部，它还存于遍布全身的细胞里，我们也可以说，将心智活动（包括情绪）与身体切割开来的传统做法，已然失去了它的可信度。

如果我们根据现代科学的观点，把心智界定为脑细胞的沟通，我们现在也可以顺理成章地将这个心智的理论延伸到整个身体。既然身体也有神经胜肽和它们的受体，我们可以断言"心智"（包括它代表的所有内涵）存在于身体，就和心智存在于脑是一样的。

为了说明身心合一的实际操作，我们不妨回头谈谈肠道的例子。整个肠道，从食道到大肠尾端，包括所有七个括约肌，内壁都布满了含有神经胜肽和受体的细胞，包括神经细胞和其他类别的细胞。我认为肠道里高密度的受体很可能就是为什么我们会在这部分的构造感觉到我们的情绪，也就是我们经常说的"肠肚感觉"（gut feeling，意指"直觉"）。研究指出兴奋和愤怒会增加肠的活动性，满足则会使之降低。同时因为双向沟通的网络，肠道在消化食物和排出杂质时的蠕动，也同样可以改变你的情绪状态。英文 dyspeptic 指的是不悦、易怒的意思，但它原来的意思是消化不良。或者让我们再来看看自主神经系统，它掌控了身体所有的非意识活动，例如呼吸、消化和排泄。如果说身体有任何部分是不受心智操控的，你会认为那一定是自主神经系统了。它让你的心跳动、你的肠道消化、你的细胞复制，这些都在你的非意识层进行。然而，不可思议的是。意识"可以"干预这个层次的活动，就像我们前面谈过的瑜伽师和分娩中的女人。这就是生物回馈提供给我们的重要课题，也是目前很多医生传授给病人的课题，让他们学会控制痛感、心跳、血液循环、紧张和松弛等等——所有过去认为非意识的活动。二十世纪六十年代初期以前，我们一直以为自主神经系统是由乙酰胆碱和去甲肾上腺素两种神经递质管控，后来才发现除了传统认定的神经递质以外，所有我们知道的胜肽，亦即信息分子，都可以在自主神经系统找到，而且数量丰富，以各种细微差异的复杂模式散布在脊椎两侧。就是这些胜肽和它们的受体使得意识与非意识活动之间有对话的可能。

　　总之，我要说的是，你的脑和身体其他部分在分子的层次是密不可分的，我们简直可以用"流动的脑"来形容这个身心网络，网络中具有智能的信息在各系统之间穿梭往返。网络的每一个区域或系统——神经的、内泌素的、胃肠的、免疫的——都借着胜肽和它们特定的受体互相传递信息。每一秒里，都有大量的信息在你体内进行交流。试想每一个信差系统都拥有一种特定的基调，各自哼着它们的招牌曲，起起伏伏、时强时弱、分分合合，如果我们可以用耳朵听到这个身体的乐章，那么这些声音的总和所谱成的音乐，就是我们所称的情绪。

　　神经胜肽和受体，这些情绪的生化物质就是携带信息的信差，是它们将身体的主要系统联结成一个我们称之为"身心"的单位。我们不能再视情绪为虚幻的东西，认为它不像可以观测到的物质那么真实，我们必须视之为细胞的信号，它们协助将信息转译为生理的现象，确切地说，就是将心智转译为物质。情绪联结了物质与心智，它往返于两者之间，并影响两者。

## 健康与情绪

　　那么：心智与情绪跟人的健康状态有什么关联呢？

　　我说过，神经胜肽和它们的受体是情绪的基础，而且它们时时刻刻都跟免疫系统保持联系，健康与疾病就是借由这个机制应运而生的。就我们所知，免疫系统破坏健康的一个方法就是助长动脉里斑块的形成。凡是会强化或减缓冠状血管里动脉斑形成的胜肽，免疫细胞都会将之驱逐出境，而这个动脉斑的形成就是心脏病发作的一个主要因素。虽然我们不知道情绪在其中扮演着什么角色，但流行病学的证据显示它确实有关。比方说，有很多记录指出星期一早上（一周工作开始的时候）心脏病发作的人数比其他日子都多，而且死亡率的高峰在基督教国家是圣诞节后的那几天，对中国人来说则是旧历年后的那几天。既然这些都是很容易让人情绪化的节日，不论是什么样的情绪，情绪显然跟人的心脏状况有某种关联。

　　情绪与免疫系统之间另一个可能的关联，则与病毒有关。病毒和神经胜肽使用同样的受体进入细胞，而符合某个受体的病毒是否能轻易地进入细胞，要看这个受体周围有多少自然的胜肽可以与它结合。因为病毒进入细胞的过程牵涉到情绪分子，所以我们可以合理地推断，我们的情绪状态会影响到我们是否会受到病毒的感染。这或许可以解释为什么两个含有同量病毒的人，其中一个会病得比较严重。我不知道你会不会这样，不过每次我要去滑雪的时候，从来都不会生病，会不会是高昂的心情、一种对可能的刺激或冒险怀着快乐的期待和希望的心情，让我逃过某些病毒的侵袭？之所以会如此，或许是因为引起病毒性感冒的流行性病毒，使用去甲肾上腺素的受体进入细胞，而精神药理学的一些重要的理论，认为去甲肾上腺素是快乐的心智状态不流动的信息物质。想必当你快乐的时候，流行性病毒无法进入细胞，因为去甲肾上腺素封锁了所有病毒可以使用的受体。

　　几个世纪以来：心智和情绪的活动对健康和疾病的影响一直很受重视。亚里士多德是最先提出心情与健康有关的人士之一，他说："我认为心灵与身体是同甘共苦的。"可是一直到二十世纪之初，科学家才开始具备有力的工具去检视它们的关联，并证实其中一个环节是可以训练的，那就是免疫系统。在二十世纪二十和三十年代，苏联科学家的先驱研究证明巴甫洛夫式的古典制约可以抑制或增强免疫反应。比方说，在天竺鼠和兔子的实验中，一个喇叭声，伴随着刺激免疫系统的细菌注射，重复多次后，这些动物"学会"一听到喇叭声，就启动它们的免疫系统，即使没有细菌注射的刺激。

　　有个美国人循着这条思路，对脑和免疫系统的关联又做了一些研究。罗切斯特大学（University of Rochester）医学院的心理学家罗伯特·阿德（也就是后来创造"精神神经免疫学"这个名称的人）和他的同事尼古拉斯·科恩（Nicholas Cohen）在二十世纪七十年代，进行了一系列突破性的实验。他们训练实验老鼠在某些刺激与事件之间建立联结，颇类似巴甫洛夫训练狗联结铃声与食物的实验。在这个研究里，阿德和科恩给老鼠注入抑制免疫反应的药剂，里面加了有甜味的糖精，最后老鼠完全受到这个药剂的作用制约，仅仅有糖精的味道，不需搭配药剂，就可以抑制它们的免疫系统——再度证明了心智的提示可以改变生理活动。

这些研究说明了免疫系统可以在潜意识，或不受意志控制的层次受到制约。而后来的霍华德·霍尔（Howard Hall）则在一九九〇年证明免疫系统也可以受知觉意识的控制。霍尔是在俄亥俄州的凯斯西储大学（Case Western Reserve University）进行了这些关键的实验。实验中他指导参与者使用生理管制学的策略，生理管制学的英文cyberphysiologic中的cyber，来自希腊文，原意是"操舵者"或"舵手"。在这个场景里，它指的是自我调节的操作，例如放松、观想、自我催眠、生物回馈训练和自体训练。实验还包括了一些对照组（即没有接受这些训练的群组）。结果，唾液和血液的检验显示接受生理管制训练的人，可以运用这些方法有意识地增加他们的白细胞的黏度。在霍尔的实验之前，一直有零星的临床报告指出催眠疗法可以改善疣和气喘的状况，这些改善可能都是潜意识的控制潜产生的免疫变化所致。不过并没有研究测量细胞层次的变化，也没有研究证明意识控制的可能性。霍尔可说率先证明了心理因素，也就是意识的介入，可以直接改变免疫系统的细胞活动。

如果免疫系统可以因意识的介入而改变，那么这对治疗类似癌症的重大疾病有什么意义呢？情绪与癌症有关的想法其实已经不算新鲜了，早在二十世纪四十年代，威廉·赖希就提出癌症是无法表达情绪——尤其是性方面的情绪——所导致的结果，这在当时还被视为异端邪说。赖希不仅受到医学和科学界的冷嘲热讽，还遭到实际的迫害。那可能是美国政府有史以来绝无仅有的一次官方焚书行动，它号召FDA搜寻所有赖希发表过的研究论文，加以焚毁。不过这个异端邪说并没有被那场火消灭。德国精神分析师克劳斯·班森（Claus Bahnson）和其他的人，在那段时间持续进行这方面的研究，直到今天，它终于和现代生物学的许多发现接上了轨。二十世纪八十年代加州大学旧金山分校的心理学家莉迪娅·谭莫夏克（Lydia Temoshok）的研究显示，那些将愤怒等情绪积压在心里，长久忽视它们存在的癌症患者，相对于那些惯于表达情感的人，复原的速度比较缓慢。这些病人的另一个共同特质就是克制欲望，因为他们觉察不到自己在情感上的基本需求。懂得关照自己的情绪的患者，显然拥有比较强大的免疫系统，他们的肿瘤也比较小。

　　压抑的愤怒或其他"负面"的情绪是否会导致癌症？斯坦福的大卫·斯皮格尔（David Spiegel）不容置疑地证实了癌症患者表达愤怒和悲伤情绪的能力可以提高他们的存活率。我们现在有了一个可以解释这些现象的理论架构。既然情绪的表达与体内胜肽的流动息息相关，长期压抑情绪会对身心网络造成巨大的干扰。许多心理学家将忧郁诠释为压抑的愤怒。弗洛伊德曾生动地形容忧郁是"转向自己的愤怒"。而现在我们则对这种状态在分子层次的呈现有了初步的了解。

　　以癌症为例，事实上我们每个人的体内时时刻刻都长着小小的肿瘤。免疫系统里负责毁灭这些坏细胞的是身体自有的杀手细胞，它们的任务是攻击这些肿瘤，摧毁它们，让体内没有任何癌类的生长物。在大多数人的体内，这些细胞通常都能善尽其职，在脑部和身体的各种胜肽及它们的受体齐心协力的运作下，使得这些小小的肿瘤永远无法长得很大，大得足以让我们生病。可是如果胜肽的流动受到干扰，情况又会如何呢？我们可不可能学会有意识地介入，以确保我们的杀手细胞持续执行它们的工作？关照我们的情绪是否有助于时时刻刻指引杀手细胞的胜肽流动得更顺畅？情绪的健康对身体的健康重不重要？如果重要，那情绪健康是什么呢？如果我们够重视身心的联结的话，就必须开始正视这些问题。

　　容我先表达对这些问题的看法，我相信所有的情绪都是健康的，因为它结合了心智与身体，愤怒、恐惧、哀伤，这些所谓的"负面"情绪，跟平静、勇气、喜悦一样健康。抑制这些情绪，不让它们自由流动，等于是在这个系统里设了一个挑拨离间的机制，使得这个系统出现互相抵触的目标，无法团结一致地运作。它制造了一个紧张的氛围，导致堵塞，使胜肽信号的流动迟缓，无法维持分子层次的运作，于是整个系统陷入一个衰退的状态，很容易导致疾病。所有真实的情绪都是正面的情绪。

　　健康不只是持有"快乐的想法"，有时候痊愈最大的推动力来自爆发压抑已久的愤怒，让免疫系统在猛力的冲击不得已重新启动。表达的方式和场所由你决定——独自在一个房间，或是在一个团体治疗的情境，让成员的互动帮助你表达埋藏已久的感觉，或是与家人或朋友兴之所至地交谈。重点是表达，然后放下，这样它才不会溃烂，或累积，或扩大到无法控制的地步。

## 共同的传承：情绪分子

演讲时，我有时会用最后一张幻灯片作为总结，这是一个单细胞动物四膜虫（tetrahymena），它是基础科学实验室广泛研究的一种生物，所以赢得了"生物学的汗马"（workhorse of biology）的封号。令人惊叹的是，这么一个简单的单细胞动物，居然可以制造这么多我们在人体里发现的胜肽，包括胰岛素和脑内啡。在它单一细胞的表面上，布兰奇·奥尼尔（Blanche O'Neil）发现了阿片受体，就跟我们脑部的一样。同样的建构基石，出现在最原始、最简单的生物体里，也出现在最复杂的生物体里。所有生物的 DNA 密码都有四个基础分子，同样地，操作所有生物的所有系统的信息交流——不管是细胞之间、细胞内、器官之间、脑部与身体之间，还是个体之间——其所使用的密码，也有一个固定数量的信息分子，只是我们还不能确定这个数字是多少。

我特别提起四膜虫，是因为它说明了生物界一个重要的事实，也因为它可以让我在演讲的最后提出一个哲学性的思考方向（接下来我会讨论这些想法在比较实际的层面所代表的意义——也就是你如何可以将更多的意识带入你的生活，应用它，让你的身体与情绪胜肽达到健康的状态）。想想看，四膜虫和我们有着同样的基本信息网络，这意味着什么呢？这些胜肽和它们的受体——情绪分子——源自最原始、最简单的生命形态。从此不仅一直被保存了下来，而且还继续发展为我们在人体里所发现的极度精密繁复的身心网络。由此可见，它们在演化过程中势必扮演着重大、关键的角色。对我而言，这个事实惊人地呈现出所有生物的统一性。人类与显微镜下最谦卑的生物，一个单细胞的生物体，竟然有着共同的传承——情绪分子——尽管演化的历程已然让我们发展为超凡入圣的生物，拥有数以亿计的细胞。

会场灯光乍亮，银幕上的幻灯片影像随之隐退，我再次意识到听众席里坐着的是真实、活生生的人，是我的演讲所诉求的耳、眼和心——带有亿万细胞的生命体。

*   *   *

一九八七年十二月，波多黎各，我们一群美国神经药理学家在年度的研讨会上，各自捧着椰子菠萝鸡尾酒，彼此招呼寒暄。我和美国国立精神卫生研究所的同仁彼得·布里奇（Peter Bridge）隔着拥挤的人群，发现了彼此。

平日沉默寡言，甚至目中无人的彼得，显得特别兴奋，他迫不及待地告诉我有关两个美国人的状况。我跟迈克刚研发出一种艾滋病药剂，这两个人就是首先接受实验的人。

"有没有任何……变化？"我问，但剧烈跳动的心已经告诉我事情有了变化。

"其中两个人，不，他们两个人本来都有严重的神经病变，一个几乎无法走路，另一个则完全无法走路。"

"现在呢？"

"他们都可以正常走路了，他们的神经病变消失了。我和三位治疗过很多艾滋病人的神经病理学家谈过，他们说从来没有发生过这样的事。"

"你说'从来没有发生过这样的事'是什么意思？"

"如果神经病变已经恶劣到像这两个人的程度，通常是不可能改善的。但这两个人使用你们的药剂没几天，情况就改观了。"彼得耸起肩膀，给我一个热情的拥抱，我们两人欣喜若狂，但极力保持审慎怀疑的态度，或至少不那么情绪化。

就在这时，一大群神经药理学家突然簇拥到窗前。向外张望。加勒比海雨季浓密的乌云终于开始移开，地平线的那端出现了美丽的彩虹。那是两道巨大的彩虹，持续了将近一个小时，几乎将那一小块蓝天填得满满的。后来我和妹妹温妮到我房间的阳台观赏这幅美景，惊叹地平线那端的彩虹居然可以与另外一端划过乌云的闪电共享这一片天空。

# 第10章
# 新思维的结晶

一九八五年，我们的理论：《身心的网络通信是了解健康和疾病的基础》，在地球之脐茂宜岛，光芒四射地展示了它的成果。

那年，我的实验室并没有比过去大一点。我组织了一个团队，其中十二个人直接在我的管辖内，另有一个较大的群组在我的影响范围内，他们都是以非正式的合作关系协助我的工作。加入我的脑生化团队的还有迈克（承蒙齿科研究院细胞免疫组的允许）、来自分子免疫调节实验室（Laboratory of Molecular Immunoregulation）的弗兰克·鲁塞蒂（Frank Ruscetti），以及美国癌症研究院的比尔·法拉。这时的我已经取得终身职位，资深科学家的地位。我很高兴大伙儿合作得很融洽，在不同领域的努力下，我们的研究颇有斩获。

我们主要的工作就是寻找确切的证据，说明生物体有一个全身的通信系统，将脑、腺体，与免疫、消化和自主神经系统整个联结起来。我们渐渐发现免疫细胞上的任何受体也都可以在脑细胞上找到，所以在这个分子的层次，心智与身体其实没有区别。这样的认知让我们开始思考接下来的问题：这个信息共享的系统如何帮助我们了解疾病？如何帮助我们研发治愈疾病的方法？就是这类的探究，引领我们的实验室解开了一个重大的谜团，一个只有我们的成员和设备才能够解开的谜团。而这个发现也在瞬间将我们弹射到研发艾滋病药剂的追逐行列中。

那年感恩节，迈克和我向家人宣布：我们计划在翌年夏天结婚。感恩节过后不久，我们便动身到茂宜岛参加美国精神神经药理学会（American College of Psychoneuropharmacology）的年度研讨会，去发表我们的最新发现。我们提早一个礼拜到达，计划到哈雷阿卡拉火山口（Haleakala Crater）露营、爬山，哈雷阿卡拉是一个休眠火山，很久以前它爆发过，因而形成了现在的岛。迈克和我在地图上标出了路线，从一个偏远的牧场小镇汉拿（Hanna）爬上艰难的后侧坡，到火山口顶端，循着一个步道便可进入火山口内。晚上在火山口里搭帐宿营，然后回到山顶，再从后侧坡下山，结束整个旅程。一共是三天的行程，一天上山，一天在火山内部四处走走，最后一天下山回到汉拿。野心确实大了点，不过，迈克保证可行。我们开始谈恋爱的时候，迈克常带我到大自然走走，虽然我乐此不疲，但缺乏足够的经验来判断自己的极限。不过当人陷入情网时，似乎没有克服不了的挑战。打包了装备，我们便驱车前往山路的起点。

上山十分吃力，所花的时间是我们预计的两倍，中途我们才发现原本以为是四英里的路程，实际上是八英里，因为我们估算的是垂直距离，少算了四千英尺①。所以黎明即展开的上山行动，一直到晚上七点扎营才告结束。直到今天，那趟上山之旅仍是我经历过的最严酷的一次体力考验。

我带来的头戴式收音机只能从附近的夏威夷，也就是"大岛"，接收到一个电台，但我尽可能让自己开心地听着摇滚乐，保持高昂的兴致。到了半山腰，刚转过一个弯道，一道壮丽的彩虹悠然映入眼帘，我从未见过这么光彩夺目、完整无缺的彩虹。我记得自己在惊叫欢呼之余，心里想着：这是一个征兆，它意味着尽管我们估计错误，我们走的路是正确的，就像我们实验室的研究方向一样。如今，这个在我心中象征科学终将揭示最后真理的彩虹，仁慈优雅地出现在我们的道路上，示意我们继续走下去。爬上了山头，我们随即往下走入火山口，展现在眼前的景观神奇得令人叹为观止，变化多端的地形在光与影的交错下，裸现着红色的炭渣和黑色的熔岩流。熔岩流上面冒出一个个银色的剑头，不知从哪儿来的，看了让人触目惊心，俨然一幅月球表面虚空无垠的景象。犹记得我们沿着幽寂的步道漫步的时候，心中涌现的神圣感，这是一个不凡之地，而我们正走在这块圣地上。有一个神话故事：半神半人的茂宜掳获

---

①1 英尺等于 0.3048 米。

了太阳，命令它听从他的使唤！美丽的大自然、它的神话、严酷的体力考验强烈冲击着我，我感到自己的心和意识延伸开来，充满了深深的敬畏之情。

下了山，结束了这次超乎想象的英勇之旅，我们已经筋疲力竭，出现脱水的现象，但心情却是欢欣鼓舞的，回想起来，我才知道这次考验只是更多磨难的开始，我们即将踏上一个错综复杂的旅程，其中的曲曲折折远超过我们进入火山口的路程，而它的艰辛也是我们攀爬后侧坡的过程所望尘莫及的。我们在实验室的工作，此时让我们置身于一个深渊的边缘，我们即将掉入那个深渊，完全没有想到接踵而来的事件会把我们带到艾滋病研究的烽火前线，也完全没有料到这些事件终将迫使我们离开宫殿这个温暖舒适的窝。

上了我们租来的车，回到租借的公寓，跳进按摩浴缸，将酸痛的肌肉浸泡在热水里，接着便瘫软地倒在床上。那一晚，也是我们来到这个岛上第一个睡在室内的晚上，海水拍打着露台边际，清新的气味和低柔的声音，伴我酣然入眠。第二天我神清气爽地来到研讨会，在演讲人员当中坐下，准备进行首场的研讨，主题是"艾滋与脑"。

## 艾滋病毒的入口

我们对免疫系统与脑的关联所进行的研究，引发出一连串令人兴奋的事件，带领我们来到这个茂宜的研讨会上，也来到当时新兴的艾滋研究领域的大门。这一切都缘起于迈克和我的一个发现，那就是免疫细胞有许多过去我们以为只有脑部才有的胜肽受体。知道了这一点，我们开始思考或许脑中也有我们在免疫细胞上发现的受体。此时来自一位免疫学家的一通机缘巧合的电话，影响了我们即将展开的工作。比尔·法拉从我发表的论文得知我对神经免疫关联的兴趣，有一天打电话来讨论他在这方面的研究。我告诉他我们正试图在脑部搜寻免疫受体，他说他可以提供我们搜寻所需的抗体。第二天，一个高大魁梧的金发男子，穿着短裤和凉鞋出现在我的办公室，手里提着装有抗体的冰桶。这是比尔差遣来的送货员？我心想（因为科学家通常不会看起来这么休闲，或这么健壮）。而事实上，他就是比尔本人。一旦见识到他的行动力，我不禁怀疑当初怎么会以为他是送货的。比尔做起事来，不但果决，而且指挥若定，这应当归功于他过去担任海军战斗机飞行员，有好几年在航空母舰上起降战斗机的经验。毕竟是女人，想到要和一个无论在风格还是外表上，都那么充满男子气概的人工作，不由得心醉神迷。

免疫受体的搜寻工作进行了几个星期后，比尔打电话来告诉我有三个不同的研究群已经差不多在同时发现了艾滋病毒进入并感染细胞所利用的受体——T4 受体——这个消息令我更加好奇了。T4 受体是在免疫系统里叫作 T4 或 CD4 的关键淋巴细胞上找到的。T4 淋巴细胞的锐减是艾滋病毒存在的一个征兆，也是它最致命的原因之一。正因为少了这些淋巴细胞，通常无害的微生物可以很容易地让艾滋病人受到频繁甚至致命的感染。

比尔刚告诉我 T4 受体是艾滋病毒的入口，就开始兴奋地盘问我。"T4，"他说，"我知道我给你的抗体可以跟 T4 受体结合，你用了没有？有没有什么发现？"

"那还用说！"我得意扬扬地说，"它们直奔那些受体，让脑部亮得像棵圣诞树似的。"

我的潜意识开始明白我们的 T4 搜寻具有重大的意义。如果这个受体是病毒在身体里的入口，那么它一定也是病毒在脑部的入口。如果真是如此，我们就可以运用我们在受体方面的专长，对这个过程的来龙去脉，有更深的了解，甚至找到终止这个过程的方法。

我们也开始思考或许我们可以运用对脑部病毒受体的了解，去解释"神经艾滋"：痴呆、记忆丧失、神经病变（神经退化）和忧郁。神经病理学家和精神科医生开始注意到有越来越多的艾滋病人出现这些症状，但鲜少有人研究艾滋病的这个部分。因为病毒学家和免疫学家不太与精神科医生打交道，更别说神经科学家了，所以他们几乎没有觉察到神经并发症有逐渐升高的趋势，即使知道一点，也轻易地将之归于自然现象，因为病人身患重症：心情沮丧是难免的。

既然知道 T4 免疫受体是艾滋病毒的入口，我们决定以它作为脑部搜寻工作的重心。我们知道没有任何人会在脑部找寻免疫受体，因为几乎没有人相信它们会在那儿出现——这一点可以很容易从当时相隔不远处发生的事看出端倪。

# 认识 HIV

宫殿里距离我们工作的地方不过几百码的地方，就有一个团队只管身体，不管心智。他们是美国国立卫生研究院过敏和传染病研究院（National Institute of Allergy and Infectious Diseases，NIAID）的免疫学家和病毒学家，正在追踪最新发现的人类免疫缺陷病毒（HIV）。不久前，美国国立卫生研究院癌症研究院的罗伯特·盖洛医生（Robert Gallo）才宣布 HIV 是艾滋病的肇因，轰动一时。盖洛证明是 HIV 感染免疫系统的细胞，使用它们的 DNA 进行复制和扩散，导致免疫系统严重衰退，使伺机性的疾病得以增生，最后杀死了寄主。所以美国国立卫生研究院的科学家，和我们一样，都把焦点放在如何防止 HIV 病毒执行它的死亡任务上。

不过，他们采取的方法必然会与我们的大不相同。除了一些众所周知的例子，如狂犬病毒使用乙酰胆碱受体，病毒学家一向都不太了解病毒是如何进入细胞的。他们最喜欢使用的说法是“病毒固定法”（viropexis），亦即病毒固着在细胞表面上，跟细胞外膜融合，进入细胞。至于“固着”这个步骤是怎么发生的，他们一无所知，也认为无关紧要。病毒学家过去都把焦点放在病毒复制的分子过程，也就是病毒如何复制？答案是：病毒在细胞内自行复制。至少他们是这么认为的，所以药剂无法攻击到病毒，除非把细胞也摧毁，正因为如此，任何药剂若想在病毒进入并“感染”细胞以后干预复制，都必须含有剧毒。尽管如此，他们仍决定朝这个方向行进。

其实我们可以使用另外一种方式去消灭病毒，因为对神经科学家来说，病毒如何找到免疫细胞，然后进入细胞，根本不是什么难解的问题。我们可以很容易地解释病毒为什么运作起来就像外源性配体，它们会跟特定的受体结合，就像胜肽一样。据了解，病毒的表面上含有多种蛋白质，这些蛋白质可以决定病毒会感染什么细胞。因此，不同的病毒会对不同的细胞展现出我们所称的"趋向性"（tropism）。譬如，我们可以说 HIV 病毒具有趋 T4 性（T4-tropic）。对于神经科学家来说，合理的解释之一就是这些病毒入侵者的某些蛋白质可能与身体拥有的一些分子产生共振，也就是说，我们相信这些病毒一定有钥匙可以开启受体的钥匙孔，从而进入细胞。

**gp120 如何捣乱**

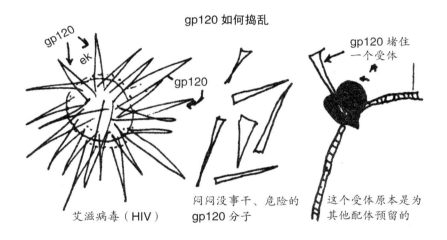

艾滋病毒（HIV）　　闷闷没事干、危险的 **gp120** 分子　　这个受体原本是为其他配体预留的

在显微镜底下，HIV 看起来就像来自星际大战的东西，一个球体上面覆盖了数百个蛋白尖钉。病毒的这个部分，即病毒表面称为 gp120 的蛋白外套，因为具有某种分子序列，可以跟免疫、脑细胞和其他细胞结合，引发感染，而且，诚如后来我和其他人的研究显示，它还可以通过受体引发许多反应，导致艾滋病的种种症状，也就是疾病本身。

一旦锁定了 T4 受体，我们团队里的神经解剖学家乔安娜·希尔便使用放射自显影技术取得了它在鼠脑和兔脑里的分布图，影像十分绚丽。巧的是几天以后我就接到彼得·布里奇医生的电话，他是美国国立精神卫生研究所的精神科医生，对精神神经免疫学很有兴趣，正在筹组一个座谈会，主题是他的新研究领域——神经艾滋病。"你有没有任何关于艾滋病与脑方面的发现？"他问。

他的预感令我有些讶异。我告诉他我们在做什么。我们因为那段对话而受到邀请，在夏威夷茂宜岛举办的一九八五年美国精神神经药理学会研讨大会安排的艾滋座谈中，发表我们的研究结果。

## 介入艾滋研究

其实，从哈雷阿卡拉下来，比上去更难。我没想到下山会这么累，心里还想："啊，从现在开始就是一路下坡了！"但任何有过类似经验的人都知道，下坡速度快，会让你的体力消耗得很快。所以当我出现在第一天的研讨会上时，我全身酸痛得厉害，其中还夹杂着胜利的快感，但是我的心神却出奇的平静。我安静地聆听着同事报告他们有关艾滋病的发现，第一次意识到"大流行"这个词汇，或全球性的瘟疫，应用在这个快速扩散的疾病上，一点都不嫌夸张。

我对这个疾病的了解仅限于从报纸上读到的，当然，罗伯特·盖洛的办公室宣布他的实验室已经发现艾滋病的成因——HIV病毒，这件事我很清楚。随后健康与公共事业部（Health and Human Services）部长玛格丽特·赫克勒（Margant Heckler）宣布联邦政府将拨大笔款项给美国国立卫生研究院，作为他们对抗艾滋的研究经费，因为他们已经知道要对抗哪种病毒。这个宣布引起不小的骚动。美国国立卫生研究院和美国国立精神卫生研究所偶尔会从跨越两个阵营的比尔·法拉那儿，听到彼此的消息和飞短流长。不过，整体面言，我对艾滋病可说一无所知，原因正如兰迪·席尔兹（Randy Shilts）在他的著作《乐队继续演奏》（And the Band Played On）中所言，在那个阶段，民众可以取得的信息少之又少。而此刻，我看到的是幻灯片里艾滋患者承受的莫大痛苦，听到的是病毒如何摧毁免疫系统、蹂躏身体，让它的宿主得到各种罕见却致命的伺机性感染。我这才开始思考人类为这个疾病付出的代价，一股迫切感涌上心头，我强烈地渴望能对了解和治疗艾滋的研究有所贡献。

终于轮到最后的我报告了，我站上讲台，开始陈述我的研究发现。我说明我们如何在脑部搜寻到类似 T4 的分子，它在海马和皮质有很高的密度。乔安娜制作的猴脑幻灯片在银幕上层现出多彩的脑部 T4 分布图。我心仪地注视着它，突然觉察到自己的意识状态出现了奇特的变化，我开口说话，但声音听起来有些奇怪。仿佛来自遥远的地方。

"我们的数据明确显示 T4 受体可能是一种神经胜肽的受体，因为它的分布很类似我们已经知道的脑部胜肽受体。"我报告着，听到自己的话语在耳边回响。接下来，也不知从哪来的灵感，我说："如果我们能够找到符合 T4 受体的内源胜肽配体，就可以找到一个简单、非毒性的疗法来阻止病毒入侵细胞。"

我和我的听众顿时沉寂下来，让那一段惊人之语在脑子里沉淀。我刚才是不是提出了一个治愈艾滋的新途径？可是在这之前，我从来没有想到这点。

然后，我清晰地听到一个声音，这次不像是我自己的声音，也没有大声地说出来，而是在我自己的脑子里回响，那是一个男性的声音，强而有力，它命令我说："你应该这么做！"

我当然不习惯在演讲的时候听到这种来历不明的判断，起初以为是自己的幻觉，我想，一定是艰辛的火山之行造成的后遗症。然而，这个方法的逻辑是那么具有说服力，让我不得不信任那个声音。虽然那毫无疑问是一个男性的声音，但它并没有激起我的女性自主意识，因为不管那个声音来自哪里——幻觉、上帝、我自己的较高智慧——我清楚地知道它要我做什么！仿佛我整个的科学生涯都是为了能够回答我刚刚提出的问题：脑部和免疫系统里哪种天然胜肽与 HIV 受体契合，我们如何仿造它，制造一种合成物来封锁受体，从而阻止 HIV 病毒进入细胞？

当年我们在搜寻脑内啡时，不就是采取这样的途径吗？ CD4 受体的存在绝对不会是专门为了与病毒结合，就像阿片受体的存在也不是为了与吗啡结合一样！这个道理绝对错不了。我不懂自己之前怎么没有想到这一点。我的思绪回到已经走过千百回的途径，那是我自发现阿片受体和它的内源配体脑内啡后，便展开的理论探索，和那个时候一样，我们有了一个受体（T4），现在要去找它未知的配体。不过，这一回，我们有计算机可以帮忙。

我迫不及待地在第二天早上打电话回美国本土，要我的实验室立刻进入搜索的前置作业。比尔·法拉开始设计计算机程序，以便搜查全世界的胜肽数据库，我们要找的是分子序列与 HIV 病毒外套 gp120 吻合的胜肽，因为这个外套是病毒嵌入受体的部分。

病毒受体的鉴定，以及之后 T4 受体的描述，骤然间为艾滋研究开启了许多新的管道，因此很快就有好几个政府和业界团队和我们一样，开始寻找与 T4 受体结合的 gp120 片段，不过他们的做法比较笼统。他们试着编排几乎所有可能的胜肽序列，但序列中有六百多个位置可以安插可能的氨基酸，成功的概率就如同你把一百只猴子和一百部打字机抛向空中，等着看最后会不会有莎士比亚的全部作品，精准无误地打在纸上。

不过我们的途径也不如预期的直接。原本以为只要设计出周详的计算机搜寻，我们就可以很快得到一个分子序列，用来鉴定 T4 受体的天然配体，但我们得到的结果却不是那么明确。计算机搜寻到几种序列跟 gp120 非常接近的蛋白质，然而没有一个可以让我们斩钉截铁地说："就是这个！"我们决定依据我们对这些资料的直觉展开行动，将搜索的对象从多种可能浓缩到其中几个，然后制造它们的合成物，进行试验。我们只能期待其中一个直觉能让我们找到一种物质，可以取代仍未寻获的天然配体，而且相似得足以成功地取代 gp120，与 T4 受体结合，让病毒不得其门而入。

于是一天晚上，我把打印着所有可能序列的计算机报表带回家，在餐桌上摊开来，但心里仍不免担忧着如果选错了会有什么后果。药理学是一种精确的科学，不容许"几乎"或"类似"。如果序列中有一个字母错了或漏掉一个，我们的合成物就一无用处了，因为接下来的试验或测定会证明它无法取代病毒，而将它淘汰。即使只差了一点点，我们也不会知道。

我和迈克花了整整一星期检视着一页页的字母。最后是迈克做出决定，锁定一种八胜肽，它是非洲淋巴细胞瘤病毒（Epstein-Barr virus）含有的胜肽，它也是一种"趋淋巴性"的病毒，只不过它入侵的是 B 细胞，不是 T 细胞。我们猜想这个病毒使用的受体可能跟 HIV 一样。我们猜错了，不过却误打误撞地挑了一匹黑马。

我给旧金山半岛实验室（Peninsula Labs）的一位老朋友张兆康博士打了一个电话，那时正逢除夕夜，如我所料，他正在实验室熬夜工作。就像十年前脑啡肽情节的重演，我小心谨慎地把我们挑中的那个八氨基酸胜肽的序列念给他听，请他合成，既然序列中的第一个氨基酸是丙氨酸（正是当年为了让合成的脑啡肽能发挥长时间的作用，我要张博士改变的那个氨基酸）。我指示他为四种非常类似的八胜肽制造三个 D－丙氨酸的类化合物。同样地，我要他发誓保密，并且告诉他不要问太多问题，只管去做。张博士接受了挑战，花了两个月的时间和纳税人的一万美元，我们拿到了四种合成胜肽，准备开始进行测试。

比尔·法拉与马里兰州弗雷德里克市（Frederick）的一个实验室达成了一笔交易，这个实验室曾取得 HIV 病毒，并分离出它的多种蛋白质成分。正是我们需要的关键成分。他帮我们取得了所需的病毒蛋白质 gp120，然后我们用放射性碘加以标示。现在两个关键成分——合成的胜肽和放射性的病毒蛋白质——我们都有了，我们准备开始受体结合的测定，看看这些胜肽会有什么动作。

终于可以进入实验阶段，我记得当时觉得很兴奋，但也充满了忧虑，仿佛即将跳入一个干涸的游泳池。这个研究的一切，似乎都取决于难以理解的事物，直觉、神秘力的介入、运气，这些在我当时的科学脑里，都不是什么可靠的依据。决定研究方向的是我在茂宜的讲台上听到了一个来自脑部的声音。而序列的选择，虽然有稳当合理的依据，却也加入太多直觉的判断。如果成功，其他的科学家会在未来的数十年对此赞叹不已，如果失败，他们会毫不留情地冷嘲热讽。而现在，真相即将揭晓，神奇的胜肽会不会发挥我们所期待的作用，证明我们是对的？

迈克和我将一半的合成胜肽交给共同研究人弗兰克·鲁塞蒂和比尔·法拉，他们在癌症研究院众多的实验室中的其中一个工作。我们则负责另外一半。弗兰克和比尔的测定，目的在证明胜肽是否能阻断病毒在人的细胞里生长。弗兰克是罗伯特·盖洛之外，唯一能取得新鲜病毒的人，也就是从病人身上直接分离出来的病毒，而不是实验室培养出来、大家轮番使用的陈年病毒。对我们来说，这是一个关键的优势，因为虽然许多研究者为了省事，使用这些实验室培养出来的菌株。但往往花了许多精力、资源和宝贵的时间所观察到的现象，数年之后却被发现是人工产物——也就是说，不是病毒的自然现象，不是它在人体内的行为模式。

而我们的实验室所进行的受体结合测定，目的则在鉴定测试的胜肽是否能真的阻断病毒蛋白外套 gp120 的附着，甚至取代它，封锁 T 细胞上的受体。如果它办得到，那我们就可能找到了治疗的方法，便可开始研发治疗艾滋的新药剂。

实际操作测定的是罗比·伯曼（Robbie Berman），他刚从耶鲁大学毕业，利用暑假在官殿实习，接着就要进医学院深造。罗比每天到实验室来，架设好试管，用吸量管加入许多不同的成分，进行实验，然后把数据交给我。他很聪明，也很可靠，依照我要求的精准度，执行测定过程中每一个细小的步骤，每天还要忍受我好几个钟头对实验进展的详细盘查。他年轻、有活力，就像一般大学毕业生，但他的聪明才智不输给一个博士后研究员。此外，对我来说最棒的是，他没有过度敏感的男性自尊，互动时不需格外迂回婉转。所以我们能够非常密切地一起工作，即使我紧迫地站在他身后，看到他技术上出现细微的差异就大吼大叫，他也能欣然接受。如果是博士后研究员碰上这种情况，大概都会火冒三丈地站起来，拂袖而去。

一九八六年总统日[①]的周末前，罗比和我展开关键的实验。我们使用几种不同的浓度，把胜肽溶解在带有放射性 gp120 的溶液中，然后让它们跟布满T4 的膜产生互动。既然眼前有三天的周末假期，加上我们也担心计算出来的数字会很低，让我们无法取得可以解读的信号，所以决定将每个过滤检体的计数时间设定为二十分钟——比一般情况多出许多。能够进行这么仔细、长时间

_____

① 指二月第三个星期一。

的测量其实是一种奢侈，不过，后来证明这么做又是一次幸运的抉择。

星期二早上，我一早就到了，迫不及待地将纸条从计数器里拉出来，审视着打印的数字。不需几分钟，我就看出一些端倪。数字显示我们的胜肽使得 gp120 的结合降低了一半，原因正如我们推断的，是这些胜肽与 HIV 病毒争夺同样的受体。特别令人欣喜的是，数据显示四个胜肽类化合物里有三个成功了，剩下的一个几乎没有任何作用。这一点很重要，因为它显示抑制结合的作用有它的专一性和选择性，这表示有受体的介入。

胜利的兴奋消退后数个小时，弗兰克和比尔的实验室有消息传来，说他们的胜肽也成功地在试管里抑制了病毒在人细胞中的生长，有效率大约是百分之八十至九十。不过，习惯抱审慎态度的弗兰克，马上指出结果中令人失望的部分：“可是，甘德斯，三个成功，一个没有。”然而，一个没有成功对我们而言，反而是好消息。当我们比对两个实验室的数据时，清楚地看到我们最有效的胜肽也是他们最有效的胜肽，而且没有作用的胜肽也是同一个。两个迥异的实验室，使用完全不同的方法，显示出同样的相对效能，这样的结果，是过去证明受体作用的指标，也为我们确立了结果的可信度。我们自知已经握有重大的发现。

看样子，我们的预测已经获得了证实！这真令人欣喜若狂，也许我们已经找到阻止 HIV 进入细胞，进而复制的物质。除此之外，我们还有一个意外发现，那就是要达到这样的结果，占据受体的胜肽所需的浓度，竟然那么低。事实上，这个计算机制作的合成胜肽在敏感度上，相当于最有效能的神经胜肽本身。后来，我们做了一些计算，发现它有效的浓度等于一颗阿司匹林溶解在装满水的一个火车油罐车里。我们为这个新领域的初生儿命名为“胜肽 T”，T 指的是苏氨酸，是合成的胜肽分子序列里最显著的氨基酸。

成功的喜悦让我们完全忘了最初的目标——寻找与脑细胞和免疫细胞上 HIV 受体结合的内源配体，也就是身体拥有的天然物质。我们找到了我们的仿制品——胜肽 T，下一步要做的似乎很明确，发表我们的发现，然后进行人体实验，测试它的疗效。不过，搜索内源配体的工作并没有结束，虽然我们已然偏离了这个方向。几个月后，我们的同事埃迪·金恩斯（Ed Ginns），也是我们曾经求助的一位分子生物学家，在半岛实验室的产品目录里发现了这个配体。当时他正在浏览目录中制造商可以提供的胜肽项目，突然注意到一个与胜肽 T 相同的分子序列，就在目录上印的一个胜肽序列里，有我们一直在寻找的胜肽——VIP，即作用于血管的活性肠胜肽。

其实我们对 VIP 并不陌生，脑部的额叶皮质、胸腺、肠、肺、某些免疫细胞，还有部分的自主神经系统都发现有它的踪迹。后来我们终于了解 HIV 病毒如何与 VIP 争夺免疫、脑细胞，以及其他细胞上的受体，它们趁 VIP 分子没有占领受体的时候，就锁住它们。在任何时候，有多少受体被 VIP 填满，也就影响到那个时刻系统受感染的概率。

经过很长一段时间后，我才开始思考与 VIP 有关的情绪调性是什么。不同的情绪是否会促进或抑制体内 VIP 的制造、影响系统是否有足够的 VIP 可以封锁细胞，或是打开一个让 HIV 得以进入细胞的通道？临床医师会有这样的印象：提高自尊似乎可以减缓病情的恶化。这让我开始臆测或许 VIP 是展现自爱的内分泌激素，就像脑内啡是幸福与亲密关系的潜在机制一样。

## 荆棘之途

我们的下一个挑战是将胜肽 T 的发现写成一篇简洁的论文，然后通过审核，发表在科学期刊上。我们希望这个步骤就如探囊取物一样容易，以便进入下一个重要的步骤——研发药剂，进行人体试验。然而我们也知道我们的做法在根本上跨越了不同的领域，这将对审阅者造成理解上的困难，而且我们所依据的概念，有些是当时大多数免疫学家和病毒学家无法接受的，例如脑和免疫系统具有很多细胞表面受体，且病毒会利用这些受体进入细胞。

我们相信手上握有的是一个重大的发现，所以决定将论文提送给最具威信且拥有广大读者的期刊《美国科学院院报》（*Proceedings of the National Academy of Science*）。它是美国科学院出版的期刊，这个由联邦政府提供资金的学院成立于林肯时代，至今仍保留了许多从那个年代流传下来的习俗（包括排挤可能的新院士，一般认为这种做法助长了它对自己人的偏袒，而这种偏袒的现象已然成为它的标志）。当时，它的女性院士只占百分之二，这也是它比较保守的特征之一。

《美国科学院院报》是一份纸面光滑、制作精美的期刊，非常具有影响力，从它的文章被其他期刊引用的次数就可以看出来。为了杜绝偏袒，它订出繁复、严谨的规定。其一就是限制院士每年最多可以提出的论文篇数，那可以是他们自己的论文，也可以是他们认为重要、有价值、别人写的论文。然而，尽管有这些表面上的防范措施，在学院里有一些认识的朋友，是保证快速发表的唯一途径——如果你能说服其中之一放弃他自己的一次宝贵机会。

我们需要的是一位学院的院士，请他评鉴我们的论文，然后寻求两位审阅者的首肯，再推荐给期刊发表。这个方法，我们在试图发表上一篇有关如何在猴子的脑部发现 T4 受体的论文时，尝试过一次，但那篇论文仍在传阅，未获发表。虽然经过层层关卡，却不得其门而入。事实上，它还被我很敬重的一位科学家以极尽羞辱的方式打了回来。弗兰克·鲁塞蒂建议我们找病毒学家阿尔伯特·沙宾（Albert Sabin），他是美国国立卫生研究院一位客座荣誉退休科学家，多年前发明了一种小儿麻痹口服疫苗，这个疫苗后来比乔纳斯·索尔克（Jonas Salk）的注射疫苗还要普遍。我很渴望会见沙宾医生，并天真地以为他会很乐意阅读我们的论文，同意它在期刊上发表。我托人将论文交给他，两天之后，和我的共同作者迈克一块儿到他位于美国国立卫生研究院图书馆地下室的狭小办公室，拜会这位闻名的医生。

想到我的孩子曾接种过沙宾疫苗，我滔滔不绝地告诉他能见到一位人类疫苗的发明人是何等荣幸，这个疫苗还使用了他的名字，沙宾接受了赞扬，然后毫无预警地开始痛批我们的论文。他长篇大论地抨击，语气越来越激动，还频频参考他手写的笔记，但迈克和我完全听不懂他的科学逻辑。

终于，这番训斥接近尾声，他说："还有，这个脑部的病毒受体是怎么回事？我们没管什么脑部或其他任何地方的病毒受体，不是也把小儿麻痹治好了！"

对沙宾来说，这个新观念简直荒谬透顶。他将论文从桌面掷过来，然后，带着毫不掩饰的轻蔑，宣布他绝对不会向《美国科学院院报》推荐这篇论文。这个时候，我的眼泪终于忍不住掉了下来，这一切和我原来的预期差距太远了。我示意迈克该走了，我们站起来，朝门口走过去。这时沙宾的情绪突然起了变化，看到我的眼泪滑落在面颊上，他的脸庞顿时缓和许多，送我们出去的时候，甚至还轻声笑了笑。"真不敢相信，我居然把甘德斯·柏特弄哭了！"

我终于从沙宾情绪化的敌意所带给我的惊吓中恢复过来，也能原谅他过度激烈的反应，我意识到我们的论文对他是多么大的挑衅：领先乔纳斯·索尔克而取得的地位，随时有被夺走的可能，也难怪这篇论文就像打在他脸上的一巴掌。不过在当时，这段匪夷所思的经历只让我觉得痛心和不解。

我们决定请弗雷德·古德温（Fred Goodwin）为我们的论文觅得一张王牌，比夫离开后，弗雷德就是我在官殿的老板。他一直很注意我的研究，数年来也很慷慨地支持我的实验室。论文所提的概念，他不消一会儿工夫就理解了，对大部分的科学家来说，我们的论文形同来自通天塔（the Tower of Babel）的东西，一个说着多种语言，让人不知所云的报告。他们会错判它的重要性，除非弗雷德能找到一个他可以直接影响的人，去引导大家了解。基于这个考虑，他建议我们去寻求某某科学家的支持，他是美国国立精神卫生研究所里少数几个学院院士之一，一个远近知名的神经科学家，因为首创脑部功能扫描而荣登龙虎榜。

我们将论文递送给这位可能的开路先锋，但好几个礼拜都没有消息。不过，评论者拖上八个礼拜的时间才做响应，也不是什么新鲜事。既然如此，我们只有耐心等下去，弗雷德这么提醒我们。与此同时，迈克和我筹备着我们即将在康涅狄格州莱姆镇（Lyme）举办的婚礼。我们希望离开之前能知道他的决定，说不定他会要我们留下来做必要的修改。

依然石沉大海。我们恳求弗雷德去敦促一下这位慢条斯理的科学家，询问他是否能在我们六月七日的婚礼前让我们知道他的评鉴，弗雷德不情愿地答应了，我们原本计划早一点离开华盛顿，开车到莱姆，好有充分的时间到镇公所办理结婚证书，并在星期六婚礼当天亲自监督婚礼的准备工作。但是没有等到我们久候的回音，我们不想离开。

这将是我美梦成真的婚礼，是我从来没有的婚礼，因为跟艾格结婚的时候，婚礼筹备得非常仓促、简单。这一次，我和迈克安排了一个盛大的婚礼，寄出雕版印刷的喜帖，邀请一百多位宾客参加，并将在草坪上搭起精心设计的帐篷，让宾客享受烹饪的佳肴美食。我们投入很多时间筹划这场婚礼，也期盼能尽情享受它的每一分、每一秒。

就在我们再也无法等下去的时刻，也就是婚礼的两天前，引颈企盼的电话终于响了："你们可以马上过来一趟吗？"我们满怀着希望，来到这位可能的引荐者的办公室，心想这么久的等待一定表示我们的论文已经符合规定地通过两位审阅者的审核。但见面没几分钟，这位医生便振振有词地说教起来，事情开始急转直下。

"病毒受体，病毒受体，"他口沫横飞地咆哮着，脸孔涨得通红，"我认识的人没有一个听过什么病毒受体的！"

我难以置信地看着与沙宾会晤的一幕在眼前重演。他把论文从桌子那一端扔过来，斩钉截铁地说他不是病毒学家，不可能推荐这篇论文给期刊。这一回，面对着同样的敌意，我没有流泪。

稍后，那个早上，我们驱车向北驶去，想到放下所有的事，却发现这么多星期以来，我们的论文仅仅被对方搁在那儿积灰尘，就难掩心中的怒火。我们在白弗林特购物中心（White Flint Mall）下车购买我的结婚礼服和新娘用品，到莱姆时，只剩下一天的时间办理结婚证书。到了镇公所，一个职员出其不意地告诉我们，在这个镇上从申请到发证需要四天的时间。我们难道要照计划举行婚礼，即使它不合法？我们不喜欢这种作假的行为，更何况我希望婚礼的一切都能尽善尽美。我恳请他通融，提到我叔叔比尔·毕伯是镇公所的出纳长。因为这层幸运的关系，这位职员突然对我们的处境同情起来，愿意帮我们打通上级。最后，一位法官为我们写了一道特令，让我们省掉等待的过程。而我们的救星比尔叔叔——也是教堂唱诗班的指挥，一位才华横溢的音乐家——则在我们步上红毯的时候用风琴为我们弹奏了一曲《彩虹的彼端》。

我们在鳕鱼角顶端的普罗文斯镇（Provincetown）度蜜月，惬意地在雨中骑着单车到处游逛，感到无比幸福，这正是我们需要的僻静。可是当我们经过镇上时，我无法不注意到这个长久以来深受同性恋喜爱的小区里随处可见的枯槁面容和身躯。知道我们有一项发现或许可以为他们带来生机，却无法让它公之于世，内心就有着说不出的挫折感。在一次沿着沙丘的长途单车之旅中，我们看到一道彩虹，这个同性恋团体选择来代表尊严与团结的象征符号，此时又一次让我肯定自己追寻的目标。从我的职业生涯展开之际，彩虹好像就一直跟随着我，现在它甚至更常出现了。除了我，它对别人也有象征性的意义，而这些人却无法从我的研究中得到益处。

回到工作岗位，弗雷德对于自己没能说服他推荐的人让我们的论文顺利发表感到歉疚，但也仅此而已，他没有再推荐其他的人。之前我提过，美国国立精神卫生研究所没有几位学院的院士，对一个这么富有名望的研究机构来说，这似乎让人觉得匪夷所思，但是科学家一向对精神科医生和心理学家存有偏见，不愿承认行为科学是真正的科学，所以他们只接受少数几个来自这些领域的人进入他们的殿堂。正因为如此，弗雷德与学院的人脉关系也很有限。

我们闷闷不乐了好几天，但当我们在一堆邮件里发现一张邀请函时，心情顿时开朗许多，那是美国国立精神卫生研究所成立四十周年的派对，时间是一九八六年六月二十六日，正是我四十岁的生日！知道美国国立精神卫生研究所通过国会的法案后，在我出生的那一天创立，让我觉得神经科学的诞生与我自己的出世有着密切的关联，我的信心重新燃起。何况，这个场合会让我见到恩师索尔·斯奈德医生。他是学院长久以来的院士，如果他已经从拉斯克事件的阴影里走了出来，也许他会是一个可能的赞助者，一个让我们的论文在学院期刊上发表的关键人物。

美国国立精神卫生研究所的派对是一个精心策划的社交聚会，有丰盛的佳看美食，也颁发众多的奖项。到了那里，我几乎第一眼就看到了索尔，并且在第一时间向他走过去。我们随便寒暄了几句，有些不自在，但还算热情，至少表面上如此。然后我决定单刀直入，告诉他我们面临的窘境。他很有风度地听着，但是当我请他带一份论文回去时，他举起双手往后退了一步，摇摇头，表示自己对病毒学一无所知，不可能评鉴我们的论文，就走开了。我独自站在那儿，既尴尬，又受伤，寻思着他的回拒所代表的意义。

如果不是拉斯克事件，我相信索尔会抓住这个机会，帮助他过去的学生运用受体理论去研发新药，何况发现这个药剂所使用的方法，还是来自我们共同发展出来的放射性受体测定。虽然很难释怀，但我必须接受我在这个关键的时刻得不到索尔的支持，是我当年的作为所种下的果。虽然遗憾，但我知道如果不是那时同行的排挤和羞辱带给我的挑战和磨炼，我可能永远也不会踏上现在这条路，永远不会发现胜肽 T。

显然，要发表这篇颇具争议性的论文是一件相当困难的事。

现在我跟迈克可真是一筹莫展了，想不出还能找谁评鉴我们的论文。一天晚上，为了转移注意力，让自己相信这只是暂时的困境，我们租了一卷录像带《莫扎特传》（Amadeus）。片中，当天才莫扎特接受同行沙立耶里的评鉴时，这位心怀妒意的音乐大师宣称他的新曲音符太多。我惊觉胜肽 T 的问题也是音符太多，使得"专家"无法聚焦，以致无法了解。大部分的论文都只报道一两个事实，这样一来作者可将数据拆开来，再连续多发表两三篇论文。但因为顾虑到我们可能只有这一次机会，所以希望能在五页上限的篇幅里，言简意赅地全盘托出，以至于内容非常丰富。我们在论文中纳入了猴脑 T4 受体的彩色分布图，简单扼要地说明了如何判定胜肽 T 的分子结构，并加入一些图表，以显示这个药剂阻断病毒与受体结合的效力，也就是迈克和我做的结合实验及弗兰克和比尔的感染力实验所得到的结果。最后，我们简短地做了一些讨论，提出这个合成胜肽或许是防止 HIV 病毒进入细胞的一种有效的抗病毒疗法，也许这是让我们的同行最无法忍受的一点。我们需要一个像莫扎特这样的读者，对他而言，音符再多一点都不成问题！

最后是一位诺贝尔奖得主卡尔顿·盖杜谢克（Carleton Gajdusek）为我们开路，让我们的论文终于在《美国科学院院报》上发表了。他是学院的院士，来自美国国立神经疾病与中风研究所（National Institute of Neurological Disorders and Stroke），是美国国立卫生研究院的人，不是美国国立精神卫生研究所的人。

虽然他的工作单位在宫殿的"身体"区，盖杜谢克是小儿科的神经病理学家，专门研究脑部的疾病，尤其是病毒类的。迈克在大学的时候就认识这位鼎鼎大名的教授，那一次盖杜谢克到学校来演讲，畅谈他在南太平洋区搜寻病毒的故事，让他和他的同学大饱耳福。我个人从来没有见过他，但根据我对他的了解，他是一位已然达到科学至高地位的天才，对艾滋病领域没有特别的兴趣，因而不会有政治的考虑，所以或许他至少会愿意读一读。

我深吸了一口气，拿起电话。他应答后，我告诉他我是谁，我有一篇论文想请他过目，如果可以的话，想请他引荐给《美国科学院院报》。他对论文的内容提出一些强烈但中肯的问题，沉默了片刻，接着给了我他的答复。

"好，当然可以。"他坚定地说，"我需要两位可以了解这篇论文的科学家，请他们审查可能的错误。请你提供这样的人选，把他们的名字给我。明天我要搭机到别的地方去，不过一两个礼拜就回来了。"

我松了一口气。整个事情不到半个钟头就谈拢了。

如他承诺的，他请人审阅了我们的论文。在确定科学的部分没有问题之后，送交出去。与盖杜谢克通过电话不到两个礼拜，我们就收到正式的通知，告诉我们的论文已经获得接受。九月，也就是送交后一个月，论文便进入印刷阶段，预定在一九八六年十二月刊出。我们总算找到了我们的莫扎特，让这篇含有太多音符的论文冲破了困境。

## 越界

要说宫殿对胜呔T的贡献，那就是只有在这里它才可能被研发出来，因为只有宫殿拥有所有有利的条件，大量自由运用的资金、绝顶聪明的科学家和最先进的设备仪器。但讽刺的是，虽然它诞生了胜肽 T 这样的药剂，却不能让它在完整的测试与研发上得到所需的支持。原因很多，有的与我自己错误的策略和过去的历史有关。有的则与宫殿政治的残酷现实和政府选择的资助项目有关。但在所有这些因素的下面却是一个最根本的问题，那就是从旧思维到新思维的转换。胜肽 T 是笃信身心关联的人孕育的，是较宏观的新思维的结晶。这对一个庞大的权力机构来说，可是个严重的问题。

主流思维坚决否认身心之间有任何重要的关联会影响到健康与疾病。由于宫殿本身就是这种旧思维的产物，它的体制结构反映了笛卡儿式的二分法：美国国立精神卫生研究所负责颈子以上的部位，而较大、较多资金的美国国立卫生研究院则负责颈子以下的部分，虽然两个偶尔也会有交集，但那些是特例，不是常态。艾滋病是身体的疾病，所以就该交给美国国立卫生研究院的身体专家去找出治疗的方法。

我在艾滋领域的停驻，在某些方面颇类似之前闯入癌症研究的经历，那时我无法让过于专门的领域相信神经科学可以对癌症疗法的研发有所贡献，而今，我又再度面临这个根深蒂固的理论性分野，不仅是身体与心智之间的分野，还有被分别研究的生物系统之间的分野。只不过这一次，我不是孤军奋斗，我有一个跨领域的团队加入我的阵营，他们都来自宫殿里最聪颖、最有前瞻性的一群研究者，其中很多都愿意冒险跨出既有的框架。可是，我现在投入的是一个竞争更为激烈的游戏，需要面对政治层面的资金问题，这是我们过去不曾遇过的挑战。有庞大的资金流入艾滋病研究，要能分到一杯羹，我们必须赢得高层掌权者的垂顾，而我们很快就发现那是我们没有的东西。

几个月下来，我经常猛敲着弗雷德办公室的门，想进去见他，讨论将胜肽 T 推进到下一个层次，也就是第一阶段的临床试验中。弗雷德对胜肽 T 的支持一直没有动摇，但是一个星期六的早上，在一个政府预算的会议里，过敏和传染病研究院的主任将他原本拨给美国国立精神卫生研究所的一千一百万美元，从弗雷德的口袋里拿了回去。这个突如其来的撤资动作，根据那位主任的说法，是因为发展抗病毒的艾滋病疗法，不是美国国立精神卫生研究所的事，弗雷德当然也就不需要那么多钱，去继续探究一个像胜肽 T 这么不切实际的药剂。

弗雷德不愿见我，是因为他已经知道一件我还不知道的事，那就是美国国立卫生研究院和癌症研究院已经有他们自己研发出来的艾滋病疗法，一种含有剧毒、非常传统，但前景看好的药剂，叫 AZT。他们已经在临床中心预留了床位，准备进行测试，而那儿已经没有任何剩余的空间可以提供给其他任何人，不管是多么生死攸关的试验。

AZT 是一种化疗药剂，原本是二十世纪六十年代早期治疗癌症用的，它可以终止病毒复制，病人需要付出很大的代价：AZT 会破坏一个人的健康。因为它不只摧毁病毒，还会摧毁健康的细胞，尤其是免疫系统的细胞。产生的副作用，也就是它的毒性，有时很强，虽然有些人的承受力可能好一点。AZT 似乎可以逆转艾滋的症状，延长病人的宝贵生命，但它不能算是"良药"，因为就如癌症的化疗一样，它所攻击的病毒最后会发展出抗药性，因此疾病通常都会复发。

不知道官殿已经决定将焦点完全锁定在 AZT 上，我仍不停地想办法，打听我需要找谁谈、应该填写什么表格，才能进入下一个必要的阶段。但很快我就发现一切都无济于事。

事后想起，我发现当我急着找到一个便捷的管道进入身体科学家的地盘时，我忘了求爱示好。也许当时我应该去找一位美国国立卫生研究院的艾滋病权威，卑躬屈膝地乞求他的帮忙，让我们的论文得以发表。但我的想法是，论文越早发表，我们就可以越早将药剂付诸人体试验，我不想浪费时间去拍那些大男人的马屁。

我真是天真得无可救药，也太不可一世了！我只不过是个还算有成就的研究者，竟然这么不自量力，不知道测试一种新药对大多数科学家来说是一件天大的事，一场盛大的演出，而我居然连剧本都还没看过。当主角正要坐下来瓜分艾滋研究的经费大饼时，我却跌跌撞撞地出现在这个场景里，显然就是一个闯入者。事后想起，来自别门类的胜肽 T 没有得到热烈回响，是很可以理解的。

过去，在官殿十二年的职业生涯里，我一直置身于他人的羽翼下，先是比夫，然后是弗雷德，决定政府资金如何分配给美国国立卫生研究院与美国国立精神卫生研究所各个部门的政治现实面，我从来无须涉入。偶尔，当国会助理来访时，弗雷德会炫耀地捧我出来敷衍地露一手杂耍，放映我的脑受体彩虹幻灯片给他们看。除此以外，我只需做我的研究，渐渐也就成了一个完全不切实际、踩在云端的全职科学家，不必烦恼钱的问题，只擅长突破性的发现。我自由自在地在官殿的回廊和大楼间穿梭游荡，说着多种语言，吸收所有的科学，到处谈、听、看，忘我地沉浸在美梦成真的科学天堂里。

而今，我试图加入一个完全不同的游戏。临床试验牵涉到数百万美元，影响整个制药公司的前途，冲击到很多人（通常是男性）的尊严，你必须打通 FDA 的层层关卡，像我这种率直的人完全没有这种政治敏感度。我甚至不是一个医生，而主持临床试验的几乎全是医生，至少挂名的主持人是。总而言之，如果我希望能对人的健康有直接的影响，就必须懂得应付这种大买卖的运作与交易，但我完全没有能力面对这样的现实世界。就和我上次被视为入侵癌症实验室主任的势力范围一样，我逾越了自己该谨守的世界，没有意识到版图的划分竟是如此僵化，也没想到当有人试图跨越疆界时，会带给别人这么大的威胁。

## 科学的死亡之吻

最后的一击发生在一九八七年六月，和某私立生物科技公司有合作关系的一位哈佛毕业的研究者，在一个重要的研讨会上，宣布胜肽 T 不是一个有效的艾滋疗法，不应该进行临床试验。在演讲快结束的时候，他草草了事地打出了三张胜肽 T 的幻灯片，然后说明他和他在美国国立卫生研究院的几位同事，试图在试管中复制它的抗病毒作用，但没有成功。

它对我们的冲击就好像你刚睡了一个舒服、长长的午觉，正要醒来的时候，有人拿了一桶冰水倒在你脸上一样，我和迈克顿时进入备战状态。“无法复制"——科学的死亡之吻！就因为一个"专家"宣称他和他的同事没能复制我们的实验，这么简单的几句话就宣判胜肽 T 的死刑，在它还没迈出大门前就把它腰斩了。

研讨会上正好有新闻媒体采访，于是当天的晚报便以《艾滋病新药中箭落马》《专家说前景看好的艾滋病新药没有疗效》等标题报道了这个消息。

起初，撇开震惊与困惑，我们决定把它当作是不同领域的歧见。首先我们提出几个显然的疑问：为什么没有人打电话，或跨过不过区区几百码的广场，来告知我们他们的结果？到底是什么结果，使他们宣告"无法复制"？我们得知他们所推翻的是胜肽 T 在试管中阻止 HIV 生长的这个结论。但我们越是追根问底，就越感到不解，后来我们才惊觉也许他们的实验有问题。

当我们终于得以查阅他们的数据时，才发现他们的实验室并没有严谨地依循我们的步骤。他们将病毒的浓度增加为十万倍，却将胜肽 T 维持在我们使用的浓度。同时，他们使用的是实验室培养出来的病毒，而我们的却是弗兰克直接从艾滋病人的血管抽出的血液里分离出来的新鲜病毒。

怎么可能发生这么简单的差错呢？难道是旧思维的盲目让他们无法不带偏见地追求真相？或者（一个更令人不安的可能）它只是一个卑劣的手段，目的是一劳永逸地除掉一个讨厌的对手，一个可能吞噬大饼的危险人物，还是大家依然没有忘记拉斯克事件？我不知道，但可以确定的是，胜肽 T 已经遭到封杀，不可能在宫殿的围墙内继续发展。

一直到后来专家所偏爱的某些路线彻底失败，以及较先进的科技暴露出一九八五年使用的疗法许多都有缺失时，搜寻病毒受体和它们天然配体的工作，才又再度展开——但那将是十年以后的事了。至于现在，我必须面对一个残酷的事实，那就是如果我要继续发展我的新思维结晶，就必须寻求美国政府以外的资助。

正当我们陷在沮丧、厌恶和羞辱的情绪中无法自拔时，我们接到了一通非常奇怪的电话。对方是一个生物科技律师，太太是美国国立卫生研究院的科学家，从她那儿得知我们的困境，他决定介入。

"柏特博士？"他开始说，"我们听说你有一种治疗艾滋病的仙丹，但是政府不愿研发，是真的吗？"

接着他提出一个他相信可以让我们大家都致富的交易。他一手握有一个从事私人企业投资的亿万富翁，和他的创投资本家团队；另一手则握有世界第二大制药公司，正想为他们的艾滋药系列添购一些新产品。当然，这家制药公司已经在他们自己的实验室测试过胜肽 T，复制了我们的实验，发现我们的结论百分之百正确。我们的救星保证，只要我们点头，他就可以让两边的人握手成交，并提供我发展新药所需的一切资源。

一九八七年八月，也就是盖杜谢克将我们备受争议的论文提交《美国科学院院报》一年以后，我递出了辞呈。

按照传统的礼俗，我在第十大楼的门口跟我的律师碰头后，便一起搭电梯到弗雷德的办公套房，签署决定性的五十二号表格。弗雷德的秘书将文件交给弗雷德，由弗雷德交给我的律师，我的律师再交给我，大家干脆利落地公事公办。一旦签了名，我就丧失我的终身任职权，丢下科学家所能得到的最好待遇——美国国立卫生研究院的工作机会。但我丝毫没有踌躇，想要继续发展胜肽 T 的决心坚如磐石，纵使我死去的父亲出现在我面前，劝我三思，我也会置若罔闻，义无反顾地离开。

第 11 章
# 跨越·交会

华盛顿的春天！到处盛开着粉红和白色的樱花，刚刚度过一九九五年与一九九六年交替的冬季，也是二十世纪最糟的冬季，空气中弥漫着欣欣向荣的气息。数周来，厚厚的积雪让人们困在家里，无法出门、无法上班，无法过正常的生活。但今天早上，复活节过后的第二天，我注意到前院的水仙终于开始绽放，比往年晚了几个礼拜。我的心为之一振，虽然晨间的电视气象报告指出还是会下雪。

目前我在乔治敦大学医学院担任研究教授。这一天我从办公室拨了一个电话给韦恩·乔纳斯（Wayne Jonas）医生，他是美国国立卫生研究院替代医学办公室（the Office of Alternative Medicine, OAM）新聘的主管。我想去拜访他，致上迟到的祝贺之意，并表达我的期许与展望。替代医学办公室是美国国立卫生研究院于四年前设立的，宗旨是研究和评估许多替代疗法，包括针灸、顺势疗法和操弄性的复健术，例如推拿、按摩、观想、生物回馈。它们在过去十年逐渐普及，使得主流医学不得不正视它们的存在。

替代医学办公室象征美国国立卫生研究院终于与美国民众接轨，正如哈佛的大卫·艾森伯格（David Eisenberg）的研究显示，美国民众相当肯定替代医学。他在《新英格兰医学杂志》（*The New England Journal of Medicine*）一九九六年一月二十八日发行的刊物上，发表了一篇文章，指出每三个美国人当中就有一个在前一年至少使用过一种非正统的疗法，总共的花费是一百三十七亿美元，其中四分之三都出自这些人自己的口袋，而不是保险给付的。他的调查促使一些规模较小的保险公司，将替代医疗列为保险人的福利，但大部分保险业者并没有提供这类赔付。

媒体似乎也"发现"了替代医疗，陆续有文章和电视节目争相讨论这个主题，尤其是去年。《华盛顿人》（*Washingtonian*）有一篇关于我的朋友吉姆·戈登（Jim Gordon）医生的专题报道。戈登是华盛顿特区的一位精神科医生，也是乔治敦大学的兼任教授，他强调祈祷、瑜伽、喝果汁禁食在治疗过程中的重要性，凸显出有越来越多当地的主流医师将替代疗法与较西方的对抗疗法融合使用。这篇文章赢得不少国会议员的注意，这是个好现象，因为美国国立卫生研究院所有的研究经费都是这些人决定的。但是这些宣传似乎也激起一些反弹，当我和过去宫殿的一些同仁谈话时，我可以感觉得出来。近来，他们似乎刻意避谈他们的研究对了解替代医疗机制可能具有的意义。看样子，至少根据一位宫殿内部人士的观察，媒体对替代医疗的宣扬，反而让替代医学办公室在美国国立卫生研究院顽强的主流环境下，遭到更多的排斥。

所以，当接电话的秘书告诉我地址的时候，我还真有些意外：美国国立卫生研究院园区三十一号大楼！不到一年以前，替代医学办公室还设在园区外，宫殿有意将它隔绝在围墙外，以免它的出现污染了殿堂主流派科学家所从事的"真正的"科学。这个新址似乎说明了这个新部门的进展，以及某些部门对它的接纳，未来如果它能得到更多的认同，它微薄的预算应该会随着提高，至于目前，美国国立卫生研究院拨给它的经费还不到千分之一。

驱车前往美国国立卫生研究院的途中，穿过贝塞斯达樱花林立的街道，空间中有一股熟悉的寒气，我怀着一颗殷切的心，期盼能尽己所能帮助替代医学办公室巩固它在美国国立卫生研究院取得的一席之地。替代医疗缺乏基础、搜证的实验研究，我相信这是它依旧被严重边缘化的原因，如何填补它所欠缺的研究，是我最关切的问题。

在替代医学办公室的前任主管乔·雅各布斯（Joe Jacobs）的恳求下，我接下替代医学办公室身心医学复审委员会的主任委员一职，因此得以审阅许多替代医学的研究计划，发现一些与主流医学研究一样可信的证据，说明心智与情绪可以影响免疫功能。这个经验促使我提出一个严肃的问题：如果我们知道思想和感觉可以影响疾病，为什么不扩大投入实事求是的研究，以确定这些疗法最适用于哪些疾病，并实际进行实验以找到答案和可能的有效疗法？我很惊异地发现这些疗法当中的导引式观想，已经有研究毫无疑问地证实可以影响癌症病人的复原概率。既然如此，为什么这些研究没有受到进一步追踪？

针灸似乎也很值得探究，尽管这个已有五千年历史的经验医学所依据的穴位与经络之说，不符合西方现有的解剖学概念，因而被视为无稽之谈。但没有证据并不能证明没有。我想经脉或许是免疫细胞游走的路径，这个假设只需一个实验就可以确定。含有胜肽的皮肤细胞"郎格汉斯细胞"（Langerhans cell）可以提供我们这方面的线索，但从来没有人探究过它们的分布。

资金来源决定研究取向，而针灸绝不是研究资金的优先选择，过去如此，现在也如此。许多主流研究者仍坚信针灸没有任何根据，正如过去他们坚信阿片受体不存在一样，直到一个简单的实验方法让我们测量到它的存在。

下午一点的约会，我来早了，在一个隔间等候，翻阅着咖啡桌上替代医学办公室精美的宣传手册。我注意到上面用了一个新的词语"互补与替代医学"（Complementary and alternative medicine），它也可能成为这个部门未来的名称。我喜欢这个改变，"替代"这个词太对立，影射"不是我们就是他们"的思考模式，仿佛只有一个能生存，另一个必须死亡。在一向抗拒新想法的主流科学里抱持这样的立场，无疑是自掘坟墓。

在我的演讲中，有时为了说明新的观点要在医学界赢得一席之地是多么困难的事，我会讲述十九世纪四十年代一位匈牙利医生伊格纳兹·塞麦尔维斯（Ignaz Semmelweis）的故事。在维也纳的妇产科病房执业时，他注意到那些在医院助产士照料下的穷女人，比那些较为富裕、在医生照料下的女人，更不容易患上致命的产褥热。他猜测这个差异可能是医生在检查产妇之前没有洗手所导致的。因为这些医生每天都要在停尸间做研究，然后直接到妇产科病房为产妇进行检查，所以当他们看诊的时候，手上常常沾满了尸体的血和细菌——不过那个时候没有人知道有细菌的存在。事实上，沾有血块的白色外衣是一种地位的象征，因为那代表你在从事研究工作，德高望重！为了验证他的猜测，塞麦尔维斯尽量在看诊前洗手，结果发现他的病人不再感染可怕的热病。可是当他恳请同事也这么做的时候，得到的却是冷嘲热讽，没有人理会这个听起来荒诞不经的想法。终于在一八六二年，塞麦尔维斯为了证明他的观点，孤注一掷地切掉自己的一根手指头，把手插进一具尸首剖开的肚子里，结果感染了热病，几天以后就过世了——至少有人认为他最后是这么死的。

但事情依然没有改变。尽管有足够的证据显示塞麦尔维斯的观察是正确的，它仍然没有在世界上引起任何回响，因为没有任何细菌方面的知识，这些观察不免显得荒谬。直到细菌理论问世，路易斯·巴斯德（Louis Pasteur）的研究，和约瑟夫·李斯特（Joseph Lister）的大声疾呼，才终于在十九世纪八十年代迫使医生服从清洁与消毒的规定。这种盲目的排斥竟然让人为此失去生命，想起来似乎不可原谅，但过去的记录显示这种无知比比皆是。甚至到了二十世纪五十年代，还有一些医学院的教授告诉他们的学生，梅毒可以用毒药砒霜治疗，那是二十世纪初的一个过时的想法，早已经步入放血疗法的后尘。但旧观念不易消失，即使有神奇的盘尼西林可以治疗性病，即使只要在碰触病人之前洗手，新观念所面临的抗拒往往完全不可理喻、不合逻辑。当今，替代医学以及它所强调的心智与情绪可以直接影响健康与疾病的主张，面临的是同样的处境。拥抱新观念并不表示一定要推翻固有的体系，而是与它携手共进，让现代医学更完善、更有能力实现它治愈疾病的宗旨。使用互补这个形容词，会比"替代"更正确，而且更明智。

## 白雪与樱花

韦恩·乔纳斯从隔墙的那端来到等候区，打断了我的沉思。走进他的办公室，我立即注意到它宽敞的空间，以及拥有宽广视野的一长排窗户，在显示出替代医学办公室近日得到的肯定。窗外已经开始飘雪，美国国立卫生研究院园区林立的樱桃树，覆盖着白雪，几乎遮掩了树上绽放的花朵。韦恩给了我一杯大多数人都会喜欢的甘菊茶，我们开始进入主题，雪势也在此时增强，外面白茫茫一片，几乎什么也看不见了。我告诉他长久以来自己一直希望美国国立卫生研究院内部能进行一系列的基础研究，为新思维科学打下稳固的基础，只有从事基础实验，去发现重要的真相、建立理念系统、打造科学领域，才能在传统基础科学与替代医学之间筑起真正的桥梁。

譬如说，各类治疗师，从使用抚触的爱疗师到强调整体的推拿师，告诉我他们可以敏锐地"感觉"到病人体内流动的能量。我个人的直觉是，这些能量的释放是体内的配体和受体结合，一块儿欢舞着进行它们复杂的传导游戏所导致的。这些能量至今还没有人使用客观、令人信服的方法予以测量，虽然有一些物理学家曾试图设计敏感度较高的仪器去侦测量子的活动。美国国立卫生研究院为何不能拨款支持有关这个主题的研究呢？我们可以测量身体的磁场，或是研究能量治疗师如何影响能量的流动，也许他们是借助自己的能量去启动病人的受体，正如电磁能启动神经元一样。

韦恩·乔纳斯同意基础研究的必要性，巧的是他前一天才在美国国立卫生研究院部门主管的聚会中，提出一个内部的研究计划。这真是好消息！如果他真能让它实现，那将是一个惊人的突破，因为到目前为止，替代医学办公室只能将它微薄的经费投入院外的研究，也就是在大学成立的替代医学研究组——以致在诸如马里兰大学等地方造成僧多粥少的情形。一个院内的研究组可以将研究重心做很大的调整，替代医学办公室聘用的科学家将在美国国立卫生研究院内的实验室工作，好处是这种职位将拥有研究经费，这个有利的条件在美国国立卫生研究院已不多见。

这也将是替代医学朝严肃的科学之途迈出的一大步。传统上，研究分为两种：临床科学和基础科学，临床科学进行的主要是人的临床试验，探究的问题很明确、很实际。这个药剂有效吗？那个操弄有用吗？换言之，人就是实验的老鼠。这些实验并不容易，花费庞大，也常常涉及严肃的道德问题，干扰到研究的进展。相对地，基础科学探究的问题往往不是那么明确，结果也不见得实用。从事基础研究的科学家从来不知道他们的实验通往何方，问他们这些实验究竟有什么意义，只会令他们紧张。当然他们希望自己的发现可以促成医学上的重大突破，但他们知道他们的工作是搜集大拼图里无数的小零片，有朝一日这些小零片或许能拼凑成一个完整的图片。韦恩对基础科学的重视与我不谋而合，我们也都希望国会能多提供美国国立卫生研究院经费支持这类的研究，并将其中一部分拨为替代医学的研究专款。

我们就在这样的共识下结束了谈话，我向他表示我愿意尽我所能协助他促成一个院内研究组，并让它在今年开始运作。

雪停了，我迎着逼人的寒气，走向车子，内心却是热腾腾的，这些可能在美国国立卫生研究院展开的新科学让我感到欣欣鼓舞。白雪和樱花，我心想，就像宫殿和替代医学潮流，不太可能搭在一起，现在却呈现在眼前。这样的融合，如同一个即将回到原点的圆圈，肯定了我一向坚持的方向，它将带领我们进入一个更宽广、更包容、更如实的科学。

## 大起大落

一九八七年我离开宫殿，偕同丈夫迈克·罗夫博士自行创业，以研发我们的艾滋药剂胜肽 T。在我签署离职表格，向美国国立卫生研究院递出辞呈的当天，我生平第一次坐上一辆大型的高级轿车。就在十号大楼的外面，轿车守候着，还有香槟。前往律师办公室的途中，我们的律师拿起车里的电话，打给全球第二大制药公司，告诉他们交易已经完成。一会儿，他又通知我们的私营企业投资人，一些家财万贯的第三代实业家。其中最关键的人物是一位绅士派头十足的亿万富翁，也是世界上投资生物医药学的几大资本家之一。

我们的投资人提供六百万美元，要我们为市场研发胜肽新药。因为我们拥有受体研究最先进的技术，这样的研究再适合我们不过了。胜肽 T 本身将属于一个我们称之为"英特格兰"（Integra）的非营利医学研究中心。第二大制药公司将负责为胜肽 T 安排第二阶段的临床试验。这个部分由他们来做，如此我们便可在同时研发其他的胜肽药剂，至少他们是这么告诉我们的。

我知道胜肽 T 将会在临床试验中得到平反。当我还在美国国立卫生研究院的时候，我曾寄了一个检体给瑞典卡罗林斯卡学院（Karolinska Institute）的精神科主任兰奈特·韦特伯格（Lennert Wetterberg）医生。卡罗林斯卡学院有一项规定，允许科系主任给病危的患者服用还没有经过测试的新药。出于慈悲，韦特伯格医生把胜肽 T 给四位末期病人使用。后来的脑部扫描显示艾滋引发的神经病变有改善的迹象，且四位病人在各种艾滋并发症上都出现惊人的逆转。

但说到营利事业，我就一窍不通了。我和迈克——在过去的职业生涯中从来不需处理资金或预算的两个人——突然发现自己即将掌管一个数百万美元的生命科学研究计划。当我们的投资人用我们的名字为我们投了百万美元的保险，提供这个私营部门的各种配备——能干、时髦的秘书，车子的电话装备；列有董事长和副董事长头衔的名片，一个我们拥有席次却无意操控的董事会——我们这才开始紧张。因为从未涉足过商界，我们在过程中犯了许多错误。最早的一个错误就是坚持一个具有前瞻性的梦幻实验室，那是我们的合约中唯一"没有商榷余地"的条款。

二十世纪八十年代，能够从事时髦的生命科学研究，就好像美梦成真一样，更何况我们有一个耗资两百万美元、最先进的实验室，我们叫它"胜肽设计"。光是细节部分就花了几个月的时间：粉红色的墙壁和蓝色钢柱、昂贵的高科技照明设备、拱形天窗和一排排紫色的实验桌。标示整栋建筑的是一个很棒的霓虹灯招牌，写着"胜肽设计"，是当地一个霓虹灯艺术家根据我所设计的商标打造成的。

一次西部之旅使我对实验室产生了强烈的渴望。那次我到西雅图造访一位科学家，他就是那位使用胜肽 T 进行实验，百分百地复制了我们的结果，提供有利的证据，让第二大制药公司邀我们加入董事的科学家。他实验室的室内装潢是那么性感，柔和的米黄色和高雅、新潮的黑色，与单调、制式、灰绿色的公立实验室完全不同。建筑物本身则坐落在一个山坡上，有着极佳的视野，可以看到普吉湾上来来往往的渡船。多年前，我曾看到坐落在圣地亚哥市外的索尔克研究所实验室耸立在夜间的海滨，宛如一座灯火通明的科学大教堂。早在那个时候，我就知道自己有朝一日也会有一个绮丽、壮观的实验室。

我们的梦幻实验室征召了十二位杰出的科学家，组成一个梦幻团队，他们大都很年轻，其中几位精明能干的女性和我在美国国立卫生研究院共事过，她们可能永远无法在那儿取得终身职位，不管她们有多么出色。

实验室一建成，我们就举办了一个盛大的启用派对，我们的投资人也鼓励我们这么做，企图在宫殿的大门外造成轰动，以吸引人才加入生科的私人领域。我喜欢筹划派对，所以很高兴担当这个派对的筹划人，草拟邀请函、安排豪华的布置和丰盛的食物。我将派对的日期定为一九八八年八月八日，因为它有很多象征性的意义——中国人视这个重复的数字为"兴旺"的意思，此外它的图形正好也是"无限"的表征。不过这些做法惹恼了一些人，因为它使得一位投资人兼董事还有他的律师，必须在八月当中就从他们缅因州的私人小岛搭机返回。而另一位董事显然对我的彩虹缎带剪彩仪式，以及喜气、略带玄秘色彩的主题感到不悦——尤其是当我请他剪彩虹缎带，并宣布：现在是八八年八月八日八点八分八秒以揭开欢宴的序幕时。

一旦我们在胜肽设计实验室安顿下来，投资人便开始催促再研发一个可以上市的产品，他们认为胜肽 T 已经完成，只差测试（而这个部分是制药公司的责任）。不过在开始的这段时间，我们倒是找到了胜肽 T 拼图里很重要的一小块，让我们对 HIV 病毒在艾滋病中的作用多了一分了解。我们发现一旦病毒进入细胞，并被细胞的 DNA 复制后，病毒蛋白外套 gp120 的碎片会被吐到细胞外的空间，然后弹跳到其他细胞上的受体上。这些 gp120 的碎片占据了这些受体，使得体内原本该与那些受体结合的天然胜肽无法进入细胞。这个天然物质，根据最早的鉴定是 VIP（作用于血管的肠胜肽），但近年来研究发现还有其他胜肽使用同样的受体。

有了高敏感度的受体生物测定技术，即便是非常初期的病人，我们都可以在他们的血液里测到 gp120。这项发现让我们了解到艾滋病的症状并非细胞受到病毒感染所致，而是因为体内的受体被这些碎片堵住了！我们的"阻断"理论，在我们了解天然的神经胜肽 VIP 在生物体内如何运作时，得到了进一步的印证。在肠子里，VIP 有调节水分溢出的功能；在脑部，它可以促进神经元的生长与健康。当 gp120 与脑部的受体结合，使得 VIP 无法运作时，神经元便相继死亡，或失去它们的轴突和树突，导致我们在越来越多艾滋病人身上观察到痴呆的现象。另外，脑腺和骨髓里也有 VIP，它们掌控淋巴细胞的成熟过程，而淋巴细胞则攸关着免疫系统的强弱。gp120 霸占受体，造成细胞凋亡，或设定好的细胞死亡，也就是缩短这些至关重要的 T4 淋巴细胞的寿命，继而导致免疫系统受损，增加感染伺机性疾病的概率，这也是大多数艾滋病人死亡的原因。

这个观察，与当时大多数艾滋病研究者的观点又背道而驰，他们相信艾滋病症状是细胞直接受到 HIV 病毒感染所致。我们则认为主要的原因是 VIP 受阻，使得神经元无法生长、免疫细胞无法成熟。（过了蛮长一段时间，我们才发现 gp120 也会与刺激生长的激素 GHRH 所使用的受体结合，并阻断它们的结合，这也让我们了解艾滋病人为何会出现耗损现象——体重减轻、缺乏生气。这一点也再度印证了我们的理论。）

进行这些研究的同时，我们也在努力研发新药，毕竟那是我们的投资人殷殷期盼的。所以在这段时间，我们精心挑选的研究幕僚每天都会鱼贯踏进八角形的会议室，将研究结果呈现给大家看，进行讨论。那个时候，将胜肽转为药物的行业——研制"模拟胜肽"（peptidomimetic）的非胜肽类化合物——尚不存在。胜肽 T 可说是早产了十年，虽然我们相信我们制造的是完全依照生物体的分子条件而量身定做的疗剂，大部分研究者对这个新思维的产物毫无兴趣。无论如何，拟态剂（mimetic）是我们的研究重点，而我们开始研发的第一个拟态剂，就是治疗因头部外伤或中风而导致的脑部损伤。这在当时是一个热门的研究主题（现在仍是），所以好几家大制药公司都在力促他们的人员研制可能的合成疗剂。头部受伤或中风的病人，脑部的神经元会涌出大量的神经递质谷氨酸，这些谷氨酸最终会杀死细胞。如果我们能在意外或中风发生后及时介入，堵住特定的谷氨酸受体，便可防止病人落入死亡或终身残疾的命运，不同于那些致力于创造疗剂的大实验室，我们的路线是搜寻天然的内源胜肽配体。

在这之前我就已经很熟悉这些症状的运作机制。数年前，我在美国国立卫生研究院的实验室，曾跟雷米·奎利恩使用放射自显影技术在老鼠的脑部搜寻天使尘的受体，这些研究为我们现在的道路奠定了基础；而且我与汤姆·奥多诺霍（Tom O'Donoghue）的共同研究，还揭露出它的内源配体是一个胜肽、天使尘，这个沦落街头的毒品，原本是前途无量的麻醉剂，可是后来医生发现从麻醉醒过来的病人，行为就像胡言乱语的精神病人，使得它在市场上的发展戛然而止，我在布林莫尔的同学苏珊娜·佐金（Suzanne Zukin），如今在阿尔伯特·爱因斯坦医学院担任正教授，曾与前夫史蒂夫·佐金（Steve Zukin）发展出第一套天使尘与受体的结合测定技术。基于药理学界的同门关系，苏珊娜将最新的神经生理实验结果透露给我（这种情况非常少有，因为熟知内幕的女性校友实在不多）。这些结果显示天使尘的受体，与防止头部受伤的患者继续恶化所需封锁的受体，同样都是谷氨酸的受体。如今我可以在自己的实验室，展开这个完美的研究计划！我们将找出天使尘受体的内源胜肽配体，然后将它合成出来，作为"天然的"疗剂。

埋首工作了十五个月，我们终于破解了内源配体的结构，并为这个用来治疗头部外伤和中风的胜肽"神经护蛋白"（Neuroprotectin）取得了专利。（我们的实验室原本给它取了一个绰号，叫天使达斯汀。在研磨、做测定的漫漫长夜里，我们总是这么亲昵地称呼它，觉得对于一个根据脑部自产的天使尘研制而成的药来说，它是个很贴切的双关语。不过最后我们的投资人明智地否决了这个称号。）这段漫长、烦琐的实验工作，让我和迈克觉醒到当初我们仅仅耗费数日就推测出性肽 T 的结构，是多么不可思议的事——只不过聚精会神地在计算机上工作了几个钟头，没有任何实验工作。

就在这段欢欣的日子里，全球第二大制药公司突然做了一个出乎意料的行政决定，撤出他们对胜肽 T 进一步研发的支持。据称公司的最高层决定投资另一种成功概率很大的 AZT 类的新药。因为新药要通过 FDA 层层的管制程序，需要很大一笔资金，所以高层认为从经济层面考虑，同时研发两种药剂是不明智的。胜肽 T 比较没有保障，而第一个被证明对抗艾滋病有效的 AZT，虽是一种含有剧毒的化疗药剂，已经在市场上得到验证。何况，AZT 还是美国癌症研究院和美国艾滋病研究院所的宠儿，所以贵为"AZT 之子"的这个新药想必也将不同凡响。

决策下来不到几天，"胜肽设计"便成了"胜肽亡魂"。想到要独立负担进一步测试和研发所需的费用，我们的投资人也毫不迟疑地撤退。我们的实验室遭到关闭，之后我们研发胜肽 T 的许可证也被美国国立卫生研究院夺走。这让我们后来多达二十五名的研究人员顿时失去了工作（还好我们帮每一位都找到新的工作，其中很多是在美国国立卫生研究院）。

重挫当中唯一让我们感到欣慰的是，我们终于让胜肽 T 在波士顿的芬卫诊所（Fenway Clinic）展开第一阶段的临床试验，投入了原本可以让我们的实验室再维持一年的资金。这是一个检测毒性和效果的试验，为期六个月，有三十位男女病人参加，使用胜肽 T。结果令人刮目相看。有些艾滋病症状明显消失了，而且没有副作用。试验结束以后，一个叫"普罗文斯镇阳性"（Provincetown Positives）的团体——由一群 HIV 呈阳性反应，坚持使用非毒性的方法，例如限定的饮食、食物补充剂、运动等，来强化免疫系统的男性所组成的团体——积极为他们的朋友争取继续服用胜肽 T 的权益，最后获得了胜利。有关胜肽 T 的疗效，也因约翰·佩里·瑞恩（John Perry Ryan）和其他普罗文斯镇阳性成员的努力，从那个试验传播开来。数个全国性的艾滋病阳性团体坚持要知道他们为何无法取得这个有效、非毒性的胜肽 T 疗剂，不过他们并没有得到答案。当地下艾滋病药剂如雨后春笋般冒出时，有一些小实验室便开始制造胜肽 T，然后通过纽约、达拉斯、亚特兰大、华盛顿特区、洛杉矶和旧金山的采购团销售。虽然它第一名的销售佳绩维持了一两年，但口耳相传的证据对于它在市场上的长期发展，是起不了什么作用的。

有了阳性团体的支持，我们力图夺回研发胜肽 T 的权利，但美国国立精神卫生研究所执意不让。在这段诸事不顺遂的日子里，我常常为了失去那些权高位重的师长们支援而感到黯然神伤。最后政府把研发权归还给我们的研究机构"英特格兰"，但也授予另一家很小的加拿大公司共同研发的权利，这家公司完全不具备我们拥有的条件，政府的举措令人匪夷所思，也似乎含有惩罚的意味。虽然现在共有研发权是惯例，但当时，那可是前所未有的特例。政府的做法实际上就是断绝我们取得大财团资助的可能，因为任何拥有数百万投资金的制药公司都不可能去支持只拥有部分研发权的研究。

逐渐地，我们开始意识到损失有多么惨重，意识到这个损失对艾滋病团体的影响。如果要让胜肽 T 的研发继续下去，目前要做的就是取得 FDA 的批准，进入第二阶段的试验。除了我和迈克没有人能让它实现，但要做到这一点，我们必须筹措一千万美元以上的资金，因为在这个国家，要让一种药剂进行临床试验，通常都需要这么大的金额，你必须先有制药化学公司或其他赞助者投资所需的款项，FDA 才可能授予你研发的许可证。可是没有全部的研发权，谁会愿意投资呢？

在我们处处碰壁的同时，我的一些专业上的同事在他们的实验室陆续证实了胜肽 T 是值得测试的药剂。例如美国国立卫生研究院的道格·布伦纳曼（Doug Brennerman）使用一套精巧的脑培养系统，发现胜肽 T 可以阻止gp120 的阻断所造成的神经元死亡，印证了我们的论点。而且美国国立精神卫生研究所资助的一个耶鲁双盲小研究也确立了胜肽 T 的效果，它原本可以排除所有尚存的反对声浪，可惜那仅是一个小小的研究——如果科学是唯一重要的考虑就好了。这是我们第一次握有确凿的证据，显示我们在神经心理试验中观察到的改善是胜肽 T 造成的。耶鲁研究的受试者在服用胜肽 T 的期间，病情改善了；在服用安慰剂的期间，病情则加重了。

在耶鲁的研究中，实验者将受试者随机分为两组，一组服用胜肽 T，另一组服用安慰剂，不久之后，再将两组对调。这种研究是第二阶段的临床试验，我们在芬卫的研究则是第一阶段的试验，目的主要是测试它的毒性，结果证明它是无毒的。事实上，不仅没有副作用，而且病情还出现明显的改善。然而，在第一阶段的试验，受试者知道他们在服用某种药剂，所以病情的改善也可能是心理作用所致。安慰剂效应——因为预期改善而导致真正的改善——铿锵有力地说明了心理因素在痊愈过程中扮演的角色。赫伯特·班森（Herbert Benson）医生在他了不起的著作《永远的疗剂》（Timeless Healing）中，详细探讨了这个效应，借以说明我们多么需要信心。

我们曾经想过，或许胜肽 T 的无毒对全球第二大制药公司并不是一个好消息。他们从来不曾有过一个如此有效的无毒药剂，热卖的药大都是威力强如原子弹的抗癌药；为挽救病人的生命，不惜摧毁他们的免疫系统。一个无毒的疗剂很可能对他们大多数顶尖的科学家来说，完全无法理解，且胜肽 T 与他们心目中治疗重症的有效药剂该有的运作模式完全不符。何况，没有足够规模的第二阶段的试验，我们就无法百分百证明它的效能，而波士顿和南加大的研究很容易被视为不足采信，因为规模太小，或有安慰剂效应的可能。波士顿试验后继续服用胜肽 T 的病人，比其他于一九八九年波士顿试验开始时具有相同 T 细胞值的病人，显然存活得较久。虽然这个事实很难被归因于安慰剂效应，但到那个时候，已经没有人再关注这整件事了。胜肽 T 被艾滋病研究界当成一个笑话，甚至一个骗局——如果他们还记得它的话。

## 被逐出天堂

被逐出天堂般的胜肽设计实验室，我们撤退到自家的地下办公室，在里面疗伤、计划未来的出路。迈克用我们从实验室抢救到的一些家具，还有我们接收的一堆杂七杂八的计算机设备，将地下室打造成一个工作空间，从昔日短暂拥有的一万平方米的豪华实验室，落魄到这个工作室，想来令人不胜唏嘘。最糟的是，我们失掉了所有的工作伙伴，没有柏妮丝·布雷德（Bernice Blade），我们要怎么运作？整个冬天，我们靠着不断烧着木柴的火炉取暖，忙着打电话、传真，不放过任何可能的希望。

制药公司的撤资不仅让我们失去所有的头衔，无法继续我们的工作，还让我们的信誉蒙上了一层阴影，使得找寻新赞助者的工作更加困难。但我们努力不懈，在接下来的一年半，我四处奔走，在可能的投资人面前表演一个小时的拿手好戏，和五十多家国际大制药公司接洽，现身于至少一打的董事会议室，卑躬屈膝地请求协助。听到的却是千篇一律、令人沮丧的回答：不错，你的研究很有说服力，可是全球第二大制药公司为什么撤资？还有，半个研发权究竟是怎么回事？

　　不过我必须承认，制药公司的撤资和半个研发权并不是让我们停滞不前的所有问题，迈克和我觉得还有一个问题，那就是胜肽 T 简直好得难以置信。在全国各地的实验室花了数百万美元试图找到适当的 gp120 来阻断病毒的时候，我们涉入艾滋病研究，看到一道彩虹，然后从计算机取得一个结构，结果正中目标。难怪大家当它是骗局——或至少认为它是愚不可及的错误。

　　此外，我兴风作浪、惹是生非的名声，在拉斯克争议过后的这许多年，仍然如影随形，使得人们对制药公司撤资，导致我们一败涂地的"真正"原因产生疑窦。我几乎可以听见那些可能的投资人彼此间的耳语："柏特？不就是那个涉入拉斯克风波的人？"

　　虽然很难面对，但我自知必须为这一切的挫败负起责任。拉斯克事件罪孽深重的业障只是其一，当美国国立卫生研究院拒绝支持胜肽 T 的测试时，我还因按捺不住心中的怒火，招惹了更多的当权者，也因为坚持我的答案是治愈艾滋病毒的唯一途径，树立了更多的敌人。我那些看似迷信的古怪行径和无度的要求是不是也冒犯了我的投资人？这是一个很难咽下的挫败，但我不得不好好检视自己的行为——对当权者的不敬与轻视——就是这种不够圆融的作风，造成他们与我的强烈对峙。

　　我过去在美国国立卫生研究院的大部分同仁，也就是当时执行重大研究的同仁，从来都不认为胜肽 T 值得重视，现在他们更可嗤之以鼻，批评我们的研究荒唐、没有价值，并指出投资人的退出就是最好的明证。挫败后有一段时间，每次我们申请在大型研讨会发表我们的结果时，不是遭到拒绝，就是被边缘化，仅获准在研讨会的最后一天将数据张贴出来。会议上，虽然我们锲而不舍地请求会议主席给我们发言的机会，但他们总是设法规避或置之不理。所以我们只好在每一场演讲结束的时候，抓住机会走近麦克风，不顾一旁窃笑的主席，因为只有这样，才能让大家了解我们的数据。我们持续这么做，通常都能在每个会议中，多说服几位研究者去测试这个药剂，在他们自己的体系里检验胜肽 T 如何阻断 gp120。每一次他们这么做，不论是根据我的资料，或是在他们自己的系统所取得的新数据，他们都能复制我们的结果。与此同时，其他

213

的实验室也在复制我们的研究并且加以扩充，他们开始站出来说话，也得到回响。看到这样的发展，我们很是欣喜，即便我们没有机会表达自己的看法。

在这段时间，迈克和我不得不承认自己是商场上的白痴。当我们奋不顾身但毫无技巧地试图让研究和胜肽 T 起死回生时，其实我们从来都不了解商界的规矩。我们聘请来为我们觅得投资人的投资银行家——作风强悍的塞尔玛（Thelma）——经常叮嘱我要让自己看起来像个"自信满满的总裁"：把头发盘成一个髻，穿蓝色华达呢套装，在董事会上不苟言笑。后来，眼看着胜肽 T 一点一点地消失，我曾数次尝试扮演这个角色，但塞尔玛还是没能帮我们找到新的投资人，虽然她是那么相信我们。她也真的努力过，就在撤出实验室的前几天，她打来一通长途电话，要我们召集所有人员到装潢豪华的会议室去。

"你们的梦魇终于结束了！"会议桌上的小盒子传出塞尔玛来自西岸的叫声。所有的工作人员顿时打起精神，簇拥而上，紧锁的眉头透露出这些日子以来私下找工作的压力。"我找到一个很大的制药化学公司愿意开发胜肽 T，并投资你们的实验室和未来十年内研发的其他新产品。我预期很快就可以达成交易，进行签约！"

数周后，当我在德国参加一个精神神经免疫学和癌症研讨会时，一封残酷、简短的传真信函来到我们的餐桌，粉碎了最后的希望。读着信，眼泪夺眶而出，我不发一语，努力让自己在好奇、关切的东道主面前保持镇定。不幸的是，这样的场景在未来两年还会不断出现在许多不同的场合。

在这段时间里，接连不断的幻灭带给我的压力，几乎已经超过我能忍受的程度。失去实验室，以及离开宫殿后的大起大落，将我们搁浅在一个荒凉、空荡荡的海边，孤立无援。一九九○年的冬天，我们只能躲在地下工作室，打电话、发传真，希望有人能提供机会让我们继续完成我们所相信的工作。但一切努力似乎都于事无补。

当然，以前我也经历过困顿的时刻——拉斯克风波后的那段日子，以及在宫殿找不到人引荐我们的论文、争取不到资金测试胜肽 T 的那些沮丧的日子。污辱、排挤、无援，对我来说一点都不陌生。但我总是能靠自己的意志力排除万难，击倒对手，触地得分。但现在我所经历的却是一场真正的噩梦，过去使用的求生和制胜的策略这回全失去了作用，我也开始为这一连串戏剧性的发展付出惨痛的代价。短短几年，我的体重增加了五十多磅，我把食物当镇静剂，来舒缓那些让我闷闷不乐的负面情绪：孤立、痛苦、恐惧。

迈克是我的救星。少年的时候，他在教堂当辅祭，由于他坚定不移地奉献时间和服务，后来还升为辅祭长。如今他对我和我们所相信的研究，展现出同样忠贞不渝的支持，始终待我如一个他所尊敬并相信的同行科学家，从来不知道——或许是不愿意承认——我们的处境多么堪忧。有时候，他似乎有一种神奇的第六感，知道接下来会发生什么事，便着手提供恰当的信息给恰当的人，确定传真发了、电话回了、约会安排好了。他甚至自愿帮忙做家事和照顾孩子，让我能有片刻放松的时间。对于他从不间断的支持，我满心感激。

## 疗伤止痛

这是一段震荡和煎熬的日子，但它也是我在个人成长方面收获丰硕的一段日子，我将学术上的新思维向外延伸，开始拥抱新形态的个人疗伤止痛法——包括生理的、心理的和情绪的。

失望和学术上的放逐带给我的压力，让我意识到多年来深深埋藏在我心中的怨恨，这些怨恨可以追溯到索尔和拉斯克事件，甚至更早。我必须承认其实我对拉斯克事件从来没有释怀，仍然认为索尔该为整件事负责，不仅因为他没有提名我获奖，还因为他不愿修复我们的关系，不提供我所需的支持，让胜肽T受到肯定。在我心目中，索尔已经成了"他们"中的一个，一个强大的幕后黑手，不断利用他的影响力贬抑我的努力，鼓动我的对手借机报复。拉斯克事件的那段时间，我常常将自己的处境比为罗莎琳德·富兰克林所遭受的损失，当时直觉就告诉我，压抑自己的情绪是很危险的，可能会导致癌症。而现在，我已经握有足够的科学证据，让自己相信如果我想要活着、健康地度过这段艰难的日子，就必须治愈我情绪上的伤痛。

过去这些年来，我并不是没有向恩师表达善意，我曾数度邀请他参加我家举办的派对，希望借着相处的机会，慢慢修复我们的关系。但我始终把焦点放在取得他的原谅上，而他虽然总是礼貌以对，终究还是一次次地婉拒了我。偶尔几次当我们因工作的关系同时出现在某个社交场合时，我会试着与他谈论我的胜肽 T 和 gp120 的研究，但他总是声称他完全听不懂，便转移了话题。当所有的努力都无效的时候，我常会自我安慰地写些动人的短笺，在上面装饰着彩色的心，表达我的歉意，请求他原谅。但我从来没有寄出去。

我能怪他不把我当朋友吗？我的行径难道没有让他错失获得诺贝尔奖的机会吗？如果是，那么寄希望他不计前嫌，在我需要的时候给我帮助，岂不太天真了？

然而，他的阴影依旧折磨着我，我觉得如果我们之间不能达成某种和解，我将永远无法逃脱他的掌控，永远都是一个俘虏、一个受害者。拉斯克事件后，有好几年的时间，我每天晚上都到当地青年会的游泳池游几圈，希望运动能将愤怒转化为能量，让我忘掉这件事，但是没有用。

胜肽设计实验室的终结，让过去许多情绪再度浮现出来。绝望中，任何可以帮助我愈合旧伤的方法，我都愿意尝试。我曾经想过，在试图开发胜肽 T 时犯下的政治错误，也许和我与索尔之间这个未解的冲突有关。是不是索尔已经成了我挥之不去的梦魇，以致我一直把对他的愤怒投射到那些阻挠我的人身上，让他们很难接受我的想法？而我的鲁莽、有时甚至对立、冲动的处理方式，也严重冒犯了他们？可不可能我那些没有愈合的情绪创伤，实际上在改变我的"现实"？

毫无疑问，大家都认为我是个性情刚烈的人，做起事来不顾一切。常常让别人觉得他们最好别招惹我。生平第一次，我认真地思考这个问题：难道"我"才是问题的症结？如果我行事的方式不是这样，如果我是一个好女孩，遵守游戏规则，胜肽 T 是不是就能成功地上市，让那些因为等不到这个药而已经死亡的人保住他们的性命？

正当我天天想着这些令人丧气的问题时，我接到在拉斯克事件中拥护我的尤金·加菲尔德的来电，他要我为他的刊物《引用经典》（*Citation Classic*）写一篇文章描述我的研究，这件事他已经提了好几次了。任何一篇科学论文在文献中被引用过上千次，加菲尔德就会将这项荣誉赠予这些论文的第一作者，以兹表扬。《阿片受体：神经组织中存在的证据》，我和索尔在一九七三年发表的划时代论文，早已跨过合格的门槛，所以我也早该写一篇文章，叙述这篇论文幕后的研究过程。事实上，在过去这几年，我尝试过几次，但每次写出来的东西不是过度为自己辩解，就是愤怒、自以为是。我知道在写这篇文章之前，我需要把仍然无法摆脱，而且已经纠缠了我十二年的愤怒和伤痛，彻底、诚实地释放出来。

有两件事让我终于能心平气和地面对加菲尔德约稿的邀请，一是我在基督教里寻获了自己的根，二是我在梦境里发现了近乎神奇的治愈力量。

一开始是音乐引起我对基督教的伦理和信息产生兴趣。胜肽 T 实验室倒闭后，我的心情沮丧到了极点，有一天我怀着一颗消沉的心，在当地的一个教堂附近散步。美妙乐声吸引我走了进去，我看见一个唱诗班在练唱。我由衷地表达我很欣赏他们的音乐，他们邀我加入，我接受了。之后的几年，我就一直在这个唱诗班唱女低音。

我的家人以为我终于疯了。在我成长的过程中，宗教是比性和金钱还要忌讳的话题，那时我还真以为"耶稣基督"是诅咒的话，因为只有在母亲或父亲伤到手指，或没钱付账款的时候，我才会听到他们提起这个名字。

我的父母来自不同的宗教背景，为了解决异族通婚所产生的分歧，他们选择完全避谈这个主题。我母亲是立陶宛、乌克兰的犹太人，而她的母亲则出生于我们称之为故国的俄罗斯。我父亲的家族好几世代以来，都是美国北方公理教会的会员，他的祖先可以追溯到一八四七年到康涅狄格州定居的约翰·比伯。第二次世界大战一结束，父亲和母亲就私奔了，发了一封电报给我的外公和外婆，宣布他们的婚姻，这封信对她家人的打击，宛如第二次珍珠港事件。那个时候，一个像我母亲这样的犹太女孩嫁给一个非犹太人，是大逆不道的，不管这个家庭是否恪守宗教戒律。即便如此，犹太文化还是在我们家延续了下来，虽然我们并没有保留它的习俗，而且母亲自始至终都认为自己骨子里仍然是犹太人。我记得我大概十岁的时候问过她我们是什么宗教，她回答："记住，你是犹太人。"除了那回参加一个表哥的成年礼，我从未看过犹太会堂的内部，对我来说身为一个犹太人并不具有任何特殊的意义。成年以后，我也就自然而然地接受了似乎最合乎科学的无神论。那是二十世纪六十年代，《时代》杂志也终于附和尼采，宣称上帝已死，反映出我们这个时代在心灵上的失落感。然而就因为整个有关上帝、灵魂、心灵的主题在我生长的过程中受到强大的抑制，我对它充满了遐思，任何涉及意识和梦的东西都深深吸引着我，不过在此之前，它们所代表的仅是浪漫时期的诗和文学里的超感性世界。

而现在，我拥抱的则是父亲家族所坚守的基督教传统。父亲这边的人有很多是牧师，或教堂里的管风琴手（就像在我的婚礼中为我弹奏风琴的比尔叔叔），或与教堂关系密切的音乐总监。很快地我就开始在当地的教堂参加礼拜，沉浸在诗歌和经文中，试着了解基督教教义。耶稣所传讲的恩慈和宽恕的信息深深感动了我，我知道那正是我需要听到的。在诗班里唱着诗歌时，我常常会莫名其妙地掉眼泪。我终于了解我在教堂、在诗班、在我所唱的音乐里找到的是一个安全的避风港，一个止痛疗伤的契机。我终于可以放下，将多年来我时时穿在身上的盔甲卸下来。

基督教经验是我迈向解决内心冲突的第一步，解析我的梦境是第二步。自从十几岁时读过弗洛伊德的《梦的解析》（the Interpretation of Dreams），我就相信梦很重要，也开始注意这些来自潜意识的信息。虽然我从来没有梦见过索尔，不过我确实做了一个与他有关的梦，它和真实的世界一样清晰，因为它，我跨出了关键的一步，让我真正做到了宽恕——至少那是我对索尔的感觉，虽然它不一定是索尔对我的感觉。梦里是电影《爱丽丝梦游仙境》的场景，我变成了爱丽丝，把一桶水泼到邪恶的索尔身上，他开始萎缩，尖叫着："我缩小了！我缩小了！"一如电影里的情节，直到他消失为止。醒来的时候，我觉悟到索尔对我的影响力是我赋予他的，是我把他塑造成妖魔、敌人，以至于他的存在本身对我就是莫大的威胁，超过任何他实际可能加诸我的伤害。

我立即提笔给他写了一封信，不同于我曾经写过却没有寄出的那些小女孩的信，我告诉索尔我原谅了他，也请他原谅我。我明白地表示我并不期望得到任何响应，所有的芥蒂就此一笔勾销，我告诉他，发自内心地。我体验到自己终于可以诚实地面对现实，面对自己的责任，我的情绪也因而开始真正得到修复。这些年来，我禁锢在自己的想象里，而今觉察到这一点，我自由了。我发现自己可以宽恕，不管我相信伤害过我的那个人知不知道我的宽恕。它发生在我的内心世界，索尔不需要有同样的感觉。虽然我不得不承认偶尔我还是会故态复萌，我自知还没有真正达到圣徒的境界，但这个宽恕的行为突破了障碍，释放出巨大的能量，让我得以继续我的工作、追求我的真理。

## 缓解压力

一九九一年，我们拯救胜肽 T 的行动跌到了谷底。我到波士顿参加一个由"接口"（Interface）赞助的研讨会。主题是未来的医学。接口是一个前瞻性的组织，宗旨是探索心理学与灵修之间的共通性，他们邀集了一些作风前卫的医学界人士来探讨这个主题。演讲结束后，我加入一个由演讲者组成的座谈，在座的有迪巴克·乔布拉（Deepak Chopra）医生，那时的他正因为著书将古老的印度草药传统疗法加以更新，引荐给西方世界而开始闻名。我错过了他的演讲，但他对听众的提问所做的应答，令我刮目相看，似乎没有任何问题难得倒他。或许就是这一点激发了我提出个人的问题。那时座谈已经接近尾声，听众也开始散去。

"迪巴克，我不明白，我有一个很好的药可以挽救人的性命，但经过那么多年的努力，我却无法让它问世。我的问题到底出在哪儿？"

他专注地听着，然后冷静、深沉地凝视着我的眼睛，给了我一个意想不到的答案："你太认真了！"他说，接着露出了微笑。

我想了一会儿，做出我的回应。

"太认真了？我可从来没听说过这样的事！"我惊疑地说，不敢相信他竟然给了我这样的建议。在我的世界里，没有所谓"太认真"这档事。事实上，我的整个人生都在尽心尽力，努力、不断地努力，不管做什么，无论有多少困难，都要做得最好。我从父母那儿承袭到的双重精神——新教徒的敬业和纽约犹太人的强大竞争力——驱使我以班上第一名的成绩自高中毕业，进入常春藤大学的殿堂，表现优异；在事业上勇往直前，有时甚至横冲直撞，以达到事业的巅峰。太认真这个概念对我而言，就像幽浮一样不真实。我真的被他搞糊涂了，完全不知道他这句话的意思。

"欢迎你，"他接下来说，"到我在兰卡斯特的健康中心来参观，我想让你尝试一些东西。"想到他要我尝试的东西或许可以帮助我为胜肽 T 找到生路，我当下就接受了他的邀请，答应我会马上安排。那些仍留在会场目睹这整个对话却被我完全遗忘的听众，这回以热烈的掌声表示嘉许。

几个礼拜后，我就来到马萨诸塞州兰卡斯特的玛赫里希健康中心（Maharishi Health Center）找迪巴克，当时他的职位是医疗主任，住在芭芭拉·史翠珊（Barbra Streisand）的套房。除了提供我产自异国、色香味俱全的素食，他们每天给我按摩，还让我享受芝麻油慢慢滴落到我额头上的奢侈服务。这一切对我来说都是崭新的经验。

一位全副僧侣装束的印度医师每天都来看我，替我做了检查，包括握住我的手腕数秒钟，读取我三种脉搏，他低声说："茴香，她需要很多茴香。"他在过程中展现的临床举止充满了神秘的魅力，一旁受训的工作人员全都忘我地沉浸在其中。

不过最令我惊异的是静坐产生的效益。静坐是这个健康中心提供的疗法里最重要的部分，迪巴克请一位工作人员教我超觉静坐法（transcendental meditation），因为披头士曾在一九六八年开始修炼这一套静坐法，所以我对它并不陌生。我记得当时心里想着，如果披头士喜欢，那应该不会有什么问题。（我是披头士的忠实歌迷，至今仍然能一字不差地唱出"白色专辑"里某些歌曲的部分，令我十四岁的儿子布兰登感到十分惊奇。）我很快就学会了这个简单的静坐法，即不断吟诵印度教的一个咒语达二十分钟，一天两次。我把它带回家，每天持续练习。我进入一个比较安静的心智状态，发现周遭的事情不需我特意促成，就会自然而然地发生。

我也开始觉察到同步性，看到同时发生的事件之间的关联，并根据这样的觉察行事，而不是我比较熟悉的直线型的因果思考模式。同步理论是我多年前在荣格（Carl Jung）的著作中接触到的，它指的是："同一时空发生的事件并非单纯的巧合。"那时候虽然我不十分了解它的意思，但直觉上它很吸引我。现在我了解到，跟身心网络一样，同一时空发生的事自有它们的相关性，即使我们觉察不到它们的关联，以为它们是独立的。我因而开始相信人生不需我大力推动自会展开，而带路的永远是我们的脑子！

开始静坐的时候，我常常看到濒临死亡的父亲无助地躺在病床上，身上连接着静脉注射管和其他仪器——西方医学的"救命"设备。渐渐地，其他情绪性的影像，有的来自童年，也开始渗入我的知觉意识，仿佛这些意念和感觉曾被装箱储藏在某处，必须等人停下所有的事，安静地坐着、放松自己、专注心神达到足够的时间，它们才会浮现出来。

我试图以生理学的观点去解释这个令我称奇的过程。让我特别感兴趣的是静坐的解压作用如何影响免疫系统，以及它如何反映出我在实验室所观察到的身心关联。我曾经读过赫伯特·班森在二十世纪七十年代出版的第一本书《放松反应》（the Relaxation Response），书中他指出静坐的效应是神经系统从交感转为副交感所致的。但是根据我对身心网络的了解，我认为与压力有关的疾病是信息过多所致的。身心网络因为承载了太多未处理的感觉信息——被压抑的心灵创伤或未消化的情绪——所以窒息难行，无法顺畅地运作，有时甚至因为冲突的目的而自我对抗。二十世纪五十年代晚期，有实验证明肿瘤如果移植到置身于紧张情境中的老鼠体内，成长的速度会比较快，当时科学家认为与压力有关的疾病是类固醇增加，抑制免疫系统所致的。但是现在神经胜肽和受体方面的新知识，让我们对压力的作用有了更多的了解。当压力阻止情绪分子流畅地通往需要它们的地方时，借胜肽流动而运作的自主性功能，例如呼吸、血流、免疫、消化、排泄，便瘫痪为几个简单的反馈回路，使修复反应无法正常地运作。静坐让埋藏已久的意念和感觉浮出表面，使胜肽可以再度流动，将身体和情绪恢复到健康的状态。

我开始把静坐当成实验，去释放囤积在身心网络里的情绪性记忆。既然那个时候我的身心是我唯一可以使用的实验室，我用心地体验和观察这段时间的静坐过程，我发现我对这些经验的感想与当时一些同行的研究不谋而合——心灵的创伤、受到抑制的情绪和生理信息可以无限期地滞留在细胞的层次。

除了静坐，我的日常生活方式还做了其他改变，定期按摩、较健康的饮食、更多的运动。我也不再完全依赖对抗性的西方医疗。读了一篇有关推拿疗法的文章，知道它曾是主流医学里一个很受尊重的大支派，后来却因为受到药物和手术支派的贬抑而失去信誉，我不由得对推拿师产生了同病相怜的情感，因为我们都是受害者：现代医学的牺牲品。随即，我就真的遇见一位推拿师！

就在读完那篇文章的同一天，正当我在健康食品店选购新鲜蔬菜时，不经意地听到一位英俊的年轻男士说他是推拿师。于是我和他攀谈起来，得知他在镇上开业，而且治疗的对象很多都和我一样承受了很大的压力。不过奇怪的是，他坚称他从来没有说自己是推拿师，一定是我心电感应到的！第二天我就到他的办公室安排治疗的时间、填写表格，在推荐人的部分，我写着："化身同步的上帝。"我成为约瑟夫·斯金纳（Joseph Skinner）医生办公室的常客。他引领我认识了推拿按摩的力量，后来也成为我们家的挚友。

我早期的健康"导师"，还包括卡罗琳·斯特恩斯（Carolyn Stearns）。我在一次单车旅行中伤到了肋骨，为我疗伤的一位思想开明的医学博士，向我推荐了这位按摩治疗师。卡罗琳曾经是职业舞者、作家、诗人，现在则从事"灵疗"按摩，那是她根据自己的直觉和灵性的觉察所发展出来的疗法。她把手放在我身上不同的部位，"读取"到我虽然一生都在从事左半脑的职业，是一个重分析、理性的科学家，但其实我是一个极端灵性、直观的人。她说：这一部分的我，自孩提时代，便被埋葬、封闭起来。我立刻意识到她这些话的真实性。她所指的就是这些年来在我脑海里响起的那些声音，曾经带领我在工作上做出一些重大突破的声音。现在有了卡罗琳的证实，我开始更加信任这个内在的声音，无论是在私人生活上，还是工作上。

有段时间我和卡罗琳失去了联系，当我再度跟她联络上时，她已经不做灵疗按摩，而改教伸展、观想和治疗性的韵律动作。

"我现在从事的可以让我发挥更大的力量，因为我在教人们如何自己来。"我打电话给她时，她这么告诉我。我开始定期上她的课，课堂中她教我们借助各式各样的球和道具做一系列的深度伸展，一种"自己动手做"的推拿，我觉得效果很好，可能是因为它将脊椎两侧布满胜肽的神经束做了一番重整。等我们的筋骨伸展开来之后，她便带领我们随着唤起自我意识的音乐，进入一套安定心神的韵律动作，让情绪得到释放，进入意识层面。当我们完全放松地躺在地板上时，她会念一段话来激发冥想。有一天她念给我们听的，一针见血地道出了我的心理状态："如果你用心看你的沮丧，你会看到它下面的愤怒；用心看你的愤怒，你会看到它下面的悲伤；用心看你的悲伤，你会看到所有这些伪装下的根源——恐惧。"

我在生活上和工作上经历过所有这些情绪，而今当我力图缓解压力，度过这段艰难的时期时，终于了解迪巴克的话。就这样，我开始学着随缘，不再过于执着。卡罗琳的教导、我所学的静坐，以及我遇到的许多治疗师和替代治疗师，包括开通的医学博士、按摩治疗师、推拿师，就这样一步一步地引领我走向一个以心灵为主轴的人生观。

## 新思维群众

在这段没有头衔的日子里，我接受越来越多替代治疗团体的邀约，开始在研讨会和集会上，对着一群全然不同的人发表演说，他们是我所称的新思维群众，亦即替代治疗的从业者、理论家和支持者。身为一个接受西方训练的科学家，我对这些奠基于东方哲学和其他非西方传统的疗法，原本应该是完全陌生的，但其实二十世纪八十年代中期我在美国国立卫生研究院工作的时候，曾接触过一些东方思想。由于我在脑内啡和其他神经胜肽方面的研究引起越来越多公众的注意，许多来自各种意想不到背景的人士开始打听我，想办法跟我接触。一天，有个留着胡子、穿着白衣、戴着头巾的瑜伽师出现在我的实验室，问我脑内啡在脊椎两侧的分布模式是否与印度教的"脉轮"（chakras）相符。脉轮，据他解释，是"微能"的中心，它们掌控着基本的生理功能和形而上的功能，从性到高度意识。我根本听不懂他在说什么，不过为了满足他的好奇心，我拿出一张分布图，图中显示脊髓两侧各有两串布满多种信息胜肽的神经束。他把自己的脉轮图放在我的分布图上，就这样我们看到这两个系统吻合地重叠在一起。

我首度开始认真思考或许我的研究与东方观点有某些关联。临走前，瑜伽师简略地教了我每一个脉轮的专注练习。试过之后，我觉得它们在提升能量上的效果非常引人入胜。

这个际遇过后不久，我即见识到加州人对身心观的热衷。时值一九八四年四月，我到斯坦福大学演讲，那是艾琳·洛克菲勒（Eileen Rockefeller）通过健康促进学会（Institution for the Advancement of Health）所赞助的一个座谈会，主题是"正面情绪能否影响疾病？"。抵达会场的时候，我发现戴着白头巾的瑜伽师与穿着拘谨的医学研究者齐聚一堂，是我难得一见的西方唯物观与东方精神观融合在一起的新气象。在那个场合，我终于见到了那些曾经撰述或谈论身心接口的人物，包括诺曼·卡森斯，不久前我才读过他的《疾病的剖析》。倾听着有关情绪如何影响复原过程的各种替代治疗理论和观点，我发觉我在贝塞斯达的实验室所从事的科学，可以解释很多这些加州人正在探索的理念。对我而言，他们所熟悉的这些理念与古老的东方疗法一样新颖，而他们也很欣喜地听到我为他们长久以来经验和直观的现象，提供科学的依据。

返家的时候，前廊的鸟巢里，那许多原本处境堪忧的鸟蛋，全都孵化了，院子里到处都是幼小的新生代，叽叽喳喳的，热切地迎接崭新的生命。这个景象正好反映出我当时的心境：在我心里孕育了多时的想法，终于开始成形，等不及要出世。我开始认真地在研究中探索身心关联疗效下可能的分子机制。但我很少跟同行提及这些蕴藏在我的研究中的想法（除了迈克和其他几位志同道合的同仁），因为它们似乎太偏离主流了。

在东岸"现身"则是一九八五年。有一天参议员克莱伯恩·佩尔（Claiborne

Pell）办公室的一位助理亲自来到我的实验室，邀请我出席一个由他工作的办公室和意念科学研究院（Institute of Noetic Sciences）共同赞助的座谈会，做主场演说。会议的主题"死后还有意识吗？"令我迟疑，生怕在自家领空发表听起来不太科学的言论。但高额的酬谢金诱使我当下接受了邀请。在东岸公然谈论这样的主题，对我是一大突破，它迫使我将自己的理论公之于世。

这场意念科学座谈会让我声名大噪。这是我第一次面对一群多半是门外汉的听众做科学性的演说，也是我首次毫无顾忌地畅谈我的研究所隐含的哲学和形而上学的意义。哈里斯·迪安兹菲（Harris Dientsfrey）将我的演讲录音改写成一篇文章，这篇文章于一九八六年首次以《受体的智慧：神经胜肽，情绪与身心》（the Wisdom of the Receptors: Neuropeptides, the Emotions and Bodymind）的标题出现在《先进》（Advances）杂志上。它比较技术性的版本则在一九八五年刊登于《免疫期刊》。标题是《神经胜肽与它们的受体：身心网络》（Neuropeptides and Their Receptors:A Psychosomatic Network）。这篇文章受到广泛的注意，大多是整体和替代疗法的从业人，也有一些比较有前瞻性思考的科学家和医生。因此在接下来的数年内我收到越来越多演讲的邀约，许多来自西岸——洛杉矶、旧金山、博尔德（Boulder）、西雅图，甚至大苏尔（Big Sur）的埃萨伦中心（Esalen）。

一九九一年遇见迪巴克的时候，我已经是一个经常到处演讲的人，为自己赢得了"身心"科学家的名声，也接触到许多西方法师，像是斯坦利·克里普纳（Stanly Krippner）、欧内斯特·罗西（Ernest Rossi）、斯坦·格罗夫（Stan Grof）、威利斯·哈曼（Willis Harman）、弗里加夫·卡普拉（Fritjof Capra）、比弗利·鲁比克（Beverly Rubik）、约翰·阿普莱杰（John Upledger）和琼·博里森科（Joan Borysenko），并从他们的思想中得到很多启示。要接纳他们令人震惊的理论和做法，对我的科学思维来说，实在是一大挑战，但我终能横跨两个世界，试图去结合两者的精华。

我认为我之所以能接受完全对立的观点，是因为我是女人。女性的胼胝体——跨越左右两半脑的神经束——比较厚，所以她们比较能在推理性的左脑与直觉性的右脑之间来回转换。男性则因为连接左右脑的神经比较少，倾向专注于其中之一。

我的演讲生涯于一九九一年在西雅图的美国整体医学协会（American Association of Holistic Medicine）演讲时达到了高峰。那天我迟到了，但抵达时迎接我的却是一张张笑脸和热情的拥抱，其中很多人是我久仰却素昧平生的人，例如珍妮·阿赫特博格（Jeanne Achterberg）和伯尼·西格尔（Bernie Siegel）。他们对我展现的真诚的接纳，与迈克和我为胜肽 T 奔走所参加的许多艾滋病研讨会上得到的待遇，形成强烈的对比。这些新思维的群众让我觉得无比轻松自在，就像我那些比较主流的朋友和同行一样（只要我们不谈胜肽 T）。西雅图的研讨会是我个人融合东岸的主流科学与加州的替代疗法的里程碑——感谢上苍给了我一个特别丰厚的胼胝体，让我至今能在这两个世界并驾齐驱。

## 获救

因为一次新思维巡回演讲中结下的一段缘，我们的胜肽 T 终于找到了新的投资人。

一九九〇年末，我在德国的加尔米施（Garmisch）参加"未来医学"研讨会的时候，遇见了埃卡特·温森（Eckart Wintzen），他前来试听我的演讲，以便为自己的研讨会觅得可能的演讲人。他所赞助的研讨会，每年举办一次，有来自欧洲各地的大企业家应邀参加。目前他正在筹划的主题是"脑"，而且他的机构里有不少人要求他在研讨会的演讲名册里加入一些女性。埃卡特是一位家财万贯的商人，因从事计算机软件发迹，现在在世界各地无私地资助各类高科技的研究，他长得高高瘦瘦的，年方五十，开始泛白的头发蓄得长长的，鼻梁上架着一副约翰·列侬式的眼镜。与西装笔挺的法人周旋了数月之久的我，顿然觉得他清新怡人，拥有一种与众不同的魅力——一位富有、高雅、反传统的欧洲企业家。

我的两场演讲中，有一场讲的是胜肽 T，会后他邀请我共进午餐，对这个药剂的进展和它目前的商场状况表现出高度的兴趣。

"噢，还好。"我谎称，"有一家日本公司很可能马上就会和我们进行合作。"我无法告诉他情况有多糟。其实我们已经尝试过所有可能的厂商，均无法达成交易，而这家日本公司对我们的兴趣似乎也在逐日递减。我跟埃卡特提及再过几个月我们的期限就到了，我们需要一个投资人出面证明他可以提供所需的数百万美元让药剂上市，否则美国国立卫生研究院的科技处就将再度夺走胜肽 T 的研发权，也许再次将它打入冷宫，永远不见天日。

用过餐，我们悠闲地走向餐厅出口。

"期限是哪一天？"他一边问，一边伸手打开餐厅的门。

"四月四日。"我回答。踏出餐厅的门，他定睛地看着我，不经意地说："好，有需要的话，打电话给我。"

后来，我真的在他的研讨会上做了一场演讲，不过在那之前，我们的日本投资人完全失去了兴趣。我们的期限也迫在眉睫。迈克和我现在可以说是走到了绝境，所有的希望都破灭了，所有的可能不是失败，就是注定要失败。我们面临破产的危机，甚至可能失去当年我们在"胜肽设计"大展宏图时买的房子。那是我一生最黯淡的时光。政府限定的最后一天，早上九点半，地下办公室的电话响了。

"嗨，是我埃卡特。"他的声音听起来很愉悦，我的心为之一振，"你好吗？今天是截止日，对吧，你的药剂的期限？你找到厂商了吗？"

"没有。"我说，"老实说，我们没找到。"对方若有所思地沉默了半响。

"那好吧！"他说，"告诉我你需要多少资金，还有我的银行要让谁知道我有这笔钱。"

埃卡特直接从他荷兰的办公室发了一封传真，政府就取得了他们需要的文件，证明胜肽 T 现在有了一个重量级的投资人，可以毫无疑问地提供所需的数百万元资金，支持进一步的研发，让这个药剂顺利上市。

就这样我们又披挂上阵了。迪巴克说得一点也不错，我的问题在于我的执着，停止执着，我的问题也就迎刃而解了，因为我从来没有寻求埃卡特当我们的投资人。

## 第12章

# 心灵的重建

　　五月，南加州的山脉经过冬雨的洗涤，绿意盎然，点缀着色彩缤纷的野花和灌木，美不胜收。我的朋友南希驾着她的豪车，载着我离开圣塔芭芭拉（Santa Barbara），登上陡峭蜿蜒的圣马科斯隧道，前往圣伊内斯谷（Santa Ynez Valley）。从车窗向外俯视，峡谷下面是沿海的谷底，火柴盒般大小的房子和交错的道路，看了令人晕眩。蔚蓝的太平洋，汪洋一片，向着地平线延伸而去。依稀可以辨识的岛屿，缥缈、朦胧地浮在海面上。时间是一九九六年，我们正要去见罗伯特·高泰斯曼（Robert Gottesman）医生，他是位专长于女性健康的内科医生和替代治疗师。

　　我好爱加州！不只是它令人惊艳的美景，还有它的风格、态度和健康的气息。加州对我的吸引力，在威利斯·哈曼最近写给我的一小段话里还特别提到。这位电机工程师兼哲学家在斯坦福研究院和意念科学学会带动了意识风潮，因而成为知名的人物。在他的著作《全球的心智转变》（*Global Mind Change*）里的空白页上，他亲笔写着我是他少见的兼具东岸和西岸特质的人！（威利斯在书中陈述的观点——意识创造现实：心智转化为物质；我们的思想引导我们的身体，而非身体引导思想——我相信对加州风潮的形成有着关键性的影响。这个观点对许多亚洲思想家来说是基本信念，但对大多数西半球的人来说，却是完全陌生、革命性的观点。）

　　车子稳定地沿着隧道向上行驶，我毫不掩饰地流露出兴奋之情，享受着当下美好的时光，和大量脑内啡在我的血液中航行所带来的快感。这是一趟结合娱乐与工作的旅行，最近这两者在我的生活里似乎越来越融合在一起了。先探视我自小便认识的朋友南希·玛利欧特（Nancy Marriott），然后再搭机到安纳海姆（Anaheim），在一个主题为"医学、奇迹、音乐、欢笑"的研讨会上发表演说，会议的地点就在迪士尼饭店——真是再适合不过了，这次我仍是以科学家的代表身份出席，其他讲员都是我熟悉的替代疗法人士，包括我的挚友卡尔·西蒙顿（Carl Simonton），他是一位鼓吹癌症病人使用观想、艺术疗法和静坐来增加存活率的肿瘤学家，也是这股风潮的先驱之一。

自从首次于一九八四年到斯坦福大学的健康促进学会演讲后，我横跨美国来到西岸的加州，在替代疗法的研讨会、集会、座谈会发表演说，已经不计其数。第一次接触到宏观的加州群众，我便认定加州是身心探索的开路先锋，这个融合了亚洲文化与西方传统的地方，顺理成章地接纳了长久以来在东岸不见天日的观点。

在加州，人们似乎很容易就接纳了健康的灵性层面，它包罗万象：祈祷、能量流动、远距治疗、心灵现象等等，不胜枚举。对我而言，它们几乎已经到了我能理解的最极限了，但对许多加州人来说，这些是他们熟悉已久的观点，可以追溯到三十年前当迈克·墨菲（Michael Murphy）和他的朋友在大苏尔发动这股风潮，成立埃萨伦的时候。

南希和我自小学就是朋友，她母亲是我参加的女童军团的领队，从那时起，我们就一直是很好的朋友。我们一块儿在长岛长大，在同一所中学念书，大学时放假返回同样的地方，对未来有着同样的憧憬和忧虑。后来我留在东岸，她则在完成哥伦比亚大学研究所的学业后移居旧金山，并对二十世纪七十年代中期的健康与意识风潮越来越投入。这些年来，每次有机会到旧金山来演讲，我都会与她碰面。聚首的时候，我们经常发现我们有着十分雷同的人生轨道——我们的女儿相隔一年出世、我们差不多于同时再婚、我们往往在同时吸收到同样的观念——以致我们一直能感觉到一种自然的联结，一种历久弥新的共鸣，无论我们之间有多少时空的隔阂。事实上，光是知道南希在西岸，就令我觉得宽慰，尤其是我从主流思维跨入更宽广的"加州式思维"这十年间。

我们一边开着车，一边闲聊，回忆过去我们的人生在关键点上的交会时刻。其中一次是一九七九年当南希跟几个朋友到纽约，路经华盛顿时，顺道来找我。那时我正身陷拉斯克事件后的炼狱中，感到非常脆弱，南希于是教了我一种她自加州一位心灵导师那儿学到的仪式，叫"召唤灵魂的护佑"。虽说召唤较高次元的力量来驱邪避凶，听起来有些诡异，但直觉告诉我也许会有帮助，何况我也的确需要所有我可以得到的帮助。第二天到了宫殿，我在关着门的办公室里复吟诵她教我的咒语，立刻就觉得近来承受的焦虑和压力得到了缓解。

我持续使用这个咒语，特别是当我受到恶劣的诋毁和孤立的时候，尽管我认为它赋予我的力量是出于一种心理作用。可是现在我知道这个奇怪的仪式其实是一种作用强大的祈祷。我猜想它的力量可能来自某种"肉体以外的胜肽探触"，当受体在看似分离的系统里产生共振时，所引发的一种情绪上的回响。那时"微能"这个专有名词还没有出现，它是用来形容四种传统认定的物理能——电磁能、重力、弱核力与强核力以外的一种神秘的力量，以便为一些异常现象，例如爱的力量，提供科学的解释。此外，南希在许多方面都是我的开路先锋，她引领我认识神秘、灵性的观点，然后我会试图在自己的科学场域中去理解它们。

## 天然荷尔蒙

颠簸的斜坡和蜿蜒的道路很快到了尽头，整个山景尽收眼底——点缀着白雪的山头、绵延起伏的山野、山野上点点的牛群。我们已经进入圣伊内斯谷，很快就要到罗伯特·高泰斯曼居住和开业的巴拉德（Ballard）小镇。南希和我都是一九四六年出生的，是婴儿潮世代的先锋，目前正在考虑医学界近年来为更年期妇女提供的荷尔蒙替代疗法，所以前来咨询高泰斯曼医生。面对荷尔蒙的衰竭，我们当下是否应该顺其自然，任由身体承受急剧的变化。我们开始拥有的能力——做爱却不会怀孕——也违反自然。一年前，南希寄给我一本李约翰（John Lee）医生私下出版的一本书《天然孕酮激素》（*Natural Progesterone*）。李约翰医生是北加州的一位医生兼化学家，他创先研究天然的荷尔蒙物质，让更年期妇女在制药公司制造的那些颇具争议性的荷尔蒙药剂［例如获有专利的雌激素类化合物普瑞马林（Premarin）］之外，还有其他的选择。当我们这个人口众多的婴儿潮时代出现大批更年期的妇女时，这些药的销售量也大得惊人。比方说，在马里兰州我居住的波托马克市（Potomac），普瑞马林已经跃登榜首，成为销售成绩最好的处方药，甚至超过烦宁和利眠宁。事实上，它是全美销售量最高的五种处方药之一。

这个趋势令人忧心，因为我们已经知道荷尔蒙替代疗法和乳癌病例的激增有关，甚至还可能有其他风险。但医生为什么不提供从植物萃取的天然雌激素和孕酮激素呢？既然我们已经知道它们的副作用比实验室制造的类化合物要少。答案跟经济效益有关，天然物质不能申请专利，因此制药公司没有诱因去研究它们的效能，而绝大部分医生得到的药剂方面的信息都来自制药公司，也就对这些天然物质不熟悉！读了李约翰医生的书，又听说南加州的高泰斯曼是天然荷尔蒙疗法的提倡者，南希决定了他就是我们要咨询的医生。

抵达的时候，罗伯特和他的夫人苏珊热情地迎接我们，请我们进入他们虽小却很有格调的家，房子是由红杉和玻璃打造的，佛像和日本的水雕凸显了它的质朴，烘托出宁静、自然的氛围。它融合东西文化的风格，是我在东岸鲜少见到的。罗伯特是个大帅哥，而且我很快就发现他跟我和南希一样是婴儿潮的先锋。他的体格高高瘦瘦的，闪亮、湛蓝的眼睛与他一头的白发有些不搭调，在他娇小、黑发的太太衬托下，特别抢眼。苏珊是护士，也是专业的咨询师，常常跟先生一起工作，治疗女性的更年期症状。他们俩都熟知我的研究工作，看过我在一九九二年于公共电视首播的特辑《治疗与心灵》中接受比尔·莫怡斯的访问，接待我的方式让我有宾至如归的感觉。

没有多久我们就找到彼此的共同点，那就是对身心医学的兴趣，以及它与东方哲学的交集。不过在还未深入交谈之前，罗伯特建议我们先做医疗咨询，然后再到客厅喝茶聊天，我们同意了。苏珊于是带我进入一间办公室，映入眼帘的是舒适的家具和绿色的植物，没有消毒水的味道、仪器、衣袍，令我又惊又喜。罗伯特进来，开始对我现在和过去的健康状况进行广泛、详细的查询。虽然此时的他已经进入专业医生的状态，但他的态度仍像迎接我们时那么和蔼可亲，用心聆听我的回答，并展现出让人耳目一新的同情心和敏感度。他不仅在评估我的生理状态，也在评估我的情绪状态，此与大部分主流医生采取的方式截然不同。咨询之后，他建议我们做多种荷尔蒙和血液检验，以测量我目前的孕酮激素和雌激素（受更年期影响最大的两种荷尔蒙）的指数，等检验结果出来，再做电话咨询即可。

罗伯特给我一罐局部乳膏，它含有从墨西哥野薯提炼出来的孕酮激素，他要我等检验结果出来后，再根据恰当的剂量使用。他说虽然孕酮激素和雌激素会在更年期开始下降——事实上，孕酮激素在更年期开始前的几年（前更年期）就开始递减，因为排卵在这段时间变得很不规律，而孕酮激素只有在排卵后才会释出——许多前更年期和更年期的妇女会出现雌激素过多的现象，那是因为没有充分的孕酮激素来"制衡"动情激素，而不受制衡的雌激素，罗伯特说，就是热潮红、乳房纤维肿块、体重增加、水分滞留等诸多更年期症状的原因。他给我的局部乳膏会通过皮肤吸收，减除这些症状。因为孕酮激素是"母性激素"，它会制造镇定、抚育的感觉（尤其是怀孕和哺乳期的妇女，她们的身体在这段时间会分泌特别大量的孕酮激素），所以这种乳膏也能减缓许多更年期妇女在情绪上承受的压力。

## 信息的隐喻

咨询结束后，南希和我回到舒适的客厅，大家很快就进入了一段发人深省的谈话，内容包括身心医学、东方哲学、信息理论和量子物理。当我发现罗伯特是曼尼格基金会（Minninger Poundation）创办人卡尔·曼尼格（Karl Menninger）的孙子时，我好惊讶。这个基金会是堪萨斯州一个很有前瞻性的诊所和教学医院，曾在二十世纪七十年代资助过埃尔默·格林（Elmer Green）和爱丽丝·格林（Alyce Green）夫妇的生物回馈研究。罗伯特·高泰斯曼是个名副其实的新新人类，一位固守西方传统，却又涉入替代疗法和东方传统的医学博士。对他而言，这不过是家族的遗传。

罗伯特喜欢用哲学的角度看待事物。

"我觉得要修复身体与心智之间的罅隙，我们需要改变我们所使用的隐喻。"他建议。

隐喻？我觉得很有趣，但心里有点纳闷我们到底要谈诗，还是科学。很快我就发觉他极其巧妙地将两者结合在一起，为我思考多时的问题提供了灵感。隐喻毕竟只是一种看事情的角度，所以也可以被视为一种观点，甚至一种思维模式。

他继续说："我认为我们可以用信息理论的隐喻来理解身心问题，这是一个发展已久的领域，它的验证法则和理论不仅可以应用于商业和人文的领域，也很可以应用于传统科学。"

我竖起了耳朵，我自己也在试图为新的身心生物学建立一套理论，视信息为心智与物质、心灵与身体之间的桥梁。当迈克和我创先研究免疫、内分泌和神经系统之间的关联时，我们就选择使用"网络""结点""信息分子"这些词汇，来说明这整个系统其实就是一个信息处理过程，而且我们后来也采用弗朗西斯·施密特的用语"信息物质"，来指称我们的神经胜肽和它们的受体。所以这是我很熟悉的语言。

"不过首先，我认为我们必须区别物质的隐喻和信息的隐喻。"高泰斯曼接着说，"过去的隐喻谈的是物质、动力、能量，并以爱因斯坦著名的公式 $E=mc^2$ 呈现这些元素间的关联。这些术语虽然很适用于建造火车头和桥梁，甚至原子弹，但它们并不适合用来解释人的身体。生理活动不是"东西"，它们是机动性的，发生在一个开放、流动的系统中，因此信息的隐喻要比物质和动力的隐喻更适合它们。

我开始了解高泰斯曼的重点，旧有的隐喻显然属于依旧屹立不倒的主流思维，是奠基于牛顿物理的一种机械论、决定论。它僵化、缺乏流动性；借由动力和控制来达成目的的概念，甚至可以说很阳刚，根本无法说明我们所称的身心网络中生物系统间的非主从关系，一个整体而言较阴柔的组构模式。

罗伯特做了总结："一个世代以前，物质和能量的概念是解释所有现象的基础，而今天，信息概念即将取代能量和物质，成为解释所有生物，甚至环境演变的共同语言。"

"对，还有神经胜肽和受体。"我怀着新的洞见说，"也就是我们称为信息分子的生化物质，它们使用密码语言，借由一个身心网络传递信息。它们不断交换信息，进行双向的对话——完全不同于单向、推动式的动力运作模式。"

"对，这又牵涉到另一个信息理论的法则。"罗伯特接着说，"也就是信息是超越时间和空间的，所以它没有物质与能量的局限性。"

我们都有点困惑地看着他。

"要理解这一点，"他解释，"我们就需要先回头了解格雷戈里·贝特森（Gregory Bateson）何以将信息定义为'具有关键性的差异'。我们都是凭借在感官世界中观察到的不同点来诠释这个世界，例如不同的味觉、质感、颜色等等。比方说，在牧草地吃草的牛，和在同一个牧草地漫步的植物学家，都会感知到绿草与天空的不同。但是对一只牛来说，绿草代表食物，而对植物学家来说，它可能代表一个他要带回实验室研究的样本。因此，这种关键性的差异，取决于观察者。这是信息理论里一个很重要的概念，因为将观察者纳为一个变项，这个系统就有了一个新的智能层次。在旧的隐喻里，我们为了避免主观因素干扰现实的界定，而去忽略观察者。但在新的隐喻里，观察者在现实的界定中扮演一个重要的角色，因为造成关键差异的是观察者的参与。"

我兴奋地打断他的话："哦，观察者的意识——就是联结量子力学的纽带。"

"一点也不错，好，回到我刚才说的，信息——具有关键性的差异——并不会随着时空而变。"为了说明这一点，罗伯特指着桌上的茶杯，"我和茶杯的不同点，不管我人在这里还是在阿拉斯加，都是一样的。信息不同于物质和能量，不受时间或空间的影响，它的存在超越时空的限制！"

我知道高泰斯曼要导入的是一个非常根本的层次，有着非常深远的意涵。如果信息的存在超越时间和空间、物质和能量的限制，那么它必然属于一个非常不同的次元，而不是我们认定为"现实"的这个具体、可以触知的次元。而且既然信息以情绪生化分子的形式管控着身体的每一个系统，那么我们的情绪一定也来自一个非物质的次元。信息理论似乎与东方哲学有一致的观点，也就是先有心识，才有物质，物质仅仅是意识的一个次要的表象。虽然这个观点对我的科学思维来说，太极端了，但我开始发现它可以与我从事的科学和谐并存。

"不过接下来让我们来谈谈信息理论的另一个重要的观点，也就是反馈。"高泰斯曼说。根据贝特森的说法，柏拉图以后对人类的知识贡献最大的，就是反馈的发现。反馈的概念来自"自动控制学"（cybernetics），也就是研究各种系统的管制历程的科学。英文 cyber 这个词来自希腊文，原词意思是"掌舵者"或"舵手"。舵手根据他借着目视或仪器所读取到的视觉信息——也就是反馈——不断地调整舵柄，控制船的行进，这就是一个反馈回路的例子。

"不错，"我切入谈话，"我曾经在切萨皮克湾（Chesapeake Bay）参加过帆船比赛，那次短暂的经历让我对这个概念有了深刻的了解。经验不足的船员有一个通病，就是还没接收到显示船速和方向改变的信息，就迫不及待调整风帆。我必须学会等几秒钟，甚至几分钟，直到帆捕捉到风，舵手调整舵柄因应，然后才根据这些信息，即反馈，去进一步准确地调整风帆。"

"身心网络的运作也是同样的原理。"我继续说，"和一艘船的行进一样是一连串反馈回路的结果。细胞不断向其他细胞发出信号——它释出神经胜肽，而这些胜肽再与其他细胞上的受体结合。接收到信号的细胞，正如舵手或掌帆者，随即做出反应，改变生理状态。这些变化又将信息反馈到分泌胜肽的细胞，告诉它们应该制造多少胜肽，以适应这些变化。这就是身体和帆船的行进方式——连串快速的反馈回路。当一个系统的反馈回路得以迅速、顺畅地进行时，无论是在胜肽和受体之间，还是在舵手和他的舵柄之间，它就是一个健康的系统——或'完整'的系统；'完整'与'健康'的英文 whole 和 healthy 其实源于同一个词。我最近在弗里加夫·卡普拉的新书《生命网》（*The Web of Life*）中，读到二十世纪二十年代闻名的医生兼生理学家沃尔特·坎农创先提出的'稳态'（homeostasis）概念。它是与生俱来的一种内部制衡系统，目的是让体内维持一个比较稳定的状态。卡普拉指出，这可能是第一次有人洞悉生物体是一个完整的信息流动系统。"

"你说得很对，"高泰斯曼说，"我在治疗病人时，也应用到快速反馈回路的概念。就像我们在面谈时你的经验，我会问很多问题，促使我的病人去留意他们的状况、去自我觉察。那是很花时间的。医生大都不愿意这么做，但我会这么做。因为我要我的病人学会觉察什么是他们的关键性差异。能够自我觉察的人，就会恢复得比较快，因为他们的系统有较多的智能，较多的信息去促成改善。所以我认为最终反而会节省时间。"

我在想：这个快速反馈回路的概念甚至可以解释我这些年来从事科学的模式。我和我的团队所赢得的成就，大多都源自一个缩短的反馈回路——执行实验，然后根据结果做立即的改变或调整。进行艾滋病研究的时候，迈克和我之所以能破解符合艾滋病毒受体的胜肽，是因为我们每天早上都会想出一个新的实验问题，下午取得结果，然后晚上研究这些数据，决定第二天应该做什么样的改变或调整。这是我从索尔·斯奈德承袭到的资产——他的迅速、一天转换的哲学，也就是他所谓的"快艇"哲学。

"哦，我了解了。"思索过罗伯特的话，南希终于开口了，"'反馈'回路越快、越绵密，系统就有越多的智能可以使用，不管我们说的是健康，还是帆船比赛。同理，医生与病人之间，沟通越多越好，沟通得越顺畅，病人就越容易恢复健康！"

我们静默了一会儿，罗伯特突然将话题导入另一个方向："所以呢，我认为所有我们谈的隐喻和反馈回路都指向一个非常基本的问题：这个由物质和能量构成的物质世界是不是'真实的'？分子真的存在吗？"

我很高兴他又回到终极的鸡与蛋的问题——先有意识，还是先有物质？

"我认为最好是将分子和其他的物质现象视为隐喻，它们只是我们谈论某个主题时使用的语言。"罗伯特继续说，"它们所代表的东西并不存在，但隐喻有它的用处，在航行时，它甚至攸关人的性命。我知道这些次元会让大多数主流科学家感到无所适从，但你的思想似乎很开放，所以我希望你能理解我说的这些较玄秘的意涵。"

那还用说。

高泰斯曼接着说："试想身体本身可能就是一个隐喻，只是用来表达我们共同拥有的一种经验。或许我们并不拥有意识，而是意识拥有我们。"

我们已经不知不觉地进入非常东方的哲学领域，还好有过去十几年的经验，我才能以开放的心来理解这一切。而迪巴克在这方面对我的莫大影响，也使我在这段谈话中除了接收之外，也能有所贡献。

"有一回我到迪巴克的学会演讲，他向听众介绍我时，说了一个故事。"他有一次到印度会见了几位智者，即那个国家的精神导师。谈话中，他试着向他们解释我的研究，指出神经胜肽和受体是负责沟通的信息分子。但他们却一味摇摇头，带着非常狐疑的神色看着他。终于，最年长的智者似乎开窍了，他坐直了身子，一脸的诧异，说："噢，我了解了，她以为这些分子是真的！"

我的故事让大家开怀笑了起来，就在这样的气氛下，我们觉得对于宇宙终极本质的讨论可以告一段落了。开始聊天时洒进整个客厅的温煦阳光，已经隐退，突然涌上的一阵寒意告诉我该是离开的时候了。

罗伯特和南希开始朝门口走去，一直专注聆听我们谈话的苏珊，这时转向我，提出睿智的临别赠言："你似乎是位很有成就的科学家，但我感觉到你很**渴望**多了解你的灵魂、你灵性的部分、你女性的本质。也许这意味着放弃掌控，让你的丈夫主导你们共同的研究，这样你就可以多专注于你的健康和新的人生。有一部分的你迫切想要出来，只要你给它充分的关照。"

她说得不错。迪巴克不是也给过我类似的建议吗？——不要执着、不要执意发展我的研究、我的艾滋病药。我应该试着去了解人生是一个对话、一个由互动和关系组成的网，它们之间环环相扣，朝着同一个方向行进，不需我一直在后面推。这也是静坐的一个功课。掌控属于旧的隐喻，对于我新建立的人生目标、我的追寻，已经没有用处。我应该去拓展自己的空间，让迈克多承担一点，也让他有机会与其他科学家合作，抛弃我在艾滋病研究的战场上独自摇旗呐喊的姿态。

手里紧紧握着荷尔蒙乳膏，南希和我向主人道了别，踏上回圣塔芭芭拉的旅程。离开山谷，登上穿越山脉的隘道，我们陷入了沉思，反思着今天发生的事。

有了信息科学方面的新领悟，我开始对我的理论——神经胜肽和它们的受体是情绪的生化物质——有了新的诠释。情绪是信息的内容，经由身心网络传递，过程中有许多系统、器官和细胞参与。因此，和信息一样，情绪在心界与身界之间游定，胜肽和它们的受体存在于物质的次元，而我们称为情绪的感受则存在于非物质的次元。

信息！它就是我们超越身心分立的笛卡儿式思维所欠缺的环节，因为根据定义，信息既不属于心智，也不属于身体，虽然它两者都触及。我们必须承认它属于一个崭新的次元，这个次元我们或许可以称之为"信息次元"（inforealm），是科学尚未探触的领域。信息理论让我们得以摆脱化约论及它的实证主义、决定论、客观主义的局限。虽然这些西方科学的基本假设自十六七世纪就根植于我们的意识，但信息理论建立了一套新的语言。它含有丰富的词汇，表达相关、合作、互相依存、协同等概念，而非简单的动力与反应，使我们可以突破原有的思想窠臼。我们因此可以开始建立一个新的宇宙观，并重新界定我们在宇宙中的地位。

## 新的自我观

想着想着，我们已驶出狭隘的山路，开始朝圣塔芭芭拉上空一大片的粉红色夕阳飞驰而去。

"怎么样？你觉得这次的咨询如何？"南希终于打破了沉默。

"绝对是华盛顿没有的，"我答道，"结束的时候，我觉得好舒畅，完全没有那种好像自己是通过检验的一块肉的感觉。事实上，我想我不会再去看一般的医生了——除非我从一栋大楼摔下来，或是盲肠炎发作。"我揶揄地说，接着两个人都笑了。

南希又笑起来："我了解，我有同感。"

"其实我也好久没找一般医生看诊了。这些日子我如果身体不适，大都去找推拿师，或是寻求按摩治疗，并配合营养方面的建议。近来，我在尝试印度草药。像高泰斯曼这种受过西式训练的医生实在罕见——一位信息医生！"

"没错，我喜欢他说的新隐喻。"南希说，"它让我重新去界定自己，我不再是一部机器，拥有一个被脑子操纵的身体，仰赖电荷来维持心跳和突触传导。相反地，我现在可以看到自己是一个有智能的系统，有大量的信息快速、同步地在心智与身体之间交流。我的细胞在彼此交谈，而我的脑也参与了它们的对话。"

我完全赞同。南希点出的不仅是一种新的自我观，而且是一种新的统合感，它正是我的人生即将迎向的境界，也是我的研究一直迈向的目标。在这个新的自我意象中，我们的身体与心智是统合一致的，它有智慧，一种情绪的智慧，甚至还有灵魂或灵性的部分。它毫无疑问地意味着我们每一个人都是一个机动的系统，时时有改变的潜能，而自愈是它的常轨，不是奇迹。我点点头，等她说下去。

"知道自己的身体有智慧，代表承担新的责任。我不能再表现得像个傻瓜机器，等着机械师——也就是医生——来修理。现在，我自己可以有意识地介入系统的运作，在我自己的复原过程中扮演一个积极的角色。不同于昔日的笨机器，我有了更大的主导权，也因此需要为自己的健康状况负起更大的责任。"

"一点也不错！"我同意，因为南希说的"有意识的参与"，让我连带地想起迪巴克曾在他的书里将静坐形容为"意向"——计划、流程、专注。我把这一点告诉南希后，她马上就领悟了其中的道理。"对。"南希说，她自己已经有好多年的静坐经验，"我也这么觉得，静坐的过程就是设定自己的意向，一个目的，然后专注心神在上面。你可以专注于一个咒语、呼吸或其他焦点，例如修复我的身体或传送和平的信息到整个地球。我知道我平日的意念已经在不自觉地干预我的系统，有时甚至危害我的系统。套用你的话，就是过度调整我的风帆，或是搅乱自然的平衡，即坎农所称的稳态。因此我可以选择去终止这种不自觉的伤害，去有意识地介入。"

我点头赞成。过去的化约论将心脏病或癌症这些慢性病视为攻击身体的力量，而我们则是无助的受害者，除了依赖高科技的医疗外，无法做任何响应。但是意识介入的概念在这个过程里加入了一个新的、已经受到科学界重视的元素，那就是在复原过程中可以扮演积极角色的智慧。静坐只是另一种进入身体内部的对话、有意识地介入它的生化互动的方式。

日落不久，我们就抵达了圣塔芭芭拉。我打算早点上床，因为依然需要配合东岸的时间，但我的身心却处在一个兴奋的状态，回荡着今天谈到的新观点。许多这些观点，我打算加以探究和消化；其中一些，也许明天我会在安纳海姆的研讨会上与听众分享。

# 快乐的力量

迪士尼乐园，一个魔幻王国，象征不朽的童年，允诺永远的快乐！

接到这个在迪士尼饭店举办的研讨会的演讲邀约时，我的第一个反应是诧异。也许是我的旧思维作祟，在一个让人联想到卡通和梦幻的地点举行医学会议，总觉得不太恰当。但浏览了主题、演讲者和议程后，我很快便释然了。"医学、奇迹、音乐、欢笑"；研究者、治疗师、音乐家，甚至喜剧演员将齐聚一堂，探讨精神神经免疫学、非传统疗法和欢乐之间的交集。

想到要去迪士尼乐园，而且下榻的迪士尼饭店就在自己儿时梦想的主题公园旁边，我不禁兴奋起来。二十世纪五十年代我在纽约州的来威镇长大的时候，每一个我认识的正常、活泼的美国小孩都憧憬有一天能赢得一趟迪士尼之旅。然而我最接近这个梦想的经验就是戴着我的米奇鼠耳朵，坐在电视机前面看了好几个小时的"米老鼠俱乐部"。要我的家人到加州旅行，踏入传说中的大门，根本是不可能的事。我们的亲戚朋友当中，也没有人到过迪士尼乐园。

对我们而言，它就像在火星一样遥不可及。

而四十年后的今天，我在迪斯尼饭店门口步下机场的专车。空中有单轨火车行驶而过，载满了开心的露营者，奔向真实的童话故事；而远处某个神秘城堡的尖塔台高高耸立着，显示这个虚构的王国已经不远了。对于身为科学家的我来说，这一切都显得有点虚幻，虽然内心那个八岁的小孩很高兴来到这里。

每个人似乎都很快乐——服务生、柜台的接待员。我知道我也应该感到快乐——终于来到了迪士尼乐园！但说真的，我大部分的感觉是疲累，因为时差的关系。此外。想到十四岁的儿子布兰登在三千英里以外的地方，无法分享这一切，心里有点难过。我也想念迈克。离开华盛顿时，胜肽 T 正处于一个关键时刻。我们刚得知一位外界的评鉴人士要到我们乔治敦的实验室进行一些新的测试，如果成功的话，将会对我们的工作进展有很大的帮助。让迈克独自处理这件事，并不容易，但我安慰自己，这么做才符合我最近的随缘态度。只是我仍不免挂念着此事，常常禁不住想打电话。放下，我告诉自己，我要开开心心地享受这儿的一切！

我决定到林立在中央水道周边的露天咖啡馆吃点东西，看看附近的景观。中央音响系统传送来的迪士尼歌曲在空中回荡，我悠闲地走着，不自觉地跟着哼唱起来，许多都是我小时候最喜欢的歌曲：《当你向星星许愿》《总有一天我的白马王子会出现》。在一张桌旁坐定，我点了餐，放松了心情。

"大家玩得开心吗？"看着眼前的景观，我的思绪围绕着这句流行的标语。迪士尼的快乐神话真是无孔不入，我怀着这样的梦想长大，我的孩子也是——他们的孩子想必也会。尤其是对婴儿潮时代的我们。盘踞在心中的迪斯尼乐园象征着童年的快乐，那种我们应该拥有、想要拥有，却常常得不到的快乐。最近我读到一个调查报告，指出当受访的美国人被问到"你对你的生活满意吗？"时回答满意的人比例高得离谱。离谱是因为统计数字显示抑郁症和焦虑症等情绪失调的病例在节节升高，有越来越普遍的趋势。既然临床诊断的抑郁症是一种可能致命的疾病，与忧郁相关的自杀率也在不断增加，我不由得奇怪，如果大家都这么快乐，为什么抑郁症在我们的社会已经濒临流行的程度？

我们是不是都在自我否认，因为相信快乐是我们的文化规范、是社会所期许的，所以执迷不悟？我们是不是觉得承认自己可能会哀伤、不快乐、失望、不完全满意自己的人生，是一件丢脸的事？

我在前面讨论过，许多人认为忧郁是转向内部的愤怒，没有表达、埋藏在意识的下层，看似受到控制，但假以时日就会发生内爆。我们习惯隐藏自己的感受，不敢诚实地表达出来，深恐别人对我们的哀伤无动于衷，或因我们的愤怒而疏远或受伤。我们告诉自己，最好还是否认感觉、压抑感觉，于是投入表面看起来很快乐的活动，伪装玩得很开心，直到有一天深埋在心里的感受浮现出来，然后家庭医生告诉我们：你得了抑郁症。

大多数的人就这样不知所措地将情绪上的伤痛塞在心底，保持沉默。这些日积月累、没有愈合的感受就是问题的症结，而主流的医疗模式根本无法有效地处理这样的问题。当人们真的寻求协助的时候，主流心理学家和精神科医生通常提供的是我所谓的"谈话和药物"治疗。很多的谈话，加上更多的药丸，目的在消除这些不被接纳的情绪。没错，它是一种治疗，但它解决的其实只是表面的症状，它将人们交托给药物，而没有为他们指引出一个让心灵真正得到愈合的机会。

主流医学从未认真地想过快乐究竟是什么意思。我相信快乐是当我们的情绪生化物质，神经胜肽和它们的受体，开放、顺畅地在身心网络中流动，以平稳、规律的节奏整合、协调我们的系统、器官和细胞时，我们所经验到的感觉。健康和快乐之所以常常被并列在一起，很可能是因为生理和情绪原本就是一体的。我相信快乐是我们的自然状态，是我们与生俱来的福分。只有当我们的系统受到阻碍、无法运作、被搅乱的时候，我们才会体验到情绪的失调，最后累积为极端的不快乐。

在广场上轻快地走了一会儿，我回到饭店的房间，发现迈克的留言，但东岸的时间已晚，我没有回电。上了床，很快就睡着了。

## 未抚平的情绪

第二天早上，演讲后，我走出会场，登上通往大厅的楼梯，听到身后有人叫我。

"柏特博士？可以和你谈谈吗？"

其实我的时间不多。演讲结束时，有两位女士邀我共进午餐，她们是非常奇特的一对组合，一个是医生，另一个是灵媒，两人相偕来参加研讨会。我们约好半个小时后在一家意大利小餐馆碰面，我正打算利用这一点时间出去晒晒太阳。

然而，转过身，我看到一张友善的笑脸，这位追着我上楼的女士，看起来很坚决。"当然。"我说，觉得很难拒绝她，虽然我不知道她要找我谈什么。

我们在中央水道旁一块阳光明媚的地方，找了一张桌子，坐了下来。水道里，快乐的儿童和不太快乐的大人坐在色彩鲜艳的脚踏船上踩着踏板。我们点了冷饮，开始聊起来。我得知玛丽琳是一位领有执照的婚姻、家庭和儿童咨询师，在北加州开业，事业正在蓬勃发展。她告诉我她注意到一个令人忧心的趋势，就这样直截了当地切入了主题。

"十年前当我开始执业的时候，我好像很少看到当事人服用抗郁剂，"她说，"顶多偶尔服用烦宁或利眠宁，但那些是比较无害的肌肉松弛剂。现在我却看到百忧解（Prozac）、左洛复（Zoloft）、帕罗西汀（Paxil）、依米帕明（Tofranil），我的当事人大都在服用这些药。"

我了解玛丽琳为什么会对剧增的抗郁剂处方感到困惑，我曾经和许多心理治疗师谈过，他们也跟玛丽琳一样，对医学界普遍使用这种方式来解决风行的抑郁症的做法感到不解与不安。

"不久前，"她接着说，"我询问了一位与我的咨询团体有合作关系的精神科医生，为什么我的当事人里有这么多人拿到抗郁剂的处方，他解释抑郁症源于脑化学物质的失衡，这些药可以矫正这些现象，对有些人来说，这种疗法比其他疗法有效。"

听到玛丽琳的话，我的思绪回到昨晚用餐时的冥想。如果医学界对胜肽在身体心智里的活动有一个全面的了解，他们就会很有节制地使用抗郁剂，也不会给产后妇女服用这么多药物。

"这些药会对我们的身体和心智产生什么影响？"她问，"你认为我们应该让这么多人服用这些药吗？"

在那天早上的演讲，我解释过身心网络如何通过一连串精密协调的胜肽反馈回路运作，当化学物质的流动不受阻碍的时候，就会产生体内环境的稳态，也就是平衡。至于合法，甚或不合法的药如何进入这个网络，影响体内环境的自然平衡，我在演讲中只有点到为止。

"我们先说说这些药的作用。"我开始解释，"基本上，它们作用的层次是细胞的跨突触联系。一个细胞喷出的化学物质会与另一个细胞上的受体结合。如果喷出的液体太多，细胞就会发挥所谓的'回收'机制，将过剩的液体吸收回去。根据过去的了解，抑郁症患者的脑细胞释出的神经化学物质血清素有不足的现象，抗郁剂就是用来补救这个缺失的，它会阻断回收机制，让更多的血清素涌入受体，继而矫正不平衡的现象。"

"听起来好像是对症下药，仿佛他们很清楚该怎么做。"玛丽琳插入。

"对，但事实不然，因为他们并没有去检测这些药会对脑部和身体其他部分发生什么作用。你要知道，我们处理的是一个极其复杂的身心网络，有着好几万亿的分子——胜肽和受体——穿梭于诸多系统和器官之间。比方说，你的肠子里有许多血清素受体，如果这些受体因为你使用了诸如百忧解的抗郁剂，而被多余的血清素占据时，会发生什么事？事实上，我们知道服用抗郁剂的人常常会有肠胃的问题。再试想，免疫系统里那些带有同样受体的细胞，又会出现什么状况？我们可能不知不觉地挫伤了我们自然的杀手细胞攻击突变细胞的能力，而这些突变细胞很可能会演变为癌症的肿瘤。但是没有人去研究这些可能的效应。"

"特别是制药公司。"玛丽琳马上顺着我的话势说。我点点头。

"还有抗精神病药——氟哌啶醇（Haldol）、氯丙嗪（Thorazine）、利培酮（Risperdal）、氯氮平（Clozaril）——也是以同样的方式运作，也会产生许多同样的副作用，唯一不同的是，它们阻断的是另一个神经递质多巴胺的受体，而不是血清素的回收。"

"除了肠胃问题，还可能产生什么作用？"玛丽琳问，显然很担忧。

"会有连锁反应，就像瀑布始于顶端，却引发一连串的变化直到底端。例如，当女性脑垂体里的多巴胺受体受到防堵时，催乳素就会释出，而它是泌乳期抑制排卵的激素，因此妇女在哺乳时很少怀孕，服用这些药的女性，月经会停止，而且会在服用期间保持如此，进入长期的停经状态，此外还会有水分滞留、体重增加等副作用。"

"看来她们很可能会需要百忧解。"玛丽琳嘲讽地说。

"遗憾的是，很多情况正是如此！女性服用抗精神病药后，医生会再给她们抗郁剂，以治疗所谓的'医源性疾病'（iatrogenic disorder），即医生引起的病症，也就是原本该让病人复原的治疗所导致的病症。这很平常。"

看着玛丽琳逐渐暗沉的脸庞，我开始觉得如果再讲下去，她自己恐怕也快得抑郁症了。"和我及我的新朋友一起吃中饭吧？"我问她，试图缓和气氛，"或许她们也会想知道最新的研究带给我们的好消息——使用身心疗法治愈情绪失调的可能性。"

## 抑郁症新解

我们到餐馆去找凯特和荻伊，那对医生和灵媒的组合，看到她们正在排队等位子。坐下来后，每个人都点了一大盘色拉，大家边吃边聊，对彼此有了进一步的认识。因为对她们的友谊充满好奇，我礼貌地盘问。两个来自如此对立的领域，怎么会碰在一块儿，而且还成了这么好的朋友？原来，凯特在实习的时候参与了一项研究，研究的结果显示某些形式的手触治疗和祈祷可以加速外科病人的复原，而荻伊就是研究中的一位治疗师。从那时起，她们就成了好朋友，在身心关联治疗上追求共同的目标。这让我们回到我和玛丽琳谈到的观点——抑郁症是一个身心关联的疾病，而医学界显然过度依赖药物治疗，忽略了可能的副作用。

"我妹妹多年来都在使用百忧解。"凯特脱口而出，"我不认为我们对那个药有充分的了解，而且我也这么告诉她。但她深信它可以解决她的问题，而拒绝去面对潜藏的真正问题。"

"你的确应该担心。"我开口，很高兴有机会提供她们较深入的科学信息，"最近美国国立卫生研究院的研究者发现了抑郁症与幼年的心灵创伤之间的关联。过去的研究显示受虐、遭到忽视或没有得到关爱的婴儿和小孩，成人以后比较容易忧郁，而现在我们终于可以了解经验与生物现象的关联，这全和一个所谓的下丘脑—脑垂体—肾上腺轴线（hypothalamic-pituitary-adrenal axis）有关。"

正当我准备开讲的时候，我们的年轻男侍走了过来，神情愉悦地将一大盘巧克力奶油冻、奶油酥和奶酪蛋糕，展示在我们眼前。大伙礼貌地赞赏了一番，但一致回绝了他的好意。啊，加州。到处都是健康和有觉悟的人！他走开了，我回到原来的话题。

"很简单，下丘脑是情绪脑——边缘系统——的一部分，它的神经元有轴突延伸到坐落于它下方的脑垂体。这些轴突会分泌一种叫作促肾上腺皮质激素释放因子（CRF）的神经胜肽，以控制另一种信息物质的分泌。因此，当促肾上腺皮质激素释放因子到达脑垂体的时候，它会刺激促肾上腺皮质激素的分泌，这个信息物质再通过血流到达肾上腺，与肾上腺细胞上特定的受体结合。"我注意到一些疑惑的表情，到目前为止，大家都听懂了吗？

"肾上腺——它们不是和肾上腺素有关吗？那个'战与逃'的反应？"狄伊问我。

"你说对了。战斗或逃跑是身体在面对威胁时，产生的自然、非意识的反应，不管威胁是真实的还是想象的，而引发这种惊恐反应的正是肾上腺素。当我们的祖先遇到剑齿虎作势要从峭壁跳出来，拿他们当午餐的时候，这个反应可以让他们逃过一劫。反应的特征通常包括能量涌现、瞳孔放大、心跳加速——这些状态都有助于我们解除所感知到的危险。但是肾上腺的另外一项功能就是在促肾上腺皮质激素抵达的时候，开始制造类固醇。不过这些类固醇与性和生殖系统无关。

"它们制造的类固醇是皮质酮（corticosterone），当身体受到伤害时，它是修复和降低伤害所需的物质。你们大概都曾经因为皮肤痒，擦过可的松（cortisone）药膏，或因为碰触到有毒的野葛，注射过可的松。

"好，它与抑郁症有什么关联呢？根据三十年前的研究，我们就知道压力会增加类固醇的制造，抑郁症患者通常有过量的压力类固醇。事实上，他们长期处于促肾上腺皮质激素启动的状态，原因是反馈回路受到干扰，无法显示血液中已经有足够的类固醇。因此下丘脑—脑垂体—肾上腺轴线便不断刺激肾上腺分泌类固醇。验尸报告显示，自杀身亡者的脑脊髓液里促肾上腺皮质激素释放因子的含量通常是死于其他因素者的十倍。"

"这个促肾上腺皮质激素释放因子听起来好像忧郁胜肽，"凯特说，"如果每个胜肽都有特定基调的话。"她指的是我在演讲中提到的一些推测。

"的确好像如此。我们可以说促肾上腺皮质激素释放因子是消极的胜肽，因为它可能源于童年不愉快的经验。譬如有动物实验显示因没有母亲照顾，而受到忽视或虐待的猴宝宝，体内含有大量的促肾上腺皮质激素释放因子，也因此含有大量的类固醇。别忘了，问题是出在一个失控的反馈回路上，所以任何以抑制类固醇为目标的药物治疗，对这个失控的反馈回路是起不了作用的。困陷在这样的情况下，抑郁症患者的系统里会有越来越多的促肾上腺皮质激素释放因子，使得生物体里其他胜肽的分泌也失去弹性，导致可能的行为模式不断递减。以猴宝宝来说，它们会丧失梳毛的动作，或一直重复似乎毫无意义的行为。至于人，他们的行为和反应模式可能变得极为有限，驱使他们最后陷入情绪的黑洞。"

"我妹妹深信如果她先生没有离开她，她会过得很好——她似乎一直无法对那件事释怀。"凯特切入。

"对，我们之所以会陷在一种状况里无法自拔，是因为这些感觉被保留在记忆里——不只是在脑子里，而是深入到细胞的层次。处于高度紧张状态的婴儿与孩童，体内的促肾上腺皮质激素释放因子越来越多时，促肾上腺皮质激素释放因子受体也会变得越来越迟钝，体积萎缩、数量减少，当受体被药物淹没，就会发生这些现象，不管这个药是身体自己制造的，还是你在药店买的。心灵创伤所留存下来的记忆就是发生在神经胜肽受体层次的这些和其他变化，有的甚至发生在深入细胞内部的受体根端。这些变化遍及全身，虽说它们不一定是永久性的，但需要很长的时间才可能被逆转。"

"那么研究者找到什么新的补救方法吗？"玛丽琳问，"研发更多的药，去抑制促肾上腺皮质激素释放因子的制造，或封锁促肾上腺皮质激素释放因子的受体吗？"

"很遗憾，药物治疗仍然是目前研究的主要方向。不过好消息是，这些发现让我们看到其他治疗情绪失调的可能性。记得我前面提到的那些惊惶不安的猴宝宝吗？另有一个研究为了验证母亲的影响力，为一群猴宝宝提供了一个用金属线和布做成的假妈妈，以奶瓶替代乳房，这些新生猴在得到喂食，却得不到抚摸、搂抱的情况下，很快就出现了心灵创伤和抑郁症的征兆。从刚才我们所谈的来看，这样的结果一点也不足为奇。后来研究者带进来一只他们称之为"拥抱猴子的治疗师"。这个治疗师是一只比较年长的猴子，经常搂抱这些没有安全感的小猴子，结果这些小猴子竟然痊愈了。这是为什么呢？因为拥抱打破了过去的反馈回路，发出'类固醇足够'的信息，于是伤害终止了，长期高涨的促肾上腺皮质激素释放因子降低了。"

"所以那些汽车后保险杠上的标语'拥抱，不要嗑药'（Hugs Not Drugs）说得还挺有道理的！"荻伊指出。我们都笑了起来，想不到我不厌其烦解释的科学，竟是如此显而易见，成了保险杠上的名言！

"如此显而易见，"我心想，"却不足以改变制药公司或主流医学预设的方向。"在研发新药的领域里从事了二十多年的研究。使得我不得不提出一个偏离主流的看法——越少越好。我的研究告诉我所有外源药都有可能伤害我们的系统，不仅让关系到许多系统和器官的反馈回路失去自然的平衡，而且还会造成受体层次的变化。

我们每一个人都有自己的自然药典——最好、最便宜的药局——提供身心所需的药，让身心得以依照它历经好多世纪的演化而发展出来的方式运作。研究者需要确实地去了解这些自然资源——我们自己的内源药——知道它们如何运作，如此我们才能制造有利的条件，让它们发挥所长，尽量不受外源物质的干扰。当它们无法执行自己的功能时，这些研究也有助于我们制造类似天然物质的药剂。因为它们是根据我们对整个身心网络的了解而研发出来的。它们对身心平衡的干扰也会降到最低。

"当然我并不是说仅仅拥抱就可以医治所有的重症。"我说，"处方药的确有它们的功能，而且我知道它们可以救命。如果我有严重的感染，我会使用抗生素。如果我有严重的抑郁症，我会服用抗郁剂。但是根据我对脑内啡的研究，我知道抚触可以刺激和调节我们的天然化学物质，让它们能正常地在适当的时候，以恰当的剂量来维持我们身心的最佳状况。"

这一点我有亲身经验。当我和迈克刚开始交往时，我常戏称迈克是我的"拥抱猴子的治疗师"，因为我们经常深情地拥抱在一起，这使得我们大部分时间都处在一种欢欣鼓舞的状态。我们最刺激的一些研究就是在这些拥抱的"作用"下进行的。后来拥抱成了我们所依赖的慰藉，事实上，在研发胜肽 T 的初期，如果没有这些拥抱，我不知道我们如何能经得起当时所遭遇到的挫折。

"我明白了，"凯特若有所思地说，"你是说如果将抚触带入疗程，我们或许可以对情绪失调的患者提供另一种帮助。它是一体的两面：正如我们可以利用心智的力量来治疗身体上的疾病，我们也可以通过身体来修复破碎的感觉。"

"所以这是为什么按摩或其他手触式的治疗会让人觉得心情愉悦。"荻伊也跟着说。

这段谈话进入这样的结论，似乎让玛丽琳感到很困扰："遗憾的是，大多数从事心理卫生的专业人士，尤其是开这些处方药的精神科医生，如果碰触他们的当事人，是会被吊销执照的。"

"你说得不错，"我回应，"主流医学大都很忌讳与病人有身体上的碰触，这个禁忌源于笛卡儿时代的身心分立原则，后来又因为主流医学对感觉信息在身心网络里的运作一无所知，就一直延续下来。维多利亚时代弗洛伊德又将现代精神医学奠定为不可有身体碰触的领域，那个时代的人因为对自己的身体感到羞耻，所以任何碰触都被视为与性有关，是上帝所不容的。反对这种观点的人，例如威廉·赖希、亚历山大·罗文曾试图引进比较涉及身体的疗法，他们相信身体是进入心智的一个管道，所以想尝试用不同的方法来帮助病人释放情绪。可是这些人都遭到无情的排挤，甚至迫害，一如赖希的例子。"

"不过近年来，有很多动物和人的研究都证实了抚触的疗效，不仅对抑郁症，对生理的疾病亦如此。我很高兴地告诉你们，这些知识正在影响主流医学，虽然速度相当缓慢。"

账单来了，我们决定在这个欢欣的氛围下结束。外面的人潮已经逐渐散去，大多数饭店的房客也都到游乐场去玩了，整个地方显得很宁静。我们一块儿悠闲地走回会议厅，下午还有几场演讲和研习活动。不过走到一半，我要她们先过去。我在倾听我的身心，它要我离开街道，找一块暖烘烘的石板躺下来，晒晒太阳。

## 通过身体的心理治疗

午餐的谈话碰触到一个我最近常常在想的问题，也就是心灵的重建，它是我们的社会迫切需要的，因为我们看到服用抗郁剂和使用毒品的人数都在不断升高。我个人认为，这两种药物的使用者——一种从医生那儿取得药，另一种从贩毒者那儿买到药——做的其实是同样的事：用外源物质来改变身体的化学活动，以消除他们不想要的感觉。可是这些物质影响的范围很广，我们对它们的许多效应也所知有限。

我的研究告诉我当情绪得到表达时——也就是说作为情绪基质的生化物质顺畅无阻地流动时——所有的系统便能联合一致地运作，成为一个完整的体系。而当情绪遭到抑制、否认、无法如实展现时，我们的网络路径就会受到阻断，使得这些攸关身心健康，整合、控制我们的生理和行为的化学物质无法流动。我相信这就是我们迫切想要逃避的状态。药物，不管是合法的还是非法的，只会对身体诸多的反馈回路造成进一步的干扰，使得身心网络无法自然、平衡地运作，生理和心理的疾病也就应运而生。

然而网络的新观念至今还没有影响主流医学和心理学处理健康和疾病的方式。心理学家大都只管心理，认为它与肉体没有什么关联；医生则只管身体，忽略心理或情绪。可是身与心是不可分的，我们不能只治疗其一，而忽视另一部分。我的研究告诉我身体或心智可以通过彼此来治疗，也必须通过彼此来治愈。

所谓的替代疗法却了解这一点，它们强调身心的释放，为我们提供了主流医学所欠缺的部分。在治疗情绪失调和其他心理问题时，如果主流医学排斥抚触，忽视身体是通往心智之门的事实，否认情绪释放是攸关身心的重要事件，可以具有补助甚或取代谈话和药物治疗的潜力，将无法奏效。

我第一次接触身心释放疗法，亦即"通过身体的心理治疗"，是在加州的埃萨伦中心，时值二十世纪八十年代初期，我到那儿去演讲。希腊和罗马人有他们的浴场、温泉、他们的治疗神殿，像埃皮达鲁斯（Epidaurus），而我们有大苏尔的埃萨伦。那儿有美丽、天然、来自地下深层的泉水。这些水池坐落在大苏尔一个眺望着太平洋的峭壁上。我到埃萨伦的浴池泡汤时，遇到许多按摩治疗师、推拿师和理论学家，他们认为我的研究确立了他们在治疗中所观察到的现象。我看到他们不仅通过各种身体的按摩去牵动情绪，还同时通过谈话去激发心智的力量，让身心处于一个宛如复原回路的状态，令我印象深刻。

这次的接触打开了我对其他替代疗法的兴趣，虽然它们借由不同的操作来达到情绪的释放，但所有的操作都含有某种形式的碰触。我最戏剧性的一次经验是在一九八五年，事情缘起于我与卡罗琳·斯柏林（Caroline Sperling）的巧遇。卡罗琳是我的老朋友，也是布林莫尔的校友，现在是心理学家，还创立了自己的癌症基金会。那时我和艾格离婚不久，她问我好不好，我说很好，离婚的过程很平和、很理性。但她突然打断我的话。

"你在撒谎。"她直言不讳地说，"你怎么可能没有痛苦？"我被她突如其来的质问弄得不知所措。"你难道不知道吗？这就是人们罹患癌症的原因——埋藏他们的情绪，否认、压抑它们。"

我的直觉告诉我她说得没错，于是接纳了她的建议。与癌症共处了三年的卡罗琳告诉我，她融合了加诺夫（Janov）的呐喊和亚历山大·罗文的生物能量技术，发展出一套通过动作、拥抱和呐喊来释放情绪的疗法。我参加了她一天的课程，发现我自离婚后便锁在内心深处的那些强烈的愤怒与情伤终于得到了释放。回到家，迫不及待想把这一切告诉迈克，可是实在太累了，便直接上床睡觉，结果睡了将近二十四个小时！

一九八八年我在"共界"（Common Boundary）举办的一次会议中遇见了邦妮·班布里奇·科恩（Bonnie Bainbridge Cohen），她让我认识了她的身心集中术，那是一套将心智、情绪和心灵等元素植入身体的技术。（这个组织的名称"共界"指的是心理学和灵修之间的共界。）班布里奇·科恩对于心灵创伤和压力如何造成信息过多的状态有很精确的了解，令我刮目相看。她以神经逆转机制解释神经冲动如何遭到脑部排斥，弹回到中枢神经系统的其他区域，然后存积在自主和身体组织里。邦妮的疗法中使用的韵律动作和身体按摩，根据的就是这些心理和生理的原理。

后来我又发现了一群新生代的推拿师。不同于传统推拿师，他们的疗法展现出他们对能量和情绪的了解。其中一位是唐纳德·爱普斯坦（Donald Epstein），他创立了脊椎网络疗法（*Network Spinal Analysis Chiropractic*），并写了一本书《疗愈的十二个阶段：健康的网状方法》（*The 12 Stages of Healing: A Network Approach to Wholeness*）。这个疗法旨在释放脊髓两侧的神经节里储存的伤痛记忆，我尝试过，并有深刻的体验。当情绪获释时，我的意识经常浮现出与创痛经验相关的影像，然后我便可与治疗师针对这些影像进行交谈。

约翰·阿普莱杰是另一位我非常景仰的治疗师，他是颅骨疗法的创始人，这个疗法是对颅骨进行温和的操弄，以维持脑脊髓液的平衡。他认为受阻的情绪会在体内形成"身体的情绪囊肿"，造成能量无法流动，影响整体的健康。爱普斯坦和阿普莱杰都说他们在进行治疗时可以触摸到能量的流动；也有治疗师声称当情绪获释时，他们实际上可以看见能量在体内流动。

　　而这么多替代治疗师口中的这个涉及情绪释放和重建的"能量"，又是什么呢？根据西医的说法，能量纯粹是细胞各种新陈代谢活动的产物，所以对科学家来说，能量与情绪释放根本不可能有任何关联。然而许多古老和替代的治疗方法都指出，有一种神秘的力量是整个生物体活力的来源，它是西方仪器无法测量到的；玄学家称之为微能，印度教徒称之为普那（prana），中国人称之为"气"，弗洛伊德叫它"欲力"，威廉·赖希叫它"生物能"（orgone energy），亨利·柏格森（Henri Bergson）叫它"生命的跃动"（elan vitale）。我相信这种神秘的能量其实就是情绪的生化物质，神经胜肽和它们的受体所携带的信息得以顺畅流动的状态。

　　当滞留的情绪经由抚触或其他身体的操弄得到释放时，我们体内的路径便能畅通无阻，这时我们所经验到的就是能量，西方的二元论坚持肉体本身是没有生命的，但东方哲学或替代治疗师却看得见确实存在于身体里的智慧，而且必要的时候也知道如何让它挣脱羁绊。事实上，除了我们的文化，几乎所有其他的文化都知道情绪能量的释放或情感的宣泄，在重建中所扮演的角色。

　　操作这种能量的方法大都受到西方医学界的排斥，唯一可能的例外是针灸，不过他们仍对它保持怀疑的观望态度，虽然许多研究已经证实针灸的疗效，包括我自己曾参与的研究。那是一九八零年，我跟我先生艾格及一位受过西方传统训练的中国精神病学家和神经病理学家吴绍熙（Larry Ng）做的研究，曾在《脑研究》（*Brain Research*）中发表过，我们发现针灸可以刺激脑内啡释出，流入脑脊髓液里，因而达到止痛的效果，我们之所以能确定它的镇痛作用来自脑内啡的流动，是因为当我们使用脑内啡的拮抗剂（纳洛酮）来封锁阿片受体时，针灸的止痛效果便丧失了。不过这个有趣的研究仅仅让我们对身心网络的多重意义以及它治愈的潜能窥知一二而已。身体的精神治疗师，那些知道如何帮助我们介入这个网络的人，让我们看到他们如何将协调所有系统的"信息能量"做多种其他的应用。我们需要用心听听他们说什么，并从中学习。

## 嬉戏的好处

休息之后，我恢复了元气，甚至觉得精神抖擞。从暖暖的石板站起身来，我朝着演讲厅走去，心想或许还可以听到最后几场演讲。抵达的时候发现会议已经要结束了，最后一位讲者正在收尾。紧接着，一群喜欢嬉闹的人走上讲台，唱歌、跳舞、弹奏乐器。我看见我的工作伙伴卡尔·西蒙顿也在其中，他示意要我加入，我迟疑了半晌，担心这些嬉闹的行为可能有损我科学家的形象，不过我很快克服了心理障碍，蹦蹦跳跳地跑上台，和其他与会者一起随着节奏摆动。我玩得很开心，毕竟这里是迪士尼乐园，而且忙了一天，我也正需要一些健康的活动来缓解压力。但是嬉戏的作用并不止于解压而已，它在动物和人类的生活中具有重要的功能。我们看到初生的动物经常玩打斗的游戏，这是它们发展过程中的一个重要的部分。同样地，我们也可以借由游戏把我们的攻击性、恐惧和悲伤表现出来，让我们得以掌控这些有时排山倒海的情绪。当我们嬉戏的时候，我们等于在延伸我们情绪表达的范围，缓解、畅通生化信息的流动，修复我们撕裂的感觉。

嬉戏真的发挥了作用，它让我充分表达自己，防止我过度认真地看待自己。我决定利用傍晚剩余的时间尽情玩乐，看着卡尔的两个小孩跟米老鼠和它的朋友玩得那么尽兴，我很容易就进入了欢愉的状态。

就在那个短暂的傍晚时分，我像孩子一样无忧无虑，将有关胜肽 T 的交易抛到九霄云外，不再担忧外界人士到我们实验室评鉴的事。或惦念已经十几岁、不会想和老妈一块儿玩的儿子，也不再矜持扮演重要科学家的角色。我开怀地笑——诺曼·卡森斯说过笑相当于体内的慢跑，一种保持情绪健康的运动。我尽情地玩，让情绪和胜肽自由地流动。

当然健康所需的并不只是嬉戏和孕酮激素：要达到最佳的健康状态，也并不止于减少对药物的依赖，或加强自我表达的能力。在本书的最后一章，我会继续探讨我的研究具有的实用性意涵，并就它们在生活中的应用，提出更多的建议。

第 13 章
# 真理

　　飞机高高盘旋在密尔沃基市的米切尔将军机场，准备降落。我望着窗外，鸟瞰绵延至天际的中西部大平原。左边远处有一片浩瀚、壮丽的汪洋，原来它就是密歇根湖。这儿是美国的心脏地带、地理中心，也是心理中心。这里的人不喜欢极端，对东岸缜密的理性思维，和西岸普遍的悠闲自在、感性热情的生活态度都没有多大兴趣。

　　飞机着陆了，提领行李后，我找到事先安排的会面地点，等人来接我到威斯康星州的北部。我很高兴来到中西部，呼吸新鲜、怡人的空气，离开华盛顿的繁忙，暂时把胜肽 T 目前的胜利与挫败完全交给迈克。这是一九九六年的夏天，我来到威斯康星州，准备在第二十一届全国健康年度研讨会发表论文。

　　健康研讨会（Wellness Conference）是二十世纪七十年代崛起的民间风潮"健康运动"的产物。当时有一群志同道合的运动生理学家、营养学家、心理治疗师，一位还俗的神父和一位还俗的修女，深信健康的身体和健康的生活形态乃是预防疾病的最佳途径，带动了这股风潮。它是中西部对西岸的埃萨伦等地发起的替代医疗和意识运动所做的回应，只不过没有"新时代"的光环。虽然它原本只是地方性的运动，但现在全国各地的健康推动者都会前来参加这个每年夏天由威斯康星大学与斯蒂文斯波恩特（Stevens Point）校区举行的盛大研讨会。

　　我第一次接触这个健康组织是一年前，那次我应邀到他们在纽约州的伊萨卡市（Ithaca）举办的一个小型研讨会上演讲。主办者的平实和自在令我印象深刻，他们穿着运动短裤、运动鞋，而不是象征地位的西装和高跟鞋，并且在议程中穿插很多交流的机会。我了解到他们的焦点是健康，不是疾病，这个强调积极面的概念所界定的健康并不只是没有疾病。其实我在很多团体里都看到这样的趋势，最近的例子是我遇见的一群美国推拿师和营养生化学家，他们称他们的疗法为"功能医学"，强调保持所有器官系统的最佳运作状况，而不只是免于疾病。对健康组织而言，预防是主要的重点，俗话说："一分预防抵得上十分治疗。"因此他们推动"自我保健"，要求病人对自己的健康担负更多的责任，改变生活方式、尽量减少或完全戒除药物和烟酒的使用、增进有助于提升生命的行为。

因为强调自我负责，健康运动衍生出一个"健康咨询团"，这些训练有素的专家走入大规模的国家单位和私人公司，为它们规划和贯彻公司内的健康及运动课程，目的是协助员工改变生活方式以减轻压力、改善健康。如此一来，也可为雇主节省直线上升的心脏手术及其他重症医疗的保健费用。就这样，健康推动者在中西部默默却很有成效地贡献他们的心力，为美国的保健和医疗创造新面貌。

## 都是旧思维惹的祸

来机场接我的是诺曼·施瓦兹（Norman Schwarts）医生，他在密尔沃基执业，自愿搭载我到密尔沃基北方大约两百英里的斯蒂文斯波恩特。施瓦兹的专长是环境医学，并拥有物理学的博士学位，是新一代的替代或互补疗法医生，相当于中西部的鲍伯·高兹曼（Bob Gotlesman）。和高兹曼一样，他是根据对身心整体的了解来治疗病人的。我们今年曾在亚利桑那州见过面。当时，我在一个医学会议上发表论文，与会的都是医生，研讨的主题是环境因素引起的化学物敏感和疾病。事后，我们在电话中交谈了几次，就彼此不同的领域交换专业见解，我非常钦佩他在营养和维生素疗法上的知识。他的许多建议听起来头头是道，因此我决定尝试一些，改变我的饮食和生活方式，并自我观察。借着这次长途的车程，我们可以尽情畅谈近日的心得，我急着想知道有关营养、环境、身心的最新信息。

上次我们交谈时，诺曼即对环境的污染物和毒素对人们健康的影响表示忧心，现在他的忧虑似乎有增无减。他引述了一长串统计资料，指出人体细胞层次所含的来自除草剂和杀虫剂的重金属和二恶英比两百年前增加了三百到四百倍，而且每年都有好几百种化学物质加入已经存在于我们环境里的化学物质。

我知道环境污染物可能进入细胞膜，改变受体的形状，使它松弛、懒散，我时常想，这对维持系统平衡运作的信息传递会产生什么影响。对这样一个自我整理、以快得匪夷所思的速度处理大量信息的系统而言，势必会造成一些影响。

诺曼个人认为，这些污染物会阻断和变更许多非常基础的生命过程。他说，在正常情况下电子穿越细胞膜梯度的流动，即所有生物体的能量流通，可以使制造能量的细胞组成，亦即"线粒体"，以百分之九十八的效率转换能量；但是附着在细胞膜上的污染物会改变和阻断电子的流动，引起"能量匮乏"，导致慢性疲劳、过敏、化学物敏感等情形。

诺曼语出惊人地表示，我们体内蓄积的环境污染物会模仿和阻断我们的性激素，即管控男性和女性生殖系统的雌激素、孕酮激素和睾酮。尽管医学界显然对这类议题缺乏兴趣，甚至漠视毒素与乳癌之间的关联，但持有这种看法的不只诺曼一人。例如，《科学》最近一篇有关受体结合的研究报告就指出，环境毒素具有类似雌激素的作用，它可以与雌激素受体结合，在该处刺激乳癌肿瘤生长。同样地，各种毒素也可能在男性体内模仿睾酮，并引起前列腺癌，因为以发生学的观点来看，前列腺癌与乳癌是很类似的。虽然这个现象已经被猜疑很久，但直到最近我们才得到不容置疑的证据，在体内累积的这些毒素长期地刺激我们的雌激素和睾酮受体，使它们处于过度操劳的状态，终致癌症。

诺曼言犹未尽，好像还不只如此。他相信环境毒素的递增很可能也会使我们的免疫反应失去韧性。免疫系统如要发挥效能，必须时时处于备战状态，以便驱逐我们日常接触到的许多病毒和其他入侵的病原。当它负荷过重，忙着应付大量毒素时，就会变得疲惫，无法维持警戒状态。这可能就是为什么我们的健康会出现这么多问题，例如，不明原因的疲倦，更不用说较严重的免疫缺陷疾病。

听着诺曼·施瓦兹医生的谈话，我想起一句谚语："你怎么栽，就怎么收。"显然，今日人们普遍的健康状态是我们在地球上制造的生态乱象的反扑，造成这种乱象的是盲目的无知，以及漠视一切生命在本质上息息相关的事实。如果我们的饮水污浊、空气肮脏、食物有毒，我们的身体怎么可能健康？依我看，我们目前的灾难大都是旧思维惹的祸，它把我们每个人视为独立的个体，与他人和环境分开，从整体脱离出来，就是这种错误的想法纵容人们为了工农业而研发并随意制造有毒化学物质，荼毒我们的环境。所幸，新一代的医生、施瓦兹、高兹曼和我的医生朋友，如东岸的吉姆·戈登、南希·隆斯朵夫（Nancy Lonsdorf）等，都能正视我们都是地球生态系统的一部分，也愿意反思在二十世纪末的今天我们需要做些什么才能保护和净化我们的身心。

诺曼很乐意传授我一些祛除体内毒素、保持身心不受污染的方法。他告诉我，首先，高剂量的维生素C（一千毫克或以上）应该是每人基本营养防卫配备的一部分。并且他提出一些简单的健康、无污染的饮食原则，包括以下几点：只吃流传千年以上的食物——不吃加工食品，不吃含有你不认识的成分的东西，尽量购买有机栽培的蔬果，甚至开辟自己的菜园；避免吃注射了大量抗生素（现今饲养场常见的做法）的家禽、肉、乳制品，反之，应挑选自由放养的动物，它们比较不会沾染疾病，所以无须使用抗生素来预防疾病。诺曼自己在治疗病人时会提供一种测量肝毒素的临床检验，因为肝脏是防止有害物质进入血液的第一道过滤器官。假如肝脏检验显示含有很高的毒性，他会建议用各种饮食、维生素、草药疗法来净化肝脏，恢复它的全部功能。

我用心听着，但我知道主流医学藐视解毒概念，完全无法接受营养和净化疗法。在我来自的生物医学研究界，这些疗法被视为旁门左道或无足轻重，因为这方面可信的研究寥寥无几。但有几个小型却设计周到的实验显示，补充剂可以维持肝脏的健康。我觉得相当可信，决定拿自己做实验。我开始使用护肝维生素产品，如"尤其清"（Ultra-Clear），这种维生素的作用在于改变肝脏毒素的化学结构，以便它们通过尿液或大便排出体外。实验的结果让我确信，移除累积多年的毒素来扭转颓势、提升能量的可能性并非痴人说梦。我只是希望这个重要的领域能有更多的研究，而不只是药商支持的研究（当然最大的清肝强化剂就是远离药物，包括酒）。

　　车子驶进了斯蒂文斯波恩特校区时，我思忖着，根据我的情绪和身心网络的研究和理论，我能够提出什么特殊的贡献来帮助人们达到健康运动的目标。我感觉自己正在面对一项挑战：关于健康、自我保健和健康的生活方式，我能够提供什么特别的信息？在二十一世纪，我们应该如何关照我们的身心——那会是什么样的生活形态？

　　当晚我写下一些想法，准备在演讲中与听众分享。我想像自己站在听众前面告白："我来自疾病运动，也就是主流医学。我们提供耗费几十亿美元保险金额的各种高科技医疗，却任由人们抽烟、喝酒，直到他们被送入手术室和加护病房。"想到这点，我不禁感到心寒。虽然我并不认同主流医学专注于疾病的做法，但人们仍然会认为我是它的一个代表。

　　在主流医学界，虽然有许多冒险犯难的医生，如伯尼·西格尔、迪恩·欧尼希、克里斯蒂安·诺斯拉普（Christiane Northrup）、安德鲁·威尔（Andrew Weil），大声疾呼生活方式在疾病预防上的重要性，但它仍然普遍受到忽视。从最近《大观》（Parade）杂志的一篇文章，我们可清楚地看到当今的主流路线是什么。这篇以《医学接下来要征服什么？》为标题的文章，邀请了十四位首屈一指的生物医学研究者（其中不乏诺贝尔奖得主）预测未来五十年的进展。这些人异口同声地歌颂高科技、高价位的现代医学，尤其是基因研究，仿佛它是所有疾病的答案。值得注意的是，文中没有人表示人们需要对自己的健康负起责任，直到最后才由曾在美国国立卫生研究院担任院长，而现在是俄亥俄州立大学医学系教授的伯纳丁·希利（Bernadine Healy）医生做了这样的结论："改变生活方式可以改善我们的健康。遗传因子是决定一个人是否容易生病的重大因素，但健康的生活方式也同样重要。"这个来自唯一女性的呼吁，指出了我们每个人都明白的道理：我们所选择的生活方式至少应该与生物医学的高科技医疗同等重要——特别是因为它可以将这种医疗的必要减至最低。

　　之所以没有更多有关生活形态的建议，部分是因为我们科学家通常不认为自己是提供建议的人，因为我们所受的训练告诉我们，纯科学不一定是实用科学。当有人询问我们如何把从研究中得到的结论应用在生活中时，我们通常会感到不自在。我不否认，我也宁愿躲在实验室里，守着我的工作台，不在乎别人把我的研究结果做何种用途。纯科学！它不是我一直追求的目标吗？可是在过程中我产生了变化，我的研究彻底改变了我，让我以过去所没有的视角来诠释健康的生活，这个视角源自一个根本的思维转变。我想从这个视角与健康运动的听众分享我对健康生活的建议。我相信我所提供的是一个独特的角度，它奠基于新的洞见，可以帮助我们每个人活得更快乐、更健康，因为它知道身与心是不可分的，它们其实是一个系统，而协调运作这个系统的就是情绪分子。

## 健康生活形态的八项要诀

对我们大部分的人来说，健康的生活形态这个名词所勾勒的画面是三餐低脂肪、每日运动、远离烟酒和毒品。这些当然都是增进健康的好方法，稍后我会以胜肽网络的观点来讨论它们，但我们大都忘了注重日常情绪的保健。我们倾向只处理保健的物理层面，而忽略了情绪层面——我们的思想、感觉，甚至我们的精神、我们的灵魂，然而，根据情绪和身心网络的新知，它们当然也是我们保健的责任之一。

漠视我们的情绪是仍居主导地位的旧思维余毒，它使我们只着眼于健康的物质层次、它的物理性质，但情绪是自我保健的关键元素，因为它让我们进入身心的对话。探触情绪，借由倾听情绪以及通过身心网络来导引情绪，我们就能进入具有疗能的智慧，而这是每个人与生俱来的权利。

怎么做呢？首先，要承认、接纳我们所有的感觉，不只是所谓正面的感觉。愤怒、悲伤、恐惧，这些情绪本身并不是负面的。事实上，它们是我们赖以生存的元素。我们需要愤怒来划清界线，需要悲伤来处理我们的失落，需要恐惧来避开危险。当这些情绪被否认，以致无法容易、迅速地经由身体系统处理和释放时，它们就会毒害我们的身体，就像我在前面谈到的。我们越是否认它们，最后的毒性就越强，累积的情绪也常会以爆发的方式释放出来，这时情绪就会伤到自己和别人，因为它的表达太过强烈，有时甚至残暴。

因此我的建议是，表达你所有的感觉，无论你认为它们是否得当，然后放下。佛教徒说的不执着于经验，就是这个道理。让所有的情绪自然释放，"坏"的情绪就会转变为"好"的，那么，套句佛教的说法，我们就脱离苦海了。当你的情绪、你的化学物质在流动时，你就会体验到自由、希望、喜乐，因为你正处于健康、"圆融"的境界。

我们的目标在于保持信息的流动、反馈系统的正常运作，以及维持自然的平衡；而有意识地进入身心的对话，可以帮助我们达成这个目标。以下我想提出几种使用觉察和意念进入身心网络，以预防疾病、增进健康的方法。

**一、培养觉察**

大部分生活形态的选择是该做什么或不该做什么。但我想提出的一个非关作为。而有关状态的选择，那就是立志让自己变得更有觉察力。全面的觉察不只是觉察心智经验，还有情绪经验，甚至基本的生理经验。我们越有觉察力，就越能"倾听"身心的自主或潜意识层次——执行呼吸、消化、免疫、疼痛控制、血流等基本功能的层次——所进行的对话。然后，我们才能进入那个对话，使用我们的意识来强化自主系统的效能，因为这个自主系统无时无刻不在决定我们的健康状态。

一九八六年我在加州箭头湖（Lake Arrowhead）的际遇让我真正领悟到意识干预分子层次及改变生理活动的能力究竟有多大。当时我正在参加诺曼·卡森斯主办的一个研讨会，与会的都是新兴的精神神经免疫学界的研究者。我很高兴能在那儿和伊芙琳·西尔沃斯（Evelyn Silvers）聚首：她是电视影集《比尔克中士》（*Sergeant Bilko*）的主角菲尔·西尔沃斯（Phil Silvers）的遗孀。伊芙琳过去是执业多年的心理治疗师，近年因为对精神神经免疫学产生莫大的兴趣，所以回到加州大学洛杉矶分校攻读相关领域的博士学位。她知道我的研究，一年前她到东岸来找我，乘着豪华的轿车抵达我在美国国立卫生研究院的办公室，邀我和迈克出去吃午餐。她谈起她的疗法，我听了非常向往：它结合放松、自我催眠和导引式的观想来协助一个人主导自己的重建。在箭头湖，我终于亲身体验了这个疗法。在简短的咨询中，我向她倾吐我在研发胜肽时所遭遇的压力，她认为提高我的脑内啡指数可能会对我有所帮助，于是让我进入浅度的昏睡状态，然后开始引导我进行观想。

"哪一种脑内啡效能最强？它密度最高的地方在哪里？"伊芙琳问，这时我已经进入一种放松、愉悦的状态。我告诉她是 B 脑内啡，密度最高的地方是脑垂体。

"好。"她鼓励我，"现在我要你阖上眼睛，专注于你的脑垂体，你知道它在哪里吗？"

我想了一下，但没有人比我更清楚我要找的是什么，我不费吹灰之力就将观想的焦点对准了脑垂体，我点了点头。

"很好，现在你能看见那里的 B 脑内啡分子吗？"她进一步引导我。脑内啡清晰地呈现在我观想的画面上，所有三十一个氨基酸像念珠一样串在一起，紧密地储存在细胞轴突末端像气球一样的小囊袋里，蓄势待发。

她接着说："我要你注意听我从十倒数到一，当我数到一时，你就把脑垂体的脑内啡释放到你的血液里。"

我照着她的话做，立刻觉得好像有一股热浪袭上来，我知道那是大量脑内啡从脑垂体释出的感觉，它们开始游向我的身体和脑部各处，和受体结合，准备发挥它们神奇的功效。

显然，我拥有的生理学知识——脑内啡的所在位置及它们如何分泌——使我得以有意识地介入和改变我的分子；我在想，这种知识不知是否也能帮助别人借由释放系统里的某种生化物质而得到帮助。之后，我有一次机会将这个想法应用在巴尔的摩郡监狱的一群有海洛因毒瘾的女服刑人身上。我的一些同事当时正在那里进行一项实验，他们为吸毒上瘾的服刑者施行耳部针灸，每天在她们的耳朵上插三针，以舒缓她们对海洛因的渴望，并减轻毒瘾难断的周身疼痛。这些研究者知道我曾证实针灸能刺激脑内啡的分泌，产生镇痛作用，因此邀请我到监狱参观他们的研究计划。

参观的那一天正好是母亲节，对那些被监禁的女人来说不是个快乐的日子，因为她们思念着她们的孩子，也因戒毒而痛苦不堪。我用简单的话语向她们解释，在她们每个人的脑部和体内，都有自然的海洛因，那就是脑内啡，因为她们不断施打人工药物，所以脑内啡的流量减少了。她们对这个概念感到十分惊异。我解释，当脑内啡的自然流量恢复以后，她们对毒品的渴望就会停止；而运动和性高潮是两种强化脑内啡自然流动的方法。这次讨论让这些女人对她们的毒瘾有了新的认识。虽然并没有长期的研究探讨运用观想释放脑内啡的方法对吸毒上瘾的人可能有什么帮助，但那一天我在那些女人脸上发现这个观念赋予了她们力量，给了她们复原的希望，并让她们对掌控自己身体的能力产生了新的敬意。

**二、进入身心网络**

因为我的自觉——知道生理构造和生化物质，我得以进入自己的身心网络，进入身心的对话去导引它。我所用的结点是额叶皮质，是脑部富含胜肽和受体的部分。额叶皮质又叫前脑，是人类特有的，就在前额后面，所有高等认知功能，例如计划未来、做决定、改变的意图，也就是我在释放 B 脑内啡时所做的都在这里执行。总之，额叶皮质就是我们真正成为人类的原因。猩猩和我们的基因物质有百分之九十九是相同的，但它没有一个进化的额叶皮质，而人类这一部分的脑要到二十岁初才会发育完成。这个事实或许可以让我们对青少年有更多的了解和更大的耐心。

有趣的是，额叶皮质就像身心的其他部分一样，需要借助身心网络中自由流动的情绪分子才能正常运作。为了让它能在身心对话中执行我所谈到的意识介入，额叶皮质需要充分的养分。脑部唯一的食粮是葡萄糖，经由血液输送到脑部。葡萄糖是神经元储存和分泌所有信差化学物质——神经递质和神经胜肽的动力来源。它是脑部的神经胶质细胞执行许多重要功能的燃料。扮演"清道夫"角色的脑神经胶质细胞是胜肽工厂，像巨噬细胞一样四处游动，时而摧毁、时而滋养神经末梢，不断雕琢细胞之间的联结，可说是我们心智的创造者。只有当足够的血流携带充分的葡萄糖到达脑部，神经元和脑神经胶质细胞才能够执行它们的功能并确保完全的觉察状态。

情绪胜肽严密控管着血流，它对血管壁上的受体发出信号，要它们收缩或放大，故而时时刻刻影响着血液通往受体的流量和速率。比方说，当人们听到震惊的消息时会"面如白纸"，当他们愤怒时会"涨红了脸"。这都是我们体内系统敏锐反应的一部分。但是，如果我们的情绪因为受到否认、压抑或重创而被堵塞，那么血流会长期受到压缩，剥夺额叶皮质以及其他器官维系活力的养分。这会使你昏沉、不够警觉，局限你的觉察力，继之降低你介入身心对话、决定改变生理或行为的能力。最后，你可能会陷入困境，无法以崭新的方式响应你周遭的世界，只能根据过去不适用的知识，重复旧有的行为和情感模式。

学习觉察你过去的经验和制约储存在你细胞受体里的回忆，你便可以从这些障碍、这种"阻滞"状态中挣脱出来。但假如这些堵塞的情况已经持续很久了，你可能需要协助，才能做到这样的觉察。协助有很多不同的形式，我个人会考虑心理咨询（最好能有某种程度的抚触）、催眠治疗、碰触式治疗、个人成长班、静坐和祈祷；你可以选择其一项或全部，它们都能教导你回应当下实际发生的事，因为觉察的重点就是当下。

### 三、探知你的梦境

把你对情绪的觉察融入生活的一个最好的方法，就是养成每日回想和记录梦境的习惯。梦是你的身心直接传送来的信息。提供你有关生理和情绪活动的重要信息。觉察梦境是窃听身与心之间的对话，进入你通常觉察不到的意识层次的一个方法。你可以因此取得宝贵的信息，然后在必要的时候介入，在你的行为和生理上做恰当的改变。

梦究竟是怎么回事？它是你身心里的不同部位在交换信息，而它的内容则以故事的形式进入你的意识，它有情节、有人物，以你每日清醒时的语言呈现出来。就生理层面而言：身心网络每晚都在为次日重新自我调整；当胜肽以或多或少的数量弥散到系统里，和受体结合，引发活动以维持体内环境稳态或返回常态时，反馈回路会发生变化。这些重新调整的相关信息就以梦的方式进入你的意识，而且因为这些是情绪的生化物质，梦不仅有内容，也有感觉。

我们已经知道强烈的情绪如果没有彻底处理，就会储存在细胞层次。夜晚，一些储存的信息会被释放出来，浮现到意识的层次，成为梦。捕捉那个梦，重新体验那些情绪，可能会对你产生很大的疗效，因为你可将之当作帮助你成长的信息，或决定采取宽宥的行动，不再执着。

传统上，弗洛伊德心理学便是借由分析梦境来协助人们了解自己的动机、欲望和行为："你梦见你杀了令堂？那一定意味着你潜藏着不敢承认的怨恨，这是你精神官能症的来源！"但从身心观点来看，你的梦可能不只关联到你的心智，也可能关联到你的身体。梦可能是你自己的预警系统，让你知道疾病正在酝酿，有助于你将注意力放在问题的所在。你的身体可能正在与你的心智讨论这个情势，而你可以借着回想梦境来进入那个对话。虽然为别人解读这样的对话是相当困难的——说什么梦见军队入侵意味着癌症在生长，或诸如此类主观的论断——但有一点我敢确定的是，一旦下定决心去注意你的梦境，它们就会开始与你交谈，通过练习，你就会越来越容易了解它们。

多年来，我一直都将我的梦记录在一本册子里，那是在我没有实验室的那段时间开始的，当时胜肽 T 正等着进一步的发展，胜肽设计实验室也已经关门，所以我想我不自觉的动机是把自己当作实验室（就像我在学静坐时一样）。而一些导致我成长的最宝贵的洞见，就是来自我在那段时间记下的梦境。就像一九八六年那个有关索尔的关键的梦，梦中我往他身上泼水，他旋即缩小——我的强敌，我自己想象出来的妖魔鬼怪。这个梦给了我勇气，让我写了一封原谅他的信，因而放下了多年来啃噬我的愤懑。

我记录梦境就如记录实验一样，我把梦的情节内容写在页面的右边，也就是我通常记录实验步骤的地方；我把情绪内容写在页面的左边，也就是我通常记下数值和感想的地方。身心对我们每个人来说都是一个实验室，因为我们每个人都是置身其中的科学家，希望更加了解并影响我们的行为和生理。从这一点来看，我们都是真理的追求者！一如从事实验的科学家评估一系列的实验，你也可以在事后思考某个特定的梦境，看看梦里处理的是什么样的情绪。思考的过程可能会让你看到一些模式，增加你的觉察。

我时常听到有人说："我记不得我的梦。"仿佛他们对启动这个过程感到束手无策，但关键的第一步就是下决心记住你的梦，就这么简单而已，它是你脑部的额叶皮质赋予你的能力。有了决定，其他的就会尾随而至。一旦你决定了，就在你的床边准备一支笔和一本笔记簿。迪巴克·乔布拉在《福至心灵——成功制胜的七大精神法则》（*The Seven Spiritual Laws of Success:a Practical Guide to the Fulfillment of Your Dreams*）中谈到意向和注意力，我所说的正好可以为他的意思下一个完美的脚注。这里的意向指的就是决定捕捉梦境，把它们写下来。注意力就是专注，准备执行意向所设定的行动，也就是写下梦境，有意识地运用注意力和意向，你就能培养回想梦境的习惯，进而轻易地进入你的身心信息系统。

当你早上醒来，伸展四肢，打个哈欠后，伸手去拿你的梦境手札，把所有你记得的，不管多么支离破碎，都写下来，尽量不要过滤或改编任何内容。要是有任何联想出现，那就最好了！例如，那辆黄色汽车和十岁时爸爸的那辆车一模一样，把这些联想写在括号里。然而，比内容更重要的是你在梦中经历的感受和情绪。不要忘了问：我当时是什么感觉？把这些观察写下来。有时候情绪与行动正好相反，譬如梦见悲剧，却感觉快乐。感觉就是线索，即使这些感觉令你不安或不自在，你仍要强迫自己把它们写下来。这是一种很好的练习，它会让你越来越能觉察清醒状态的情绪和你在梦中所经历的情绪，并宽容地看待自己内在的活动。

即使你只记得部分的梦境，也把它们写下来。当我开始写梦境手札时，常常只能记下模糊的片段，但我发现如果我把最细微的片段写下，它会启动较深层的记忆，经常把整个梦境都勾引出来。即使看来最微不足道的梦也要写下来，因为如果你忽视看来乏善可陈的梦，可能会错失重要的信息。时常，表面上的平淡无奇只是一个面具，面具下隐藏的是你所抗拒的那些令你不安或不自在的东西。一旦你把乏味的部分写下来，其余的部分就会浮现到记忆里。

我们的梦就像我们的情绪和思想，依循着信息法则，存在于一个超越时空的次元。许多部落民族明白这一点，将他们的梦视为来自灵界的信息，以至高的敬意看待它们。虽然在我们的文化里，最接近这个看法的是荣格的集体潜意识（collective unconsciousness），但我们可以把信息理论和古老的智能结合在一起，开始赋予梦境更大的信度，它们可是廉价、无须用药的心理治疗呢！如果我们想在追求健康的过程中寻找一种实用、低科技的自我保健法，探索我们的梦会是一个效果奇佳的选择。

在比较玄秘的时刻，我喜欢把梦视为上帝在我们耳边絮语的另一种方式——他将信息通过身心网络传递给我们。

### 四、了解你的身体

不过我不想进入太玄奥的层次，让我们回到身体的层次，谈谈我们如何通过它探触我们的心智和情绪，以便得到健康。解析梦境和其他形式的意识介入固然重要，但我们必须知道其他切入的管道，诸如皮肤、脊髓、器官，都是进入身心网络的结点。因为如此，它们都是替代医疗衍生出来的碰触式治疗所运用的部位，例如爱普斯坦的脊椎网络疗法、班布里奇·科恩的身心集中术（mind-body centering）、伊兰·鲁本菲尔德（Ilana Rubenfield）的协同作用（synergism）、罗文的生物能量学（bioenergetics）、新本体演化（new identity process）、按摩。我高度推荐这些以及其他使用律动或抚触来治疗情绪的身体操弄。

但你也可以使用很简单的身体操弄，而达到同样好的效果。你觉得心情低落、提不起劲吗？去散个步。你觉得焦虑、紧张吗？去跑步！你觉得一无用处吗？找人给你按摩或好好抱抱你，看看效果如何。你的心智、感觉都在你的身体里，所以在那里，在你的身体体验中，你的情感才能得到愈合。

### 五、减少压力

讨论生活形态和健康，不能不提减压。依我的经验，减压最有效的方式就是静坐，因为它可以让我们甚至在非意识的状态下，促使那些导致生化物质无法在身心里顺畅流动的受阻情绪得到释放。我相信各种静坐都有帮助，我个人是练习超觉静坐：你只要闭上眼睛，舒适地坐着，不断默念同样的话，一天两次，一次二十分钟。超觉静坐的教法和练法已经标准化，而且有很多科学研究明确显示它的生理效益，比如，降低高血压、逆转自体免疫疾病、激起各种抗老效应。

另一种逐渐受到欢迎的静坐是"正念"（mindfulness），是马萨诸塞大学医学中心减压诊所的心理学家兼研究员钟·卡巴金引进的：这套简单的方法源于东方佛教传统所称的"内观"（vipassana），只要把你的注意力导向你的呼吸，或坐或卧，眼睛张开或闭上，借着感知你的呼吸，不带任何批判或想法地进入身心（mind-body）的对话，纯粹让你的后脑释出胜肽信息分子，来调节呼吸，并于同时整合所有的系统。研究显示，正念静坐对于长期承受痛楚的人，具有显著的缓解疼痛、改善心情的作用，因为这种静坐让他们活在当下，不再时时恐惧他们的疼痛会"折煞"他们。有了这种新的觉察，他们虽然身体不适，仍能从事日常活动。钟·卡巴金的方法在他的书《正念训练法——全灾难人生》（*Full Catastrophe Living*）和《身在，心在》（*Wherever You Go, There You Are*）中都有详细的说明。

要浅尝静坐的好处，有一个简单的方法，那就是聆听随处可以买得到的"放松音乐"卡带。其中一些使用导引意象，以及有关健康、成功、关系等积极话语，带领你将意识投射到你的身心网络；有些则使用东方的词汇或乐器；还有一些则标示着不起眼的名称，像"海滨之旅"或"林间漫步"。我发现这些音乐和话语可以转变我的呼吸模式，让它变得比较深沉、缓慢，带给我全然的放松感（我有数卷可以让我完全放松的卡带，还不曾在全部听完之前不睡着的）。有趣的是，这些改变并不只是短暂的，我的经验显示这种放松可以对我的呼吸模式造成根本的转变，因此即使当我不听卡带时，我的呼吸通常也比过去放松、顺畅。

对有些人来说，静坐是进入灵性世界的直接通道，但是静坐者即使不以此为目标，也能受惠。或许静坐的关键机制只是暂时单纯地活在当下，将心智从过去的悔恨与未来的渴望转移开来，有助于促进所有层次的自我调整和修复。在现代忙碌的生活中，我们调整风帆的次数通常太过频繁，总是赶来赶去，没有足够的时间停下脚步，好好检视我们在人生航旅中调整风帆的效果。静坐让我们停下来，等候反馈信息，以免在我们的航线上不经思索地向前冲撞，也就是给身体一个机会去执行自然的信息流动所产生的重要转化作用。

比静坐简单、随意，但具有同样减压效果的做法就是自我诚实的习惯：我所说的自我诚实指的是对自己诚实、信守你对别人及自己的承诺、生活于人格统一的状态中。诚实可以减压，是完全有生理学根据的。我们已经知道，情绪将整个身体带向单一目的，整合各个系统及协调心智和生理过程，以产生行为，步行就是一个例子，你先有一个想法或意向，然后它与身体协调，产生行走的动作。假如我有一个目的，例如寻找一个治愈癌症的疗法，那么我体内的每个系统都会支持那个意向，做该做的事，例如，增加我对蛋白质的食欲，动员我的胃肠系统去好好消化蛋白质，运送血流到消化器官以制造足够的酶，让吸收达到极致，等等。因为我很清楚自己的意向，所以这些生理过程便能团结一致朝明确的目标运行。然而，当我的目的互相矛盾、对目标三心二意、言行不一致时，那么我的情绪就会混乱、缺少统一感，我的身体也会失去它的统一性，得到的结果可能是一个受到削弱、干扰的身心网络，带来压力，最后导致疾病。多年来，我一再告诉我的孩子：永远要说实话，并不是因为这么做是道德的，而是因为它可以使你保持健康，免于疾病，我的朋友麦琪·麦克卢尔（Maggie McClure），一位执业的脊椎推拿师，这么说过："我从来不说谎，因为圆谎要花太多能量，我宁可把能量用到别的事务上！"诚实似乎是我们的生化物质所认同的，不做这个选择，只会使我们变得迟缓。

最后我想针对压力再提出一个忠告：玩乐！寻欢作乐是立即减压，重振身、心、灵的最经济、最容易、最有效的方法；我相信，大多数人在日常生活中持续感觉到的压力是来自孤立和疏离感，亦即与别人、群体隔绝的感觉。玩乐可以解除这些感觉，因为它使我们的情绪畅通，而情绪可以联结我们，让我们有一体的感觉，觉得自己不再只是一个渺小、分离的自我，而是大我的一部分。

对意识、情绪、血流的重要性有了这些新的认识，我们也就能以新的角度来看运动和饮食。

## 六、运动

对绝大多数仍陷于旧思维的人来说，运动是乏味的苦差事，是我们心血来潮才会做的事，做的时候还必须以苗条的身材或结实的肌肉为诱因来驱动我们的"生理机器"。但如今我们知道自己是满载情绪的信息系统。运动因此可以变得更轻松有趣。每当我运动时，我会同时关照我的情绪，戴上耳机，听我最喜欢的摇滚歌曲。这样，走路便不再是苦差事，因为音乐帮助我释放卡住的情绪，使我对自己的身体有更进一步的探触，让我"听见"它要我做什么。如此一来，我就不会鞭策自己超越能力所及，造成可能的伤害；也不会太早放弃，因为我会觉察到重要的反馈，感知到操练肌肉和骨骼所带来的愉悦感，这就是鼓舞我持之以恒的宝贵信息——具有关键性的不同！

我已经学会两三种增进整个心智交流的身体律动方式，例如，每跨出一步，我就让另一边的手向前摆，不过做这个运动时最好不要听音乐。基于某种原因，这个动作可以启动左脑和右脑之间的信息交流，打破旧有的忧虑和重复性的思考模式。我发现当我这样移动自己的身体时，就无法继续陷入没有建设性的旧思考模式。

记住，运动的价值不在锻炼肌肉或消耗热量，而在于让你的心脏跳得更快、更有效率，继而促进血流，以滋养和洗涤你的脑和所有器官。当然，如果你运动到流汗，也会因脑内啡（和其他尚待发现的胜肽）的释放而觉得心情愉快。

瑜伽是促进健康的一种特别有效的运动，任何类型的调息，伴随着放松和对身体的觉察都是瑜伽。但如果你对瑜伽不熟，最好的学习方式就是参加课程或通过录音带和书，这些在各地的书店都买得到。

我最喜欢的瑜伽就是在进行节奏明确的律动，如走路或游泳时，加入调息的练习。如果你想在走路或游泳时体验这种力量，可以试试看吸两拍、呼四拍，或任何令你感到舒适的吸气和呼气节拍，只要你呼气的节拍是吸气的两倍，并尽可能持续这个节奏达十分钟之久，你会因此觉得能量提升、精神舒畅：这两个效果都反映出我所做的是有益身心的，而它们带给我的愉悦感也是我能持之以恒的原因。

### 七、恰当的饮食

生活形态涉及的另一个主题是饮食，而饮食也可以从情绪的角度来看。

饮食具有维系生命的价值，所以在演化过程中一直都被明智地设计为高度情绪性的事件（所有攸关生存的活动，如性、吃、呼吸等都受神经胜肽的严密控管，也因此受情绪的支配，简单的痛苦和愉悦的情绪即是告诉我们接近或远离某物的信号，它可以决定一个动物或人是否能存活和演化下去）。我们的大肠和小肠壁上布满神经胜肽和受体，忙着交换满载情绪的信息，这也许就是我们体验到的"肠肚感觉"（意指直觉），而胰脏则至少释出二十种满载情绪的胜肽，来调节营养素的吸收和储存，它们都携带着有关饱足和饥饿的信息。然而，我们往往忽视这些信息，在我们并不真的感到饿时吃东西，利用食物来掩藏不快的情绪，导致在紧张、沮丧时吃东西的习惯。

　　将你的情绪视为消化过程的信息，你可因此培养出洞悉身体什么时候需要什么养分的能力。记住，调节饱足和饥饿感的是胜肽，所以当我们忽视或否认自己的情绪时，就听不到我们的胜肽在说什么。问问你自己：我饿了吗？然后等饥饿感出现，再吃东西。我从印度教的阿育吠陀传统（Ayurvedic tradition）学到一个很好的点子，那就是慢慢地啜饮热水，它可以满足虚假的饥饿感，并有助于排泄半消化的食物。但如果你真的饿了，它也可以让你的身体准备好去彻底消化一顿饭。

　　营养大师给的建议总是朝令夕改，令人无所适从。我并不是鼓吹大家抛开基本的营养饮食原则，而只是呼吁大家在饮食的选择上，多信任身体的智慧。当你想吃甜食的时候，那可能表示你的脑需要燃料，不妨吃一点水果；想吃汉堡时，你的身体可能在告诉你它需要较多的蛋白质，那么你不妨在饮食中多加点肉或大豆食品。顺从你的感觉，而不是一冲动就去吃东西，它的好处会超过你为了锻炼肌肉或减轻体重所遵循的某套饮食规则。如果你控制下了冲动，那么或许可以寻求治疗，例如通过身体的心理治疗，为纠结的情绪找出源头，让你再度能探触到自己真实的情绪。

　　你吃东西的环境和你用餐时的情绪经验有很大的关联。我总是尽量在平静、没有压力的环境下与人一起用餐。带着恶劣的情绪或在仓促中用餐，会对胜肽控管的消化历程造成很大的伤害。你带到饭桌的想法和情绪，与餐桌上营养的食物一样重要。你是否在担忧、焦虑，想着食品的账单或热量或毒素？你是否狼吞虎咽，好像你的餐点可能会随时消失？或者你在进食时不知不觉俯首读着报纸，或坐在电视机前面，漫不经心地将食物塞进你的嘴巴。这是一种不统一、身心分裂的状态，会导致体重增加，也会因消化不完全而引发病症（此乃阿育吠陀传统的看法，我个人认为它是有科学根据的）。

进食时，让自己进入一种全神贯注的状态，并对你的食物心存感谢，细细品尝它的味道和纤维。对你的食物感恩并不一定代表一种宗教仪式，你可以简单地说："嗯，这对我有益，我心存感激，我将得到滋养。"即使当我"破戒"，吃一两块带有巧克力碎粒的饼干时，我也这么做，因为我知道进食的情绪与食物中的维生素、矿物质是同等重要的成分。

顺便提一下糖。我认为糖是一种药物，这种高度纯化的植物产品会使人上瘾。身体会自然地制造糖，也就是葡萄糖，它是脑部运作所需的唯一燃料。我们已经谈过情绪的生化物质如何调节血流，把养分输送到脑部，但我们的情绪和它们的化学物质也控制着葡萄糖的取得。在高度激动的状态下，诸如惊慌失措或歇斯底里，肝脏会把储存的肝醣，分解为葡萄糖，将它释放到血液中，然后运送到脑部，使我们警觉，以便在必要时处理紧急状况。

依赖人工形式的葡萄糖来达到快速提神的效果，与施打海洛因没什么两样，虽然可能没那么危险。身体利用这种人造物质与它利用天然糖的方式是相同的；但就像药物一样，它会淹没受体；使它们变得迟钝，因而干扰到引发立即能量（例如由肝脏释出肝醣）的反馈回路。亘古以来，我们的身心已经演化出一个系统去提供脑部所需的燃料，我们最好尊重它。

**八、避免滥用药物**

另外我还要警告大家，酒、烟、大麻、古柯碱和其他药物的危险性，理由和我奉劝大家少吃甜食是一样的。所有这些物质都有类似的天然物质在我们的血液里循环，每一个都与遍及全身的特定受体结合。例如，酒精会与丙氨基丁酸受体群结合，而这种受体群也可容纳烦宁和利眠宁，这些是医生常开的镇静剂，具有抗焦虑的作用，但只是短暂的。当我们吸收这些外源配体时，它们就会和原本应该与丙氨基丁酸受体结合的天然化学物质竞争，时常淹没这些受体，使得它们的敏感度降低、数量减少。这些受体因此会发出减少胜肽分泌的信号，就像我对狱中有海洛因毒瘾的女性所说的。所有药物都可能改变你自己的愉悦胜肽的流动，因此，就生化的观点来看，合法与非法药并没有什么差别，因为它们都可能对你造成伤害，都可能被滥用，也都可能使你的健康出现各种问题，包括长期的抑郁症。

当服用多种药物时，譬如当一个人固定吸食大麻并同时服用抗郁剂时（这是常见的情况，但开处方的医生通常都不会注意到这点），它们的副作用会产生交互作用，使得系统的自然反馈回路崩解，只剩下少数一些还能运作。

好消息是药物滥用所造成的生理反应是可以逆转的：对海洛因上瘾的人可以痊愈，长期吸食大麻的人可以戒掉这个习惯，那些不服抗郁剂就认为人生没有意义的人，可能会发现他们已经复原到可以不必吃药。但要受体回复到原来的敏感度和数量，要相对的胜肽再度在全身制造和流动，需要经过漫长且有时非常痛苦的过程。在这个过程中，经常被忽略的是很多系统——胃肠、免疫、内分泌等等——都已经受到影响，不只是脑部而已。药物使得负责提供酶来分解药物、处置它们的有毒废物的肝脏承受莫大的压力。当肝脏负荷过重、注意力分散时，其他来源的毒性就会累积，使得身心容易生病。

修复的疗程无论是正规的还是我们自己设计的，都必须考虑到这许多系统的状况，注重营养的补充和运动。食用新鲜、未加工的食物，最好是有机蔬菜，并从事温和的运动，像走路，以增加流经肝脏的血流量，这些都可以加速复原的过程。

造成人们服用合法及非法药物的原因，我相信是未愈合、被漠视、未经处理、整合或释放的情绪，这也是我们社会的一个重大的问题。创痛和压力成年累月地囤积在受体的层次，阻碍神经路径，使信息化学物质无法顺畅流动，这个生理状态就是我们所体验到的受阻或未愈合的情绪：长期的悲伤、恐惧、挫折、愤怒。驱使我们伸手去拿酒或烟或大麻的，通常是某种令我们不安、无法接受的感觉，因为我们不知道如何处理它，就以我们所知道的"有效"方式来消除它。我们沮丧地吞云吐雾、抑郁地啜饮酒精、亢奋地吸食大麻——为什么不停下来审视我们的感受，在使用人造物质来改变我们的心情之前，问问自己现在有什么情绪？如果我们以这样的觉察去检视使用烟酒或药物的习惯，就有机会、有可能做出不同的选择。要是我们不断忽视感觉，就没有任何转变的可能。或许我们会发现，症结在于一个没有实现的沟通、一个没有表达的感觉、一个没有满足的需求、一个没有解决的问题。我们可以将它付诸行动，好让我们自己的内源汁液得以流动，达到自然胜肽制造的"幸福"状态。或许我们也会发现自己需要的仅仅是像运动或步行这样的律动，便可改变我们的情绪。

## 身心与心灵的联结

当我正在将这些想法写成第二天演讲的初步大纲时，电话响了，中断了我的工作。原来是娜奥米·贾德（Naomi Judd）欢迎我来参加健康研讨会，并邀请我和其他几位发表者参加次日早上她主持的专题座谈。

这位超人气的乡村音乐歌手曾与她女儿韦诺娃（Wynonwa）组成二重唱，到各地巡回演唱，最近她常出现在我的活动圈。现在已经从舞台退下来的她，找到一个新的兴趣，即精神神经免疫学和替代疗法，起因是她被诊断出患有可能致命的肝炎。在最近几年，她从乡村歌曲转到一个似乎完全不同的领域——替代医疗，也就是我所称的互补医学。和我一样，娜奥米横跨了两个迥异的世界，站在这两个世界之间的桥梁上。正因为如此，我觉得和她有一种同志的情谊。我们都在二十岁之前就当了妈妈，然后必须奋力在抚育小孩之际追求工作上的成就，这一点让我们之间有了更深的感觉。我们曾经见过一次面，那次我来参加健康研讨会，她邀请我共进晚餐。为了治疗她的病，她尝试过所有传统疗法；后来听说了我的研究，希望我可以从身心的角度帮助她了解她的病。不久之后，她寄给我一本有着她亲笔签名的著作《爱会筑起桥梁》（*Love Will Build a Bridge*），书里提到我和我的研究，读着她的书，我被她身兼数职及歌手的人生打动。但更令我佩服的是她真正活出了她的精神信念，应用它们去治愈自己、治愈她的家人。

简短、友善地交换了彼此的近况后，我告诉她："我已经准备好要谈健康和生活形态。"

"哦，当然，大家都会很想听的。"她热切地说，"只不过，我有另一个想法，我想你会一样感兴趣的！"她紧接着说，"我想大家真正想听的是我们如何把灵的部分加入身心的议题。你不这么认为吗？"

"嗯，当然。"我有些迟疑。娜奥米太强人所难了。科学家不喜欢公开谈论灵性的问题，即便很多人认为我是改革派，我仍然自认为是个主流的科学家，谈心灵和玄学会让我感到不自在，但同时我又觉得这是一个千载难逢的机会。我常常思索灵与身心的关联，甚至已经看到我所从事的科学研究可以如何支持这个想法。

"那好，那么你会告诉大家你如何在你的实验室发现上帝还活得好好的，而且他真的会通过那些神经胜肽来治愈我们？"她开玩笑地说。

我心想，要是那么简单就好了。我终于告诉她："我尽力而为，但是，娜奥米，你得帮我：我是科学家，不是心灵大师……这会让我紧张……"

"唉。胡说，甘德斯，你说什么他们都会喜欢听的。"她回了我一句。

挂上电话，我回到演讲大纲，但时间很晚了，我想休息，就此结束今天的工作。我不知道明天我会在座谈会上说什么。我想到自己虽然生长在一个异族婚姻的家庭里，不知道自己属于什么宗教。但从小到现在，我一直都对精神的层次：意识、灵魂、心灵所扮演的角色感兴趣。

逐渐进入梦乡时，我冥想着，明天，我可能会让健康研讨会的听众大吃一惊，我准备比过去更为直接地表达自己，对心灵在身心中的角色明确地说出我的看法，并传递一个具有革命性、来自主流科学实验室的新信息。娜奥米·贾德主持的座谈会，也许是我做这种表述的最佳场合。

## 灵的修复

当天的健康大会在校园的体育馆举行，这是一个比较适合举办运动比赛的地方，不太适合让发表人论述有关健康的最新发现。不过这儿弥漫着轻松随意的氛围，地板上的锯屑也提醒我这儿的人做事不会太苛求自己。早上十点的小组座谈在主场旁边一个大厅举行，我到了那里，和小组其他成员坐在高起的讲台上。大厅座无虚席，看来大概有五百人。

虽是第一次主持专题座谈，但娜奥米显得意气风发。这位诚恳、优雅的表演者在听众面前表现得轻松自在，散发着乡村的魅力。她做了开场白，介绍小组成员：布莱恩·卢克·西沃德医生（Brian Luke Seaware）、大卫·李（David Lee）、伊莱恩·苏利文（Elaine Sullivan）和我。前三位是身心推动者，在心理治疗师、演讲者、咨询师、作家的多重角色中致力于提升人们的健康，而我则是指标性的科学家。介绍很长，充满了歌功颂德之词，涵盖的许多细节，显然是参考我们的履历资料，可以听得出来她在准备这些介绍词时立意建立良好的人际关系，把我们都说成了举足轻重的人，并各自在工作上有非凡的成就。介绍中，娜奥米一本正经地说她相信有一天我会赢得诺贝尔生化奖。但轮到介绍自己的时候，她却开玩笑地说："哦，不谈也罢！"听众对她的谦虚报以热烈掌声。其实大家都知道，娜奥米才是这次大会的号召力所在，每个人都想来聆听她说些什么。

"我呢，只是乡村音乐界里最不务正业的女人。"她的自我介绍大概就只说了这些，"我很高兴与我的女朋友甘德斯和伊莱恩，还有你们两位男士布莱恩和大卫，齐聚一堂。"她说，南方的鼻音透露出她的肯塔基背景。接着她以最开阔、最包容的心胸说："我想我们在健康大会做的最具意义的事就是提供一个凝聚的机会，就像我从我的教会或乡村音乐界的朋友所得到的感觉一样。在这里和大家在一起，我感受到团结和支持。"她的话让大家备感温馨，并有一种被纳入群体的感觉；虽然有些听众似乎开始怀疑他们来参加的是布道大会，还是健康座谈。

"我有几个问题。"娜奥米锋一转，调整了一下她的眼镜，准备进入正题。那是她为座谈准备的一系列问题，好让会场的谈话气氛活跃起来，然后再将讨论开放给听众提问。"首先，有没有人看过这本于几周前出刊的《时代》杂志？"娜奥米举起那份杂志给大家看，封面上刻画着一个天使模样的现代人物，下面印着这么一句话："信仰在治疗中的角色——灵修可以促进健康吗？"我读过那篇文章，它让我想起一九八八年《新闻周刊》刊登的一篇类似的文章，那篇文章访问了我和我的同事，要我们对精神神经免疫学的最新研究可能代表的心灵意涵发表看法，虽然现在我很高兴这个主题已经得到一些全国性的重视，但那个时候，看到自己的科学和医学论述与"灵魂"这个禁忌的词语出现在同一篇文章时，我的内心是十分惶恐的。

"令我惊讶的是，这整篇文章完全没有提到有史以来最伟大的信心治疗师——耶稣。"娜奥米说，"所以我想向小组提出的第一个问题是：为什么在身心健康中，心灵层面的治疗有时会被忽视？"

第一个回答的是伊莱恩，她的见解直捣问题的核心。

"我们很少在身心健康中谈到灵，因为它实在很难形容，更别说研究了。此外，人们通常认为灵修等同于宗教，而宗教经常造成分化，带来强烈的分歧。相反地，我认为灵修是对生命深层意义的追求，这个共同的目标会将我们结合在一起，不论我们选择的是什么途径。我相信灵修正在席卷我们的文化，因为大家都知道，除非我们探触到这个更深的力量和联系感，我们在这地球上是无法生存的。"

接下来是大卫·李，他说："过去十年，心理治疗已经有了转变。治疗师开始理解到人类的经验比心理学探讨的范围大很多。虽然步调缓慢，但我们正逐渐把灵的层面纳入心理学的范畴。"

他停下来，我接续他的话说："我的感觉是，医学把灵的层面摒除在外并没有什么科学的理由，那只是我们文化的一个习惯。从十七世纪哲学家笛卡儿宣布身体和灵魂是不同、分离的本体，互不相干，就开始了。但是我自己在二十世纪后期的科学研究让我了解到灵魂、心智、情绪确实在健康中扮演重要的角色。我们现在需要的是一个范畴更大的生化科学，把三百年前被拿掉的部分再度并入。"

娜奥米露出笑容，听众也在鼓掌。我很高兴自己能以主流医学的身份为身心运动的推展略尽绵薄之力。突然，我听到娜奥米在向大家透露我个人的一个背景资料。"甘德斯不仅是位基础科学家，她还在教会唱诗班唱诗呢！"她说，"你要不要告诉听众这件事的始末？"

虽然突然和听众变得这么亲密让我有点不自在，我还是尽力回答："是的，我多年来都是卫理公会教堂唱诗班的一员。加入的时候我正在人生旅途上遇到一个困境，因为我无法原谅一个我觉得深深背叛我的人。基督教堂的音乐吸引我走了进去，我开始做礼拜，在唱诗班唱诗。有生以来我第一次听到耶稣的教诲，其中特别清楚的是饶恕信息。我开始放下我的愤怒，并寻求其他方法来治愈自己——静坐、探索梦境、按摩治疗，让我过去的经验得到愈合。饶恕是基督教的一个重要概念，但它也是身心的一个重要概念。"

我真的说了这些吗？我心中有点讶异，但私生活和科学结合在一起的感觉很不错，即使是在公开场合。

布莱恩接着我的话说："我认为我们在这儿谈的就是爱。所有的治疗师、法师、智者都会告诉你，他们采触的是一种来自更高次元的能量，也就是爱，而且他们也与他们所治疗的对象分享这份爱。耶稣的信息讲的就是爱和慈悲，但首先必须原谅。我同意甘德斯和伊莱恩，我们必须将这些元素纳入西方医学的思想架构中。我看到一个新兴的本土运动试图把灵性带回医疗中，就如我们看到的，转向替代治疗的人数有激增的现象。这些替代疗法不仅诉诸身体和情绪的问题，而且还诉诸心灵的问题。人们在抗议：够了，我们受够了身体是机器的说法，我们要回到原来的观点。"

"布莱恩，"娜奥米切入，"我在你的新书中读到，百分之八十的疾病是压力引起的，我以前听说压力是心灵的孤独所致。你的看法如何？我们真的因为现代科技和物质主义而脱离了上帝和我们的灵性吗？"

"是的，娜奥米，我相信压力来自我们与神圣的本源失去了联结，或者更确切地说，是我们以为我们失去了联结，因为事实上我们永远是相连的，虽然有时候我们会忘记，感觉不到我们的本源。原因之一是我们的社会太与自然隔绝了。我想，对某些人来说，最接近的户外就是电视的'探索频道'

（*Discovery Channel*）了！"

"毫无疑问我们是寄居在肉体里的灵魂，而不是肉体寄生在心灵里。"娜奥米提出她的看法，她的西部乡村口音在这些新时代的论调中显得有些突兀，"好，下一个问题是：为了恢复健康，我们该如何达到身心的最佳沟通状态？"

大卫主动回答这个问题："我所接受的训练，也就是传统的谈话治疗，似乎对身心层次起不了多大作用。我们时常听到病人说：我知道我不该有这种感觉，但我就是有这种感觉。认知并不一定能影响我们的感觉，我们可能需要超越纯粹的谈话才能进入情绪的层次。我发现说故事、催眠疗法、神经语言程序设计，以及运用观想、音乐、艺术的表达疗法可以让我们进入更深、更基本的层次。过去，这些疗法被视为替代疗法，但现在，我们看到它们常被纳为互补疗法。我相信，不久，我们就会称它们为整合疗法，显示它们已经完全被并入主流。"

娜奥米转向伊莱恩："伊莱恩，治疗师和协助者可以如何应用近来这些身心研究？"

"嗯，我要我的当事人写日记，因为这可以帮助他们赋予内在世界一个文字结构。写作可以让我们觉察到我们的模式。如此，有必要的话，我们便可以改变它们。研究显示，当经历创痛的人写出他们的经验时，他们的生理状态会发生变化，诸如血流量的增加、免疫系统的增强，而且这些变化可以持续六个月之久。同时，我也推荐静坐。拉里·多西（Larry Dossey）医生说，半小时的静坐和半小时的慢跑有同等的解压效果。我听了宽心不少，因为我不喜欢慢跑！"

我再也忍不住："我当然同意大卫和伊莱恩的话，但我想我们在讨论身心健康的实际应用时忽略了一个要素，那就是身体的操弄：按摩、推拿等碰触式疗法，及任何把身体纳入心理和情绪修复的疗法。没错，我们脑子里的确储存着一些记忆，但是，有更多较深、较久远的信息是储存在身体里，必须经由身体才能探触到的。你的身体就是你潜意识的心智，你无法只靠谈话来治愈它。"

大家若有所思地安静下来，直到娜奥米打破沉默："嗯，我看到现场有些听众对这个观点露出诧异的神情！"

"不过，是真的。"布莱恩响应，然后很有想象力地说，"身体成了心智游戏的战场。所有未解决的想法和情绪，我们抓着不放的负面东西，都会浮现在身体的层面，使我们生病。原谅就是敞开心胸去学习爱人，我认为这就是我们活在世上的目的。就这么简单，却是非常困难的功课。"

娜奥米说："一点也不错，我个人是通过脊椎网络疗法了解到这一点的。这种疗法是大约十五年前一位纽约的医生唐纳德·爱普斯坦开始使用的，它借由非常温和的操弄来移除神经系统内的干扰。如你们所知，我有慢性疾病，韦诺娃曾患有椎间盘突出，而艾希礼（Ashley Judd，是娜奥米的另一个女儿，著名的电影明星）有鼻窦炎，我们都是利用脊椎网络来治疗的。"

娜奥米转向小组成员，念出另一个主题："请解释微能和微构造，包括人的磁场或灵气、脉轮和经络和身心疗法有什么关联。"

布莱恩很快地回答："我相信微能是来自神圣的本源、流经我们身体的一种宇宙的生命力。根据东方哲学的说法，每个人都有灵气，一种围绕着身体的磁场，沿着中国人所称的经络游走，或从瑜伽师所称的七个脉轮散发出来。甚至西方的基督教也有类似的说法，也就是环绕头顶的光轮，我们时常可以在中世纪的圣徒和天使的画像中看到。但你并非一定要是圣徒、天使或瑜伽师，才能认识这种微能，它存在于每个人，也可以成为治愈的力量。"

没错，我心想，但好几世纪以来，教会把持了它，使它成为圣徒和神祇独享的权利。

"有一本很棒的书《振动医学》（*Vibrational Medicine*），作者理查德·吉伯（Richard Gerber）描述了各种身心能量的疗法，从治疗性的抚触、按摩，到心像图和微能。"他做了总结。

"甘德斯？"娜奥米将我拉回讨论，"你对这个议题还没有表示任何意见，不知道科学家对这些微能的说法持什么态度？"

"娜奥米，你知道的，"我开始说，"在我的事业生涯中，我花了很多时间将这些东方观点融入科学。我可以告诉你的是，在生物教科书里你根本找不到有关脉轮的论述！对我而言，最重要的概念是：情绪是存在身体里的信息化学物质，亦即神经胜肽和受体；情绪也存在于另一个次元，也就是我们所体验到的感觉、感召、爱，那些超乎有形的东西。情绪来回于两个次元，在之间自由流动。因此我们可以说它联结了有形和无形。或许它与东方治疗师所称的微能是相同的东西，即情绪和灵性信息在整个身心中的流动。我们知道身体的健康与情绪生化物质的流动有关。我的研究也告诉我，情绪有它物质的层面。"

"说得真对！"娜奥米以她理所当然、直率的口气向听众说，"我一直都知道这一点，想必你们之中的大多数人也一样，在我成为乡村歌手之前，我是护士，我总是能根据谁听了我陈腐的笑话会哈哈大笑，看出哪些病人会好起来、哪些不会。但是我要给你们看一个身心合一的例子。我需要一位自告奋勇的听众上来帮我，一个愿意让我戏弄的人。"她促狭地说，接着灯光打向了前排一位年轻男子。她示意要他到台上来，他满脸狐疑地照做了。

娜奥米戏谑地说："很好，你已经开始局促不安了！现在我要问你一个问题，更换厕所的卷筒卫生纸，需要多少男人？"年轻男子不知如何回答，尴尬地傻笑着，低头看着自己的脚。"我不知道。"娜奥米停顿了半晌替他回答。"男人从来不做那件事！"听众大喊。但娜奥米打断了听众，指出她的重点："你们看，他已经满脸通红了，大家看清楚了，他的脸红得像擦了胭脂似的！"

她张开手臂环住他的肩膀，给他一个亲切的拥抱，然后谢谢他，请他回座。

"甘德斯，我刚刚把你一生的研究浓缩为一个笑话。那个年轻人先在心里起了一个念头，这个念头随即转化为一个生理现象。他因为尴尬而面红耳赤！这就是你的神经胜肽发挥的作用，大家都看到了！"

娜奥米的确办到了，她如此简单、具体地转译了我的研究，让每个人一目了然。我很感激她毫不迂回地用简单通俗的语言表达出我只能用医学、哲学的方式表达的观念。

她接着说："其实我们早就知道这一点，可是我们需要研究的证实，这就是我十分感激你的地方，甘德斯。"

现在轮到我脸红了，因为大家的目光都投射在我身上。不过，确实，这就是我近年来一直在扮演的角色——指出许多替代医疗拥有的证据和正统医学同样可信——而且我也很高兴有这样的机会。我向娜奥米致谢，然后开始向听众表述我的看法。

"的确，各种纳入情绪和心灵层面的疗法已行之有年。但主流医学一直藐视它们的存在，将它们边缘化为替代医学。他们声称这些疗法未经实证，因此不能予以重视。但这套说辞是不成立的，因为主流医学也有很大一部分是没有完全得到证实的，可是我们仍照做不误。我觉得我们对涉及身心灵的替代疗法所要求的标准，似乎比主流医学还要严苛。再说，我们不应该因为自己不了解某种疗法的机制，就要人们不去使用它。几千年来，我们都知道生病的时候需要卧床休息和保温，可是这样的建议从来不曾被研究或在医学期刊上发表过。当然偶尔还是有对某个民俗疗法进行检验的研究，例如，我们现在知道，鸡汤对一般感冒的确有效！我想，我要说的是，学习信任自己。"

娜奥米开始总结："我想再请教小组最后一个问题，然后就开放给听众提问。"她宣布，"我们如何化解宗教与某些疗法，如瑜伽、静坐、生物回馈、芳香疗法等可能有的冲突？我本身信奉的是崇尚信仰治疗的五旬节派，我是一个平凡、爱国、保守的美国女人，但人们经常问我：娜奥米，你怎能在迪巴克·乔布拉机构担任顾问，然后又上基督教电台的访谈节目？你怎能上教堂，然后回家静坐或做瑜伽？伊莱恩，你曾经是修女，所以我想请你回答这个问题。"

"是的，娜奥米，你说的没错。"伊莱恩开始说，"是有很多人不了解，我想那是恐惧和误解造成的。这一切可以追溯到身心分离论，正如甘德斯所说，这是一种武断的切割。最近的研究已经确立这是谬论。我们学会怀疑我们的身体和感觉，转而信赖外在的权威，而非自己内在的力量。我不觉得静坐和我的信仰有任何冲突，因为通往心灵的道路有很多。"

接下来的讨论很热烈，也很切中要点。娜奥米说得没错，人们急于知道灵修在治疗中扮演的角色，中西部的人也不例外。我原以为这儿的人会嫌这个主题太具争议性、太荒诞不经、太加州了。

这次座谈是个很奇特的经验，它给我机会去整合所有我对心灵、情绪、科学的想法，让我对自己的蜕变有更深切的体会。最令我惊异的是，这一切都是我的新朋友娜奥米·贾德促成的。她不是科学家，也不是神秘主义者，而是美国平民所钟爱的一个纯朴的乡村音乐歌手！认识娜奥米给我一种深深的认同感，这种感觉毫无疑问是属灵的。她那通过心灵得到治愈的简单信息，涵盖了我的整个科学，使它成为每个人易懂的道理。

## "你刚才说的是圣灵，对吧？"

翌日破晓前，我搭上一架螺旋桨飞机离开密尔沃基，返回华盛顿，小飞机穿过粉红和紫色的天空，缓缓前进，我从机舱的小窗户望出去，看见逐渐明亮的光线慢慢模糊了晨星。瞬间，圆盘般的太阳隐隐约约浮现在地平线上，颜色退去，天空转换为一片柔蓝。

我不断想着娜奥米精彩的示范。她从听众席挑了一个年轻人，在他脑子里植入一个想法，这个想法让他双颊泛红的过程，简单明了地说明了一个原理，那就是心智转成物质、先于物质、组构物质。思想和情绪引导胜肽，使那个人脸上的血管张开。就像迪巴克在印度遇见的智者所了解的，本源其实是非物质、非实体的，物质是它展现出来的现象。

对西方思想来说，这是一个动摇根本的观点，但却是科学可以协助我们了解的。原本，我们科学家以为神经胜肽的流动和受体全是由脑中枢：额叶皮质、下丘脑、杏仁体指挥运作的。这很符合我们的化约思考模式，因为它说明思想和感觉是神经活动的产物，脑是原动力，也是意识中心。后来，我自己和其他人的实验却让我们发现，化学物质的流动是在免疫、神经、内分泌、胃肠等不同系统里的许多部位同时引发的。这些部位就是体内分子层次进行大量、迅速的信息交流的结点。这使得我们不得不构思一个遍及全身的智能体系，而非一个恪守因果律的单向运作模式，即我们过去认定的脑部管辖一切的模式。

如果说我们的分子流动不是由脑控制的，脑只是网络中的一个结点而已，那么，我们就必须思考：管理身心的信息，即智能，从哪里来？我们知道，信息有无限的能力去扩张和增加，它是超越时空、物质和能量的。因此，它不可能属于我们可以用五官去理解的物质世界，而必然属于它自己的次元，也就是我们可以体验到的情绪：心智、心灵这些"信息次元"！这是我比较喜欢用的词语，因为它带有科学意味。它和其他的人所说的智能场（field of intelligence）、天赋智能（innate intelligence）、身体智慧指的是同样的东西，也有人称它为"上帝"。

虽是一个简单的概念，西方人却很难了解。不过我倒是想到一个一说便懂的人，他是比尔·莫怡斯的公共电视专辑《治疗与心灵》录制现场的摄影师。访问中，我费力地解释流动的生化物质产生微能，微能启动天赋智能，而所有的智能则在信息次元汇集，但说出来的话只让比尔感到迷惑，可是摄影师听懂了。录像结束后，每个人都在收拾东西的时候，这位斯文、说话温和的人走近我，轻声细语地在我耳边说："你刚才说的是圣灵，对吧？"

我觉得有些尴尬，但不得不承认：是的，或许我是。

化约主义者一贯的论调是，分子在先，是原动力，思想和情绪尾随而至，是分子的一种副现象。而且他们有充分的证据：胜肽的流动不是会"改变"生理反应，然后这些反应再制造我们所体验的感受吗？化学物质脑内啡的释放不是"造成"疼痛的缓解，或跑步者的快感吗？

我不否认这种说法，但要说的是我们必须了解它是一个双向沟通的运作系统。不错，脑内啡的释放可以镇痛及带来快感，但相反地，我们也可以通过我们的心智状态促使脑内啡释放，就像我接受伊芙琳·西尔沃斯治疗时所清晰体验到的。我喜欢视心智现象为信差，将非物质界的信息和智能传送给身体，然后通过它们的生理基础，亦即神经胜肽和它们的受体，在身体的层次展现出来。

## 荣耀与礼物

　　我很高兴回到我和迈克目前任职的乔治敦大学医学院，我们在此担任研究教授，并得以继续研究胜肽 T 以及它对 gp120 和艾滋病毒的作用。这是一个充满灵性的地方，承袭了十八世纪耶稣会会士建立的乔治敦的传统。我在这里感到很自在，因为这儿反映了我最近的身心状态：绝对的主流，但增添了灵性的层面。

　　我常常和史威尼神父谈到把整体医疗引进医学院的附属医院，将身心灵的真相带入医学场域，让乔治敦医院成为独树一帜的医院，赋予它一个恰当的标语："以人的整体为优先考虑。"这或许可以振兴医院因医疗机构的涌现和其他医疗现况的困境而吃紧的财务状况。我向史威尼神父建议，今日的医院必须具有竞争力，要能提供独特的医疗才能取得竞争优势。整体（holistic）、完整（whole）、健康（healthy）、神圣（holy）的英文都源自相同的字根，亦即撒克逊语的 hal，因此它们在意义上都是相关联的。耶稣会会士是一个圣职，所以参与整体医疗运动应该是义不容辞的。

　　史威尼神父告诉我，灵性的观点就是视万物为一体，进而体验到自己与所有人及天主合而为一。他的话与我对整体论的宗教观不谋而合。我可以从科学的层次了解这个观点。不错，我们有一个生化的身心网络，由智能管理，这个智能无边无际，不属于任何人，而是我们所属的一个更大网络中的每个人所共享的。这个网络是相对于我们身体这个小宇宙的大宇宙，是一个"天上的身心大网络"。在这个涵盖全人类、所有生命的大网络中，我们每个人都是一个结点，一个进入更大智能的管道。就是这个共有的联结赋予我们最深层的灵性，使我们不觉得孤单，使我们觉得完整。

　　天上如此，地下亦然。保持不同的想法只会让我们痛苦，让我们感到与本源、与我们真正的共同体分离所带来的压力。在我们所有的人之间流动，负责联结、沟通、协调、整合我们这许多结点的又是什么呢？情绪！情绪是联系者，在人与人之间流动，成为我们之间的同理心、慈悲、忧伤和喜悦。我相信我们细胞上的受体甚至会对体外的胜肽探触产生振动，就好像一把静止的小提琴琴弦响应另一把拉奏中的小提琴一样。我们称之为"情绪共鸣"，科学已经证实我们可以感受到别人的感受。所有生命合而为一的道理就是奠基于这个简单的事实：我们每个人的情绪分子都在与所有其他人的情绪分子共振。

这就是我个人生命所达到的境界，即接受自己在一个更大舞台上扮演的角色，并意识到在科学领域里我们是如何彼此相依地寻求真理的。事实证明胜肽 T 不仅是最新的艾滋病药剂之一，可能也是一种用途很广的抗病毒药剂，对许多慢性症状都有显著的疗效——之所以有这些新的应用，是因为研究发现病毒不只作用于 T4 受体，还作用于一种名叫趋化因子受体（chemokine receptor）的协同受体。这项发现的主人是那些我相信曾试图阻止我研发胜肽 T 艾滋病药的研究者。而今当我重返艾滋病研究界时，他们响应我的是接纳。我感觉到宇宙的协同与合作力量在发挥它们的作用。

我在自己熟悉的研究室里自在、悠闲地想着这些。这个研究室虽小，但比我在官殿时拥有的斗室大一点；还记得比夫曾经在我生命非常黑暗的一刻来到那间斗室安慰我。我现在的研究室是个迷人的空间，装饰着我热爱的彩虹艺术。一面墙上挂满多年来我遇见的人送给我的照片和纪念品。一块大告示板框着我的"名人辑"，上面陈列着我与公众人物的合照。其中一张是我和教皇，那是一九八五年我到罗马参加研讨会，教皇容我拜见时拍的。教皇！多奇怪呀，我在乔治敦的研究重心是带动新思潮，将新的与旧的整合起来，而教皇就在我的研究室墙上看着这一切。但这回他是和我站在同一阵线，而不是和笛卡儿，突然间，我想起我有一张新的照片，是娜奥米和我在斯蒂文斯波恩特的合照，我从公文包里把它抽出来，放在我的名人辑里、教皇的旁边。

当我正在欣赏这张收藏里的新照片时，注意到旁边那面墙上悬挂的彩色毛毯。我叫它我的神秘毯，因为它的图案有着神秘的象征意义：一个破晓的太阳。四周环绕着黄色向日葵和大黑鸟。不过对我而言，它真正的意义在于它曾出现在我的梦里。做梦的隔天，我正好要到犹他州普罗沃市（Provo）参加杨百翰大学（Brigham Young University）赞助的身心健康的心理生物学治愈与心智研讨会。梦中我正要前往某个重要的地方，或许是要发表论文。突然，我意识到自己一丝不挂，感到非常害怕和无助，仿佛我被放逐荒野，没有任何庇护。刹那间，一条不知从哪来的毛毯神奇地出现，把我裹住。我的心情立刻好转，恢复了信心和目的感，穿着我的新外衣继续上路。醒过来的时候，虽然我无法参透这个梦，但还是把它记录下来。

次日，我来到普罗沃为一群过去十二年来一直在主办身心健康会议的人做了一场演讲。与会的有来自灵修和心理学各界的演讲者，其中一位是早期在精神神经免疫学界享有盛名的罗伯特·阿德。我们两个是主办人首度尝试将纯科学加入议程所做的安排。听众大多是摩门教徒，神情严肃，我讲的很多笑话都不太能让他们发笑，但我仍然喜欢这些健康、看起来吃苦耐劳的人。他们的祖先打造了早期的末世圣徒教会，虽然我对他们的宗教几乎一无所知，但看得出来他们的坚忍个性。他们的祖先是一群强韧的拓荒者，过着灵性生活，因为这点，我由衷地敬佩他们。

议程结束后，一群教会长老带着所有的讲员悠闲地在附近山区散步。这让我有机会和其中几位长老有更进一步的接触。我的演讲似乎引起不小的骚动，不只是因为我所陈述的科学，也因为我谈到情绪、心智、心灵在健康中扮演的角色，以及我如何在自己的生活中领会到这些元素。他们告诉我，这正是让他们觉得惊异的地方，一个人竟然因自己的研究而发生蜕变，从科学的真理追求走向一个灵性的世界。我谢谢他们的溢美之词，晚上当我在自己的房间想着他们的话时，我觉得他们说得很贴切。

隔天早上，一位年轻的摩门教徒开车送我到机场。托运了行李，互相道别时，他交给我一个大包裹，羞涩地解释那是研讨会赞助者送给我聊表谢意的。我当场拆开，不禁全身战栗起来，因为我发现它就是几天前我梦到的毛毯。这就是我的新披风，象征我在追求科学真理的历程中的心灵蜕变，那些摩门教徒竟然从我的演讲中觉察到了这些。

从普罗沃回来，我把毯子带到乔治敦大学的新研究室，打算为这个空荡荡的房间增添些许个人的风格。我一直把它铺在地板上，直到有一天决定把它挂在墙上，这样我可以看得更清楚些。如今，它就像一个视觉的提示，每天提醒我在乔治敦大学的使命，象征着我立志扮演的角色：一个追求真理的科学家，以及现代医学身心灵革命的催化者。这是一个我永远不会忘记的荣耀和礼物。

## 科学：真理的追求

对我来说，探索自然，包括人和大自然，一直都是科学的宗旨。就我所知，科学最纯净、最崇高的境界就是追求真理。也就是这样的信念吸引我走入科学，尽管太过天真，尽管多次误入歧途，这个信念是我一路走下去的支柱。

科学的核心是阴柔的，本质上，它与男性主导的二十世纪科学所呈现的特质——竞争、控制、分立——毫不相干。我认识并热爱的科学是统一的、自然的、直观的、关怀的，是一个比较属于臣服而非掌控的过程。

我开始相信，科学的最核心是灵性的。我的一些最准确的洞见都来自神秘经验，好像上帝在你的耳边细语，正如我在茂宜岛发生的事。当时我正站在讲台上，打出一个脑部 HIV 受体的幻灯片，建议一种新的艾滋病疗法，却听到一个内在的声音对我说："你应该这么做。"

科学家应该学习信任这种内在的声音，我们必须停止崇拜无感的"真理"，不再期待专家来带领我们寻得真理。有一个更高的智能，来自我们自己的分子，源于我们所参与的一个偌大的体系。这个体系远大于我们的五种感官所接收的那个渺小、局限、我们称之为"自我"的世界。量子物理和信息理论带给我们新的认知，指示我们离开冷漠、疏离、孤独的天才，那些拥有答案却不与他人分享的人，好像真理可以被拥有；它指示我们走向一种合作分享的知识取得模式。我们所居住的这个理性、阳刚、唯物的世界过于强调竞争与夺取的重要，但科学的最高境界乃追求真理，需要合作与沟通，而合作与沟通的基石是信任——信任自己，也信任彼此。

# 词汇注释

### 兴奋剂／拮抗剂（agonist/antagonist）

药理学的用语，指的是有关配体与受体结合的两个对立的作用。属于兴奋剂的配体，与受体有天衣无缝的结合，并可让信号传送到细胞内。如果配体是拮抗剂，情况就不同了。这种例子虽然相当少见，但从药的设计和治疗学的观点来看，它们却有非常高的利用价值。这种配体因为与受体的吻合度很高，可以与受体结合，因而阻断了另一个配体（如促效剂）的结合。但拮抗剂因为结合不够紧密，所以无法启动受体，传送信号到细胞内。一般而言，拮抗剂是实验室合成制造的外源性配体，虽然也有一些身体自制的拮抗剂。因为能够盘踞受体，使得兴奋剂无法与受体结合，拮抗剂具有阻断某种恶性效应的潜能。其中一个例子就是纳洛酮，它可以让一个吸食鸦片剂过量的人在瞬间解除过量所引起的反应。现代的药学研究大都在研发拮抗剂来阻断激素的作用。他莫昔芬就是这样一个拮抗剂，用来阻断乳癌患者体内的雌激素作用。

### 氨基酸（amino acid）

氨基酸是种有机化合物，它们是构成蛋白质和较小的胜肽的基本单位。这种酸的名字源于 amine（胺）这个单词，意指"自氨（ammonia）衍生而来"。以结构来看，每一个氨基酸至少有一个羧基（-COOH）。一个氨基酸的氨基可与另一个氨基酸的羧基联结，成为一长串的氨基酸。氨基酸之间的键结称为胜肽键，一串氨基酸则称为多胜肽。蛋白质就是一大串自然形成的多胜肽。

### 类化合物（analog）

一种药剂的结构衍生物，与母化合物在结构上只有少至一个元素的差异。这个差异可使类化合物具有母化合物所没有的一些优点，例如效力、稳定度，或拮抗作用。

### 抗体（antibody）

B 型淋巴细胞所分泌的一种大蛋白质分子。每个细胞分泌的每个抗体都是独一无二的，而且专门对付某个特定的抗原。身体有几百万个制造抗体的细胞，集合起来，它们使身体具备了辨认和摧毁近乎无限种类不同抗原的能力。抗体的产生，以及它何以在某些疾病中丧失功能，是分子免疫学研究的重点之一，而今这些问题都已经获得了解答。

### 抗原（antigen）

抗原是可以为 B 细胞或 T 细胞辨认的一种侵入身体的物质。抗原的辨认会刺激 B 细胞制造抗体，使 T 细胞产生免疫性。抗原包括毒素、细菌、外来血液细胞和移植器官的细胞。

### 人工制品（artifact）

研究实验中的瑕疵。当设计不同的实验在验证同一个假设时，出现矛盾的结果，通常表示其中一个实验含有某种错误。

### 实验（assay）

不论研究的是什么系统里的变化，研究者都必须设法探测到这种变化并加以量化。因此实验者常常需要发明（从来还没有人做过的话）某种方法来进行这些鉴定。这个研究方法就叫作测定。由于测定的目标是正确性及可重复性，也就是说能提供正确的资料，而且别人也能如法炮制，因此测定可以说就像食谱一样。

### 原子（atom）

物质单位，即元素最小的单位，但仍保有元素的所有特质。原子的中央是一个致密、带正电荷的原子核，外围则是一个电子系统。分子便是由原子组成的。

### 自主神经系统（autonomic nervous system）

从脑和脊髓发出的两条自主神经系统分支，控制着平滑肌、心肌和腺体的不随意、非意识功能，但两条分支的作用是相左的。其中一条叫交感神经系统，控制它的神经位于脊髓的胸部和腰部。交感神经系统主要是利用神经递质肾上腺素和去甲肾上腺素来启动生物体在紧急状况时的"战或逃"反应。而位于颅部和脊髓部的副交感神经系统，则利用递质乙酰胆碱使身体放松。

**轴突（axon）**

神经纤维向外延伸的部分，通常很长。主要的功能是将神经细胞本体的冲动传送出去。

**脑干（brain stem）**

最早演化而成的"最低等"的脑中枢，亦称"爬虫类的脑"。它坐落在头颅底部，皮质下方，脊髓的顶端。负责呼吸、心跳、排泄及体温调节之类的"自主"功能。

**胆囊收缩素（CCK）**

胰腺分泌的胜肽，调节消化酶的释放和饱足感。

**细胞（cell）**

生物体最小的构造单位，能够独立运作，含有一个或多个细胞核、细胞质和各种胞器，四周以半透膜环绕着。细胞受体就坐落在这层细胞膜上，准备与悬浮在细胞外液里的各种配体结合。而细胞外液除了将细胞浸置其中外，还负责运输各种养分、废物和信息物质。

**中枢神经系统（central nervous system）**

高等生物体的神经系统，包含脑和脊髓。

**趋化因子（chemokine）**

这个词混合了 chemotactic（趋化性的）和 cytokine（细胞因子）两个词，以说明这些胜肽的关键生物作用，那就是引发特定免疫细胞的趋化性。诸如 VIP、脑啡肽或 P 物质等等的神经胜肽也是某些免疫细胞专属的化学引诱剂（Chemoattractant），但不能算是趋化因子，因为这个词只适用于较大、含有七十到八十个氨基酸的胜肽。它的狭隘使它成了一个不怎么正确的用语，不过在一个迅速扩张的研究领域里，过于局限的命名是常有的事。一九九六年趋化因子受体受到普遍的重视，因为科学家发现它是 HIV 的受体，亦即人类免疫缺陷病毒的受体，且趋化因子胜肽可以阻断 HIV 的复制。而约莫十年前，和 VIP 相关的神经胜肽就已经被指出是 HIV 受体的配体，也是第一个被发现可以阻断 HIV 的胜肽。因为这些发现，科学界开始探索以封锁病毒受体为目标的疗法。

### 趋化性（chemotaxis）

指的是细胞（包括细菌和其他单细胞生物体）朝着某个化学刺激移动的性能。因为细胞会向刺激密度较高之处移动（趋化），所以刺激的释出可以操控细胞的趋化性，在必要的时候招募细胞到身体的某个位点。

### 细胞因子／趋化因子／白细胞介素／淋巴因子（cytokine/chemokine/interieukin/ lymphokine）

不过十年前，科学家才发现有许多小分子在免疫细胞与其他细胞和系统中调节细胞之间的通信。每一个实验室通常根据研究者所能观察到的功能或活动，都为他们探究的分子取了一个名字，以至于最后当这些"因子"被净化之后，许多实验室才发现他们研究的是同一个分子，于是展开了命名系统化的工作。不过只要这些活跃的生物介体仍是科学界热烈研究的主题，这个工作就会持续下去。例如，一度"白细胞介素"这个名称是用来强调"白细胞之间"的信息流动，而"淋巴因子"则是强调淋巴细胞的激素分泌。然而，几乎每当这些概念被建立和通用之后，大家又发现通信的起点并不限于淋巴细胞，而且通信也不限于淋巴细胞之间，于是出现了较概括性的用语"细胞因子"，而"趋化因子"则是强调有些细胞因子具有引发"趋化性"的作用。

### 树突（dendrite）

神经细胞呈树枝状的原浆延伸部分，负责将邻近细胞传来的冲动向内送到细胞本体。一个神经细胞可能有好几个树突。

### 内源性（endogenous）

源自或产自生物体、组织或细胞内部；"外源性"的相反词。

### 脑啡肽（enkephalin）

脑部自制的吗啡（源自希腊文"头内的"）。是由五个氨基酸组成的胜肽，与阿片受体结合，产生止痛或运动后的快感，如"跑者高潮"，以及其他作用。

**酶（enzyme）**

一个大型胜肽，因此也是一个蛋白质，它的功能在于催化生物系统里的化学反应，使它们的速度增加几百到几千倍。酶不但可以制造更大的分子，还能将它们分解为小段，借此重新组装身体的结构。不过最令人感兴趣的酶则是那些控管细胞组织活动的酶。

**外源性（exogenous）**

来自体外或在体外发展出的，在医学上，即指由体外的因素导致的。

**额叶皮质／前脑（frontal cortex/forebrain）**

皮质是覆在大脑半球表面最外面的一层灰质。皮质的额叶部分，即脑构造里最近演化出来的部分，位于脑的最前方（就在额头后面），是灵长类动物独有的，包括我们自己。它所包含的神经中枢，使我们具备了理解和使用语言、概念化和抽象化、判断，及冥想和掌控生命的能力。

**神经胶质细胞（glial cell）**

脑或周边神经系统里的非神经元细胞。一般而言，神经胶质细胞的功能是协助神经元的运作。从单核白细胞衍生而出的一种专责的免疫细胞，即微神经胶质细胞，是脑部免疫系统的一部分。绝大多数的脑细胞，约百分之九十，都是胶质细胞，不是神经元。

**稳态（homeostasis）**

生物体或细胞借着调整它的生理过程以维持内部平衡的能力和倾向。

**激素（hormone）**

由某种组织所制造的物质，通常是胜肽或类固醇，经由血液传送到另一个组织，以引发生理活动的某个变化，例如生长或新陈代谢。这个词也有命名上的问题，因为它限制了神经胜肽或细胞因子这类用语的使用范围。

**胰岛素（insulin）**

胰脏所分泌的大胜肽，作用如激素。它会和其他细胞上的特定受体结合，而这些受体的主要功能就是控制血糖指数。此外，胰岛素和相关胜肽也具有生长因子的作用，也就是说，它们能够引发和协助多种细胞的分裂。

**白细胞（leukocyte）**

免疫系统与宿主防卫系统当中的淋巴细胞、单核白细胞和其他细胞的总称。

**促孕酮激素释放激素（LHRH）**

促进性腺功能的激素当中的一种。这个促孕酮激素释放激素的功能，在于促进排卵和卵成熟。脑部分泌的促孕酮激素释放激素可促使小型动物，或许还有人类，产生交配行为。一旦和父配因子有关联，这个因子可促使酵母这个原始生物体产生有性生殖。这点暗示它是演化过程保存的一个功能（行为），使最简单和最复杂的生物体之间，产生了联结。

**配体（ligand）**

来自拉丁文的 ligare，意思是"系合物"（与宗教 religion 有着相同的词根）。指的是与特定细胞受体结合，借以将信息传送给细胞的各种小分子。

**边缘系统（limbic system）**

边缘系统由好几个与记忆和情绪有关的脑构造组成。这个关联是神经外科医生怀尔德·潘菲尔德在为饱受癫痫之苦的患者动手术时首度观察到的。这些病人的癫痫很特别，发作时会产生幻觉，清晰地听到和看到过去经历过的事件。怀尔德发现刺激脑的显叶表面可以重现这些人的幻觉经验，过去数十年里，相继有人提出有关脑的哪个部位掌控情绪的理论，下丘脑、边缘系统、杏仁体都曾被视为情绪表达中枢。这些传统理论都认为只有脑在情绪的表达中扮演至关重要的角色，因此从我自己的研究角度来看，过于狭隘。我个人认为，情绪就是将身与心联结为一体的要素。

**淋巴细胞（lymphocyte）**

在淋巴结、脾、胸腺、骨髓等淋巴组织中形成的细胞。正常人血液里的白细胞有百分之二十二至二十八是淋巴细胞，具有建立免疫力的功能。淋巴细胞有两种：B 细胞和 T 细胞。B 型淋巴细胞是抗体的来源，而 T 型淋巴细胞则负责对肿瘤、病毒感染的细胞，各种过敏反应（过敏症、野葛）或移植器官的排斥产生免疫性。T 细胞的一种，即 T4 或 CD4，很容易受到人类免疫缺陷病毒（HIV）的感染，而导致艾滋病。整体而言，淋巴细胞赋予了免疫系统辨识敌我的能力，知道什么是"自己的"，什么是"外来的"。事实上，我们现在知道，免疫系统在一个人刚出生不久，就开始学习什么是"自己的"，而所有它不认得的则被界定为"非自己的"或"外来的"。

### 中脑（midbrain）

这个名称说明了它在脑干上方，皮质或外层覆盖物下方的位置。脑干（延髓、桥脑、中脑）里的网状构造，是个复合体，结合了许多原本分开的感觉和运动功能。网状构造也影响着一般的意识层面，包括醒寐的周期。中脑参与的是比较复杂的感觉和运动信息处理。

### 分子（molecule）

一个元素或化合物可以被分解成的最小微粒，但仍保有该元素或化合物的化学和物理特性。一个分子是由数个，甚或许多个原子组成的。

### 单核白细胞／巨噬细胞（monocyte/macrophage）

免疫系统的一种细胞，由骨髓干细胞形成。骨髓干细胞在血液里循环数日后，迁徙到全身的组织里，在那里成熟（获得更多产生免疫性的功能和性能），变成一个巨噬细胞或微神经胶质细胞。在具有趋化性的胜肽信息分子的操控下，巨噬细胞可以很快地（数小时、数日之内，而非数周之内）对肿瘤、损伤和感染产生反应。它们在创伤的修复和愈合、吸收和消化坏死组织（死细胞）的工作中，扮演极为重要的角色。但它们自己并不具备辨认病原的能力，这是它们和淋巴细胞最大的不同。

### 神经元（neuron）

任何传导冲动的细胞，是脑、脊髓和周边神经的构成要素。由一个有核的细胞本体、一或多个树突及一根轴突组成，又称为神经细胞。一般人注意到的是神经元与脑部运作的关联，但它们与免疫组织细胞的紧密关系，清楚显示它们在脑和免疫系统的互动中有着居间的作用。

### 神经胜肽（neuropeptide）

将近一百种由神经细胞所分泌的小胜肽信息物质当中的任何一个，但近代研究显示淋巴细胞和单核白细胞也会分泌神经胜肽，并对神经胜肽产生反应。"神经胜肽"自然也就成了一个不太正确的用语。免疫学家比较喜欢用"细胞因子"或"趋化因子"这类词语，不过神经科学家仍普遍称之为神经胜肽。

### 神经递质（neurotransmitter）

某种化学物质，如乙酰胆碱、多巴胺等。负责将神经冲动从突触的一端传送到另一端。

### 导水管周边灰质（PAG：periaqueductal gray）

脑干的一个区域。即脑干脊髓顶部的导水管（装满水的空间）周围的神经元和纤维。具有结点的功能，含有丰富的胜肽受体，负责处理从肢体末端来到脑部的上行感觉信息。正因为如此，它是痛觉和其他知觉门槛可以被调整的一个前站。

### 胜肽（peptide）

天然或合成的化合物：含有两个或两个以上的氨基酸，由一个氨基酸的羧基和另一个氨基酸的氨基联结而成，根据定义，多胜肽是较大的胜肽，通常含有一百个以上的氨基酸，但它们比蛋白质小，蛋白质的氨基酸可能高达两百以上，甚或还有糖类或脂类等其他分子附着其上。

### 周边神经系统（peripheral nervous system）

将脑和脊髓——换言之，中枢神经系统——与身体其他部分联结起来的神经系统。周边神经包含十二对脑神经、三十一对脊神经和自主神经（交感与副交感），分布在平滑肌、心肌和腺体中。脑神经和脊神经有时被统称为脑脊神经；脑脊神经分为三种：感觉（或传入）神经、运动（或传出）神经，及混合神经（含有感觉和运动两种纤维）。感觉神经纤维将冲动从感觉受器传导到中枢神经系统，运动神经纤维则将冲动从中枢神经系统传到肌肉和腺体。所有的脊神经和大部分的脑神经都是混合神经。含有运动和感觉两种纤维。交感和副交感神经则掌管不随意功能，例如呼吸和心跳。

**催产素剂（Pitocin）**

相当于催产素（oxytocin），一种胜肽激素的合成药剂。药理学上，用来诱发分娩。

**蛋白质（protein）**

复合的有机大分子：由一或多个氨基酸链组成。蛋白质是所有生物细胞的基础成分，含有生物体正常运作所需的多种物质，如酶、激素和抗体。

**精神神经免疫学（PNI：psychoneuroimmunology）**

二十世纪八十年代创立的名词，以强调并提倡跨领域研究，试图了解心智（心理）功能如何通过传统的神经传导影响免疫活动。"神经免疫调节"（neuroim-munomodulation）是它的一个别名，这个名称将"精神"纳在"神经"之下，所以没有将它明列出来。

**受体（receptor）**

某种分子，通常是蛋白质或一组蛋白质，固着在细胞外膜，有一个可以探触外界环境的部位。这个部位可以和激素、抗原、药物、胜肽、神经递质等所有我称为"信息物质"的配体结合。受体在身心通信网络里扮演关键的角色。只有当受体被配体盘踞时，登录在信息物质里的信息才能被接收到。信息处理的第一阶段就是在受体中进行的，这时受体转导到细胞的实际信号可能会随其他受体和它们配体的作用、细胞的生理活动，甚至过去的事件和它们留下的记忆而调变。

**类固醇（steroid）**

脂溶性（脂质）有机化合物，所有植物和动物都有的天然物质，扮演许多重要的功能性角色。类固醇有很多种，包括胆固醇之类的分子、所有性激素、和肾上腺皮质激素（皮质类固醇）等。性激素对生殖和性功能的许多方面都是不可或缺的，而肾上腺皮质激素则主要影响着碳水化合物和蛋白质的新陈代谢。类固醇激素的作用不是通过细胞表面上的受体，而是细胞内部深层细胞核里的受体，在那里调节各种基因的转录。在这一点上，它们不同于快速作用于细胞表面受体的神经递质和胜肽信息物质。

**突触（synapse）**

神经冲动从轴突的末端到另一个神经元、肌细胞，或腺细胞时，所要跨越的接合处。

**T4 受体（CD4）**

某种具有"助手"功能的 T 型淋巴细胞（辅助细胞）上头所特有的细胞表面分子。当 T4 分子被启动的时候，它会指示细胞执行程序，包括分泌多种分子；这些分子继之作用于其他细胞，来"协助"它们执行实际的免疫工作，例如杀死受病毒感染的细胞或肿瘤。

**血管活性肠肽（vasoactive intestinal peptide，即 VIP）**

一种含有二十八个氨基酸的胜肽，最初是从肠的萃取物中鉴定出来的。具有多项功能，包括作为 T4 淋巴细胞和某些脑神经元的生长激素，也参与消化、阴茎勃起和血压调节的工作。

附录

# 健康快乐的生活：预防性的小秘方

我们必须对自己的感觉负责，其实别人并不能左右我们的心情，我们有意无意地选择了我们每一个当下的感觉，外在的世界在许多方面都是我们的信念和期待的投射。我们的感觉是我们自己的情绪分子合奏出来的曲子，这些情绪分子影响着身体的每一个层面，带给我们健康，使我们快乐，或带给我们疾病，使我们痛苦。

我们狂妄地以为既然发明了电灯泡，我们的作息就可以不受日光的限制。但信息物质神经胜肽将我们的生理时钟联结到星球的运转，这是为什么你的就寝和起床时间越配合日夜的转换，你的睡眠质量和精神就会越好。如果你在晚上十点到十一点之间上床，通常就能自然地在日出时起床，甚至更早，并且感到神清气爽。

每天清晨和傍晚静坐，持之以恒，甚至怀抱着虔诚的心，我相信它是让你身心舒畅，让你与自然的感觉同步的最便捷、最经济的方法。

清晨是享受并观想美好的一天的好时光，也很适合你借着身体的游戏（运动听起来太沉闷），让你的意识重返身体。你可以一天做柔软的伸展操或瑜伽，隔天快走和跳舞，或者跑步，让自己流汗，看看你的感觉如何再决定。起床后，在你进食或钻进车子之前，活动一下筋骨应该比较符合身体原本的设计，我们的祖先几乎都是这么开始一天的。

若是你想减轻体重，那么就更该一大早做做操，因为当一天开始的时候，二十分钟温和的有氧体操可以启动身心里燃烧脂肪的胜肽循环。运动生理学家的研究显示，二十分钟的运动所自然产生的心跳加速以及较频繁、较深沉的呼吸，可以使我们的身心在接下来的几个小时进入一种流畅、燃烧脂肪的状态。亢奋感过后，取而代之的警觉与平静感，也通常会伴随着食欲降低。

每天花一点时间接触大自然，休假的时候更要如此。只要是户外就是自然，不管是森林、海边，还是大都市的市中心。看看天空！即使都市也有天空。恶劣的天气不是问题，只要你具备保暖的衣服、适当的鞋子和防水的外衣。

吃饭的时间和摄取的食物一样重要。不要让自己饿一整天，到很晚才进食。事实上你最丰盛的一餐应该是中餐，这是每个非工业文化的习惯，也曾是我们自己的文化习惯。中午进食可以让身体在你晚上就寝以前，有充分的时间完全并有助于健康地消化食物，同时让营养分子得以抵达身心的各个地方，增强有意识、有活力、清醒的活动。但是如果我们太晚进食，摄取的食物就很容易囤积为脂肪。如果你从来没有遵循过这样的饮食习惯，它对你身心能量的提升会令你啧啧称奇，但其实这是你本该有的状态。

避免使用外源配体，它会扰乱你的身心网络，扭曲原本顺畅的信息流动，造成"阻滞"的信息回路，使你能够体验的感觉受到局限。反之，你应该培养你的反馈回路，让它们可以恢复和维持你自然的舒畅状态。换言之，如果你想保持最佳的状态，最好远离药物，不管它是合法的，还是非法的。对所有长期处方药都该心存疑虑。如果你必须服用，就尽可能降低剂量。在医生或其他医疗咨询师的监督下，试试偶尔放个"不吃药的假"，看看你是否真的还需要安眠药、抗郁剂、胃药或高血压的处方。体验一下无药的自然状态是多么灵敏、强韧，多么轻松、舒畅。没有药物的干扰，你的系统可以专心修复你自己的身心，不需去平衡药物所引起的变化，消耗身心的能量去解毒和排出药物。

把糖也当作是一种药，它的长期效应和我们所熟知的那些"被滥用的药"一样可怕。从好几亩的绿色植物甘蔗或甜菜提炼出来的白色粉末，即蔗糖，会转换成葡萄糖，而葡萄糖是身心调节新陈代谢的重要物质，它作用于葡萄糖受体，控制胰脏所分泌的胰岛素和多种其他神经胜肽，可以改变我们的心情——萎靡不振或生气勃勃、低落或高昂——以及食物的分解。以水果满足你对甜食的渴望，水果含有另一种糖，也就是果糖，比较不容易引起胰岛素的分泌。精制的白糖也会改变胰脏其他胜肽的分泌，使你的身体进入一种懒惰、储存脂肪的状态。总之，用心体会你摄取的食物对你的感觉产生的影响。

每天八杯不含氯的水。很多时候我们吃东西，以为是饿了，但其实是渴了。我们体内的信号有些错乱，因为在我们的演化过程中，我们吃的是健康、自然的食物（水果和蔬菜），含有很多水分，不像我们现在吃的马铃薯片蘸酱，以及各种包装、加工的食物及垃圾食品。

力求情绪的健康。当你不开心或烦闷的时候，试着找出这些情绪的真正原因，要时时对自己诚实。寻找恰当、能够满足你的方式来表达情绪。如果这个建议对你来说太难，那就请专家帮助你。我相信替代或互补疗法比传统疗法安全、有益。它们的作用在于调整体内化学物质的自然平衡，让我们达到可能的最佳状态，对当今许多仍无法有效治疗的慢性病，往往特别具有缓解作用。

就寝前，诚挚、亲切地和家中每一个成员道晚安，不要在你的身心里设定死亡、毁灭、怪诞的意象。也就是说，不要在睡前收看夜间新闻。不妨试试一本书、一个让你放松的嗜好、一个热水澡，甚或不费力的家务。

最后，很重要的一点是，健康不只是免于疾病。让自己的生活多一些付出、多一点归属感、慈悲、原谅，这样的生活会带给你心灵上的快乐——它可以预防疾病。健康就是相信你的身心有自我愈合和改善的能力与意向，只要你给它机会。对于你的健康，还有疾病，承担起责任，不要说"我的医生不让我……"或"我的医生说我患有……我真的一点办法也没有"之类的话，也不要有这样的思维。依赖药物治疗和手术是不科学的做法，应当避免。

后　记
# 胜肽 T 的后续发展

迈克和我称呼冰风暴、热浪、龙卷风的路径叫"胜肽 T 天气"。似乎每当我们的研究遇到重大的转机时，就会出现许多气候上的异常现象。彩虹也是其一，它就像神秘的先兆——在茂宜、波多黎各、普罗文斯镇宣告我们的胜肽 T 研发即将面临关键时刻。

因此一九九〇年九月当我们前往巴尔的摩参加罗伯特·盖洛的艾滋病年会，遇到当地在二十世纪最大的水灾时，我们并不感到意外。法兰和侯潭斯龙卷风联合带来的雨量使得波托马克河的河水暴涨，冲过了堤岸，导致公路交通瘫痪。这个为期一周的会议定焦在前景看好的艾滋病新研究，我们希望这些研究能开始确立我们所宣称的胜肽 T 疗效。今天是议程的第五天，可想而知，我们迟到了。

我们湿漉漉地抵达巴尔的摩市区的饭店，但精神却是高亢的。从大厅的指示图得知我们专程来聆听的那场演讲《艾滋病免疫病理发生的新概念》的地点，便火速赶到会场，期待这场演讲能让我们对数月前首度在《时代》杂志揭露的一项发展有进一步的了解；它曾在仲夏温哥华举行的国际艾滋病研讨会上引起不小的骚动。

这个大新闻就是主流艾滋病研究者已经将注意力从 HIV 病毒本身，转移到病毒所攻击的细胞——尤其是散布在大多数免疫细胞表面上的某种蛋白质，一种胜肽受体。根据发现，这个蛋白质正是病毒进入免疫细胞的另一个构件。

过去十年来，科学家一直都在孜孜探究病毒究竟是如何杀死 T4 细胞的：是病毒进入细胞，然后在里面发生内爆而杀死了它？还是一种比较间接的机制导致细胞凋亡，亦即设定好的细胞死亡？抑或如甘德斯和迈克的理论（如今不再是偏激的理论）以及他们的新思维结晶所示，造成损害的不是病毒本身，而是受体遭到病毒碎片 gp120 封锁，使得维系细胞和整个有机体运作与健康的天然胜肽无法进入细胞。而今，大家都同意的一点是，免疫细胞上的 T4 受体是 HIV 进入细胞的必要条件，但不是充分条件。

最新的发现是另一个受体，即趋化因子受体，也是这个机制的一部分。五个主要的实验室沸沸扬扬地于同时揭示 HIV 病毒不仅利用原先已知的 T4 受体进入细胞，它还利用其中一种趋化因子受体进入细胞。这个受体被视为一个"协同受体"（co-receptor）。这些实验室明确地证实病毒进入细胞需要这两个受体，它们携手合作，宛如一个并排停泊的系统。

研究者大力推崇盖洛和他的研究团队，因为是他们开创的研究促成了这项发现。在他们的研究过程中，曾不断地探索研究者所观察到的一个现象，那就是有些遭到病毒感染的患者仍能长年保持健康，即使他们持续地暴露在病毒下，感染似乎对他们不构成任何威胁。

任职于加州大学旧金山分校的杰伊·利维（Jay Levy）医生曾指出，这些长期存活者的免疫细胞会释出一种似乎可以阻断病毒进入细胞的物质。不过这个活性成分的分子结构一直未被破解，所以研究无法有很大的进展。

盖洛在他的研究团队，尤其是汤尼·德维可（Tony de Veco）的协助下，终于将这个因子从长期存活者的免疫细胞中分离出来，进而破解了它的结构，却意外地发现它是已知的一种与趋化因子受体结合的胜肽配体，在研究者观察到趋化因子具有调节炎症的作用之前，趋化因子就已经是热门的研究主题，它的作用在许多疾病中，从阿尔茨海默病到牛皮癣，扮演着关键的角色。如今科学家又发现它与艾滋病有关，势必会让它成为更加热门的领域。

流行病学家已经发现少数因罕见的基因突变而缺少趋化因子受体的人，无论他们多么沉溺于高危险的行为，也永远不会感染艾滋病，这项证据确凿的临床实验说明了这个趋化因子受体不是又一个令人心碎的实验室人工产物，而是病毒生命周期里一个可能的弱点。没有这个受体，病毒便不能进入细胞，引发艾滋病的症状。科学家显然已经展开一场追逐战，为下一代的抗艾滋病药，寻找新的受体阻断剂。

## 不可思议的巧合

我在六月听到这个消息的时候，立刻到图书馆，很快地比对了一下几种相关的趋化因子和胜肽 T 的胜肽序列，惊喜地发现它们吻合的可能性相当高。早在趋化因子这个名词出现的六年前即被发明的胜肽 T，会不会就是趋化因子受体的拮抗剂？更不可思议的巧合是，研究者对他们所推断的趋化因子进行的关键活性试验，正是迈克和我于十四年前为探究心智与免疫的关联所做的趋化性测定！

在巴尔的摩的盖洛会议中，同僚纷纷走近我，以半试探、半认真的口气问我："你认为胜肽 T 会和趋化因子受体结合吗？"我谨慎地回应他们的询问，不做正面答复。经验增长了我的智慧，我学会耐心等待，直到为我确信的答案搜集足够的证据，让它成为不争的事实。

艾滋病的面貌已然改观，这可要感谢蛋白质酶抑制剂！一个具有长效的艾滋病药剂终于问世了。这个蛋白质酶抑制剂最初与过去的抗病毒药调成混合剂使用，它可以延缓抗药性的发生，因而延长病人的寿命。这些由数家制药公司的科学家研发的药剂，在艾滋病积极分子促成的各方大力合作下，很快且很有效率地通过测试，获准上市。

不幸的是，能够承受这种"三重药混合剂"的病人中，有四分之三的人在治疗后的一两年出现了意想不到的问题。即使医生设计了许多有效的方法来防止、诊断、治疗伺机性感染，这些病人始终无法恢复所有他们在前次感染时流失的体重。约有四分之一患有艾滋病的长期存活者，体重（肌量）不断下降，数据显示当他们的体重降到正常的百分之六十五时，他们就会死于"虚损"。在这段饱受煎熬的时间，他们的病毒指数却往往低得无法侦测。

是不是 gp120 造成艾滋病的虚损症状？ gp120 具有强大的威力，只要几个受病毒感染的细胞对这个强效的新抗病毒混合剂产生抗药性，它们就能分泌足够的 gp120，让数种胜肽受体中毒。至今研究界仍未找到一种检验可以定期测知感染 HIV 的病人体内含有的微量但具伤害性的 gp120 指数。科学家相信受感染的细胞，亦即分泌 gp120 的细胞，在"庇护所"伺机而动，其中一个庇护所就是脑，它是当今药剂很难渗透的地方。神经艾滋病的病例也在增加，在今日相对乐观的艾滋病治疗前景中，它是虚损症之外我们看到的另一个阴影。

紧迫的情势驱使我们在乔治敦的研究群加快脚步。生理系的科学家，那些虚损症和神经胜肽受体的专家，也在研究胜肽 T 是否能成为 gp120 的拮抗剂。我们必须尽快将我们的发现汇整为无懈可击的科学论文，将之发表。会议上的发表对我们很有帮助，给我们机会去理清数据所代表的意义，并听取他人的意见，知道还需要什么实验来弥补漏洞。但会议上的发表只能以"摘要"刊登出来，而只有在科学期刊上发表的完整报告才算提供确凿的科学依据，让胜肽 T 得以进入扩大的人体试验。

可以增加瘦肌量和力气的生长激素是唯一获得许可的艾滋病虚损症疗法，而且还只是暂时的许可。将 gp120 注射到鼠脑里，会使老鼠的体重减轻，因为 gp120 降低了生长激素的分泌。而胜肽 T 可使老鼠的脑垂体细胞恢复生长激素的分泌。两年前，我们乔治敦的系主任注意到胜肽 T 和一种分泌生长激素的胜肽有同质的序列，故而邀请我们加入他的科系，从那时起我们就展开了这些实验。

我们将趋化因子胜肽交给道格·布伦纳曼的美国国立卫生研究院研究群进行合作实验，结果发现它们就像 VIP 和胜肽 T 一样，可以防止 gp120 杀死神经细胞。趋化因子不仅存在于免疫细胞上，也存在于脑细胞上，所以 gp120 于脑细胞上的结合必然是促成神经艾滋病和其他发炎性脑疾病的一个原因。

现在，我们已经获得的趋化性数据显示，胜肽 T 是一种趋化因子受体的拮抗剂。我们尚需取得胜肽 T 受体的结合测定结果，看看它是否能如预期地被趋化因子占据，这个故事才算完整。我们另外又发现了一个匪夷所思的巧合，那就是趋化因子受体、VIP 受体、促生长激素释放激素受体都来自同一个生化家族——也就是阿片受体所属的家族！至今我们还未能读取到任何信号，但想出办法让那个结合测定成功应该还难不倒我。我们需要尽快将那些论文发表出来。

每天关注着实验室的实验之际，我们也在等待胜肽 T 的神经艾滋病临床试验的进一步结果。我们祈祷它成功，也怀着很大的希望。要成功地执行一个简单的一日实验固然不易，但人体实验所涉及的道德议题及所需的资源才真的让人寸步难行。

尽管困难，我相信只有在科学上站得住脚的人体试验可以告诉我们胜肽 T——或任何其他药剂、任何身心疗法的潜能。最终，所有美妙的个人经验和不严谨的研究数据都近乎一文不值。上周我们获悉几位知名的艾滋病医生将建议把胜肽 T 纳入美国国立卫生研究院的一些测试。我们需要更多的测试、更多扎实的研究，将那些论文发表出来，我们不断地督促自己。

很难相信艾滋病研究已经进行了十年有余，然而它所揭露的真相却似乎越来越丰富、有趣，现在它正开始迈入一种以受体为基础的疗法，也是我们一开始就主张的疗法。如今，几乎每个人都想知道究竟是 gp120 的哪个部分和趋化因子受体结合、哪个胜肽序列可以阻断它。

请拭目以待，胜肽 T 即将隆重登场。这是一个再度引燃专注与决心的时期，各个拥有先进技术和充分资金的实验室都在探究这些问题，科学对艾滋病的解释，使我们对许多其他疾病也有了新的认识和疗法。迈克和我时而望着彼此，会心一笑，分享心中的感觉，那种感觉就好像看着转眼之间已经长大成人的年轻的女儿一样。上个星期她刚从大学毕业，童年结束了，继之是一个新阶段的开始，有风险，也有希望在等着她。